还 是 做 豆 腐 最 安 全！

做硬了是豆腐干，做稀了是豆腐脑，

做薄了是豆腐皮，做没了是豆浆，

放臭了是臭豆腐！稳赚不亏！

作 者 排 序　　　不 分 先 后

豆腐面前
人人平等

本书所得版税将全部用于公益事业捐赠

中国的豆腐也是很好吃的东西，世界第一。

——瞿秋白《多余的话》

湖南文艺出版社
HUNAN LITERATURE AND ART PUBLISHING HOUSE

朱赢椿 主编

豆腐（书法） 鲁大东

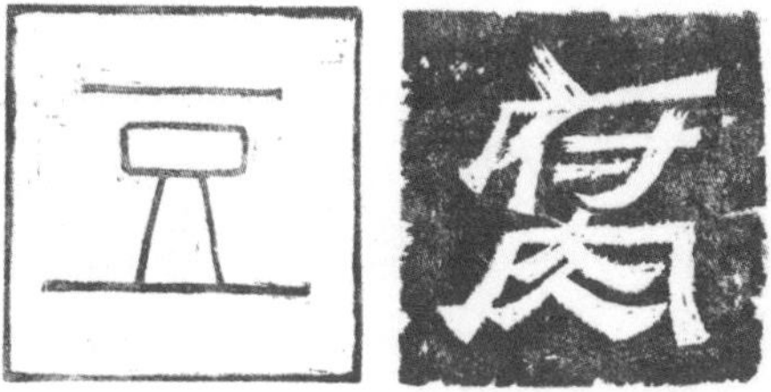

2023.3.6

豆腐（篆刻）　易烊千玺

清水呛过，沸水滚过，卤水点过，还能化得一身白净净的体面，羡慕。

毛主席语录
为人民服务
豆制品票
38
1972年

福安县粮食局副食品供应票
细粮
壹市斤
豆腐
1977
禁止买卖
定点供应

福安县粮食局副食品供应票
细粮
壹市两
豆腐
1977
禁止买卖
定点供应

福安县粮食局副食品供应票
细粮
半市两
豆腐
1977
禁止买卖
定点供应

豆腐票　　苏青　收藏

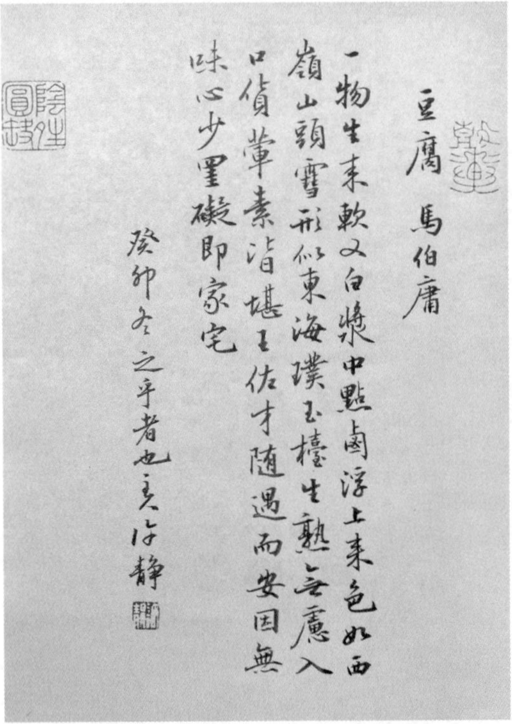
豆腐 馬伯庸
一物生來軟又白漿中點鹵浮上來色如西
嶺山頭雪形似東海璞玉檯生熟無慮入
口債葷素皆堪王佐才隨遇而安困無
味心少罣礙即家宅
癸卯冬
許静

豆腐　文　马伯庸　书法　许静

豆腐

马伯庸

一物生来软又白，浆中点卤浮上来。
色如西岭山头雪，形似东海璞玉栆。
生熟无虑入口货，荤素皆堪王佐才。
随遇而安因无味，心少挂碍即家宅。

注：

《诗经》年代，豆腐还没发明，否则也轮不到螓、蝤蛴跻身歌咏美人的金句之列。

豆腐的颜色如霜赛雪，做豆腐的女子就是“西施”，顶有名的，当属《故乡》的杨二嫂和《芙蓉镇》上胡玉音（她卖的是米豆腐）。

稻菽平易，变成豆腐历经千磨百转，切豆腐都取横平竖直的路线，是对踏实劳作、端方品格的庄敬。

动荡的乳浆，经了“卤水”的一“点”，如听断喝，顿时稳重起来。

论豆腐佳肴，我最愿意提及黄蓉的“二十四桥明月夜”，柔荑发力，削成廿四个豆腐小球，比明月乎，拟美人乎？

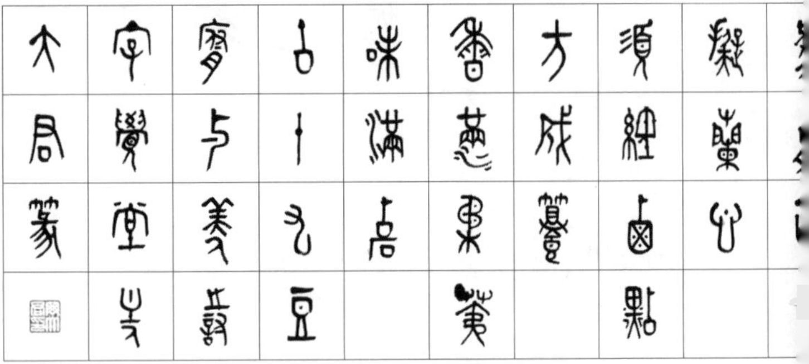

七律

豆腐与美人

古十九

螓首蝤蛴句若金，
黎祁也可入诗吟。
故乡啼笑嘲杨嫂，
古镇沉浮叹玉音。
采菽细磨言朴质，
凝脂正切拟兰心。
须经卤点方成馔，
香满柔荑味满砧。

豆腐与美人　文　古十九　书法　丁大军

凉拌豆腐（绘画）　魏全儒

目录

0038	骅玺	我就是我，毛茸茸的我
0040	庄抒书	豆腐
0042	吕欣	金砂白玉
0049	寂地	我的心长了霉
0050	朱煦天	豆腐
0052	倪蓓蓓	豆腐
0054	慕容引刀	豆腐开花
0056	盲肠汁	豆腐
0062	陈粉丸	豆腐
0064	王克震	豆腐耳坠
0066	甄景虎	大多数鱼在于渚……
0068	王巍	豆腐
0072	李彦霆 吴承泽 汪佳慧 李元浩	TOFU
0078	戴亦然	不担心豆腐吃不完的包装

古诗词　豆腐脑　贰

0261	远山淡影的书生	豆腐
0265	荒原	豆腐
0267	小小	爷爷的豆腐
0271	柴柴	豆腐
0275	朱海彬	豆腐
0277	冰荷蓝馨	淡淡豆香，浓浓乡愁
0281	土坡上的风信子	豆腐
0283	戈雅	豆腐的记忆
0285	树子	那不是豆腐
0289	小张 Zhang	豆腐
0293	呷末	儿时的早饭
0295	李凯琪	吃豆腐的人
0299	孙钦梅	我的妈妈用农村大锅做豆腐的过程
0301	代婧	白白方方
0303	张迎	豆腐

0357	肖蕊	豆腐
0359	朝鱼	山水豆腐
0361	艺娃	软弱
0363	小雪人	豆腐
0365	也人	豆腐无脑有情结
0369	顾胜利	土向草芥：豆听若干年
0375	牧风	第一场雪
0379	车行	豆腐
0381	黎落	豆腐配方（组诗）
0391	严来斌	麻婆豆腐
0393	封树	她
0401	榕安	油煎豆腐
0403	amanki	眼睛
0407	亚闲	脆弱啊你的名字是豆腐
		豆腐啊你的名字是坚强

0508	张恨水	选自《巴山夜雨》
0509	麦家	选自《卖烧豆腐的秋娘》
0510	殳俏	选自《软心记》
0512	孔庆东	选自《47 楼 207》
0513	马家辉	选自《室内白》
0514	周洁茹	选自《我当我是去流浪》
0515	陈晓卿	选自《豆腐干文章》
0517	葛亮	选自《燕食记》
0520	柏邦妮	
0521	鲁引弓	
0522	王伟	
0523	刘亮程	
0524	黛青塔娜	
0526	赵允芳	
0529	黄磊	

0550 关晓彤

0552 陈鲁豫

0553 咏梅

0554 阿朵

0555 陈冲

0558 张颂文

0559 于和伟

0560 王耀庆

0561 邝美云

0563 朱哲琴

0564 柯军

0565 黄和

0567 刘擎

0568 曾孜荣

0571 青简

0593 欧阳志刚

0596 李雪琴

0598 王建国

0600 何教授

0601 北岛

0602 沈志军

0604 张辰亮

0606 何平

0607 徐则臣

0608 李舫

0609 刘恒

0610 止庵

0611 金宇澄

0612 马未都

0613 易小菏

0669	李粒子	关于豆腐的忧思
0670	大成	豆腐人生
0674	申赋渔	豆腐匠
0688	喻恩泰	磨豆腐，卖豆腐
0696	金炫美	豆腐可太善良了
0700	沈宏非	臭美
0706	于谦	豆腐
0711	赵书兰	咸甜豆腐花之争
0714	汪骁远	不屑的豆腐
0718	朱学东	我爱吃豆腐
0723	马 RS	豆腐人生
0726	李中茂	豆腐
0733	王五四	最清白的豆腐炖最野的菜
0737	野城	豆腐建筑学
0746	庄雅婷	“我都行”

0872	Красноперова Настя	Tofu
0878	赵昭仪	豆腐
0880	龚小橙	阿婆的豆腐乳
0884	李筱晓	豆腐
0887	许铠麟	豆腐
0889	伍子琪	豆腐星球
0894	陆蓉之	我的豆腐心
0896	何邕邕	豆腐啊
0904	史今	豆腐坊
0907	格子	关于变胖的狂想
0915	老四	豆腐
0919	章宇	臭豆腐
0923	陈创	霉豆腐
0925	李长声	日本的豆腐
0933	大冰	胶东往事

1002	林贞标	地方风物之潮汕豆腐
1016	颜瑞	豆丹和豆腐
1022	谢其章	爸爸与豆腐
1024	田泽骏	祖父的豆腐汤
1032	赖声川	豆腐的独白
1036	张六逸	豆腐之味
1042	韩希明	半夜出发换豆腐
1049	周倩	西施豆腐
1053	王雪霖	家乡的豆腐坊
1059	王玉平	豆腐，让我忆及那个年代
1072	庞余亮	那年的豆腐
1078	林谷芳	禅味豆腐
1083	周中罡	石拱房的豆腐味儿
1096	郦波	舌尖豆腐　笔尖人间
1099	贾行家	干豆腐

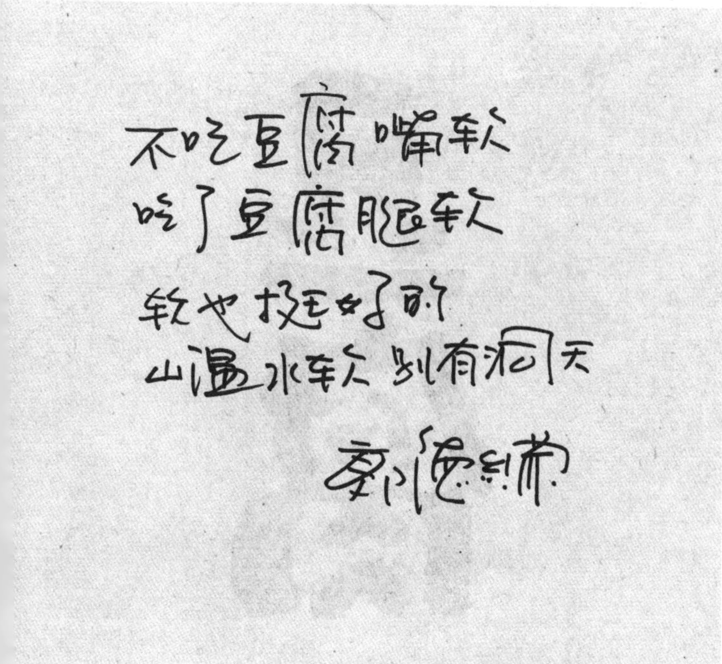
不吃豆腐嘴软
吃了豆腐腿软
软也挺好的
山温水软 别有洞天
郭德纲

豆腐　郭德纲

豆腐（字体设计）　洪卫

壹／冻豆腐

艺　术　作　品

一块豆腐

绘画　老树

一块豆腐至简至素
兼容百味人间妙物

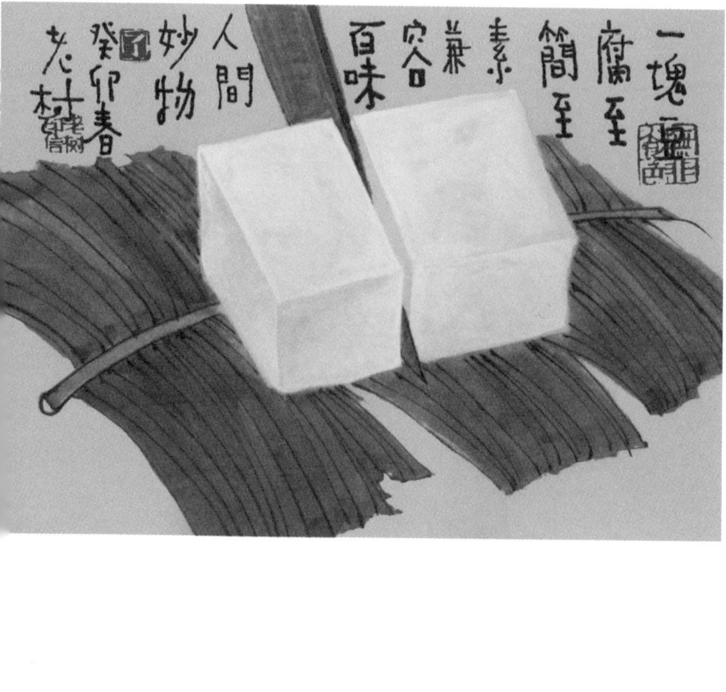
一塊豆腐至簡至素兼容百味人間妙物
癸卯春
老村

豆腐　　木刻　李小光

油条豆浆豆腐乳……

绘画　秦修平

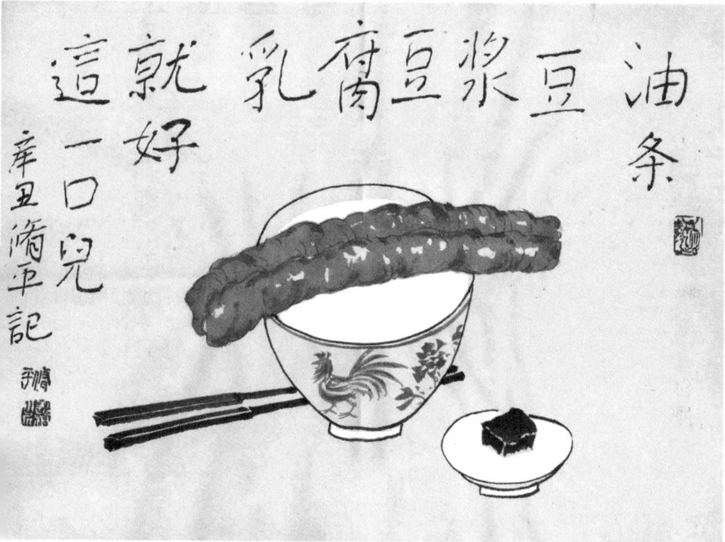
油条
豆浆
豆腐乳
就好
這一口兒
辛丑循平記

人间有味是清欢　　绘画　林曦

种豆南山下，霜风老荚鲜。
磨砻流玉乳，蒸煮结清泉。

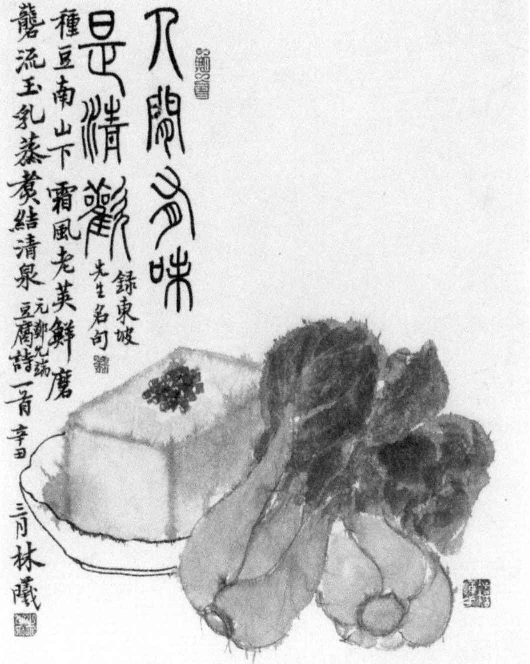
人間有味是清歡
錄東坡先生名句
種豆南山下霜風老莢鮮磨礱流玉乳蒸煮結清泉
元鄭允端豆腐詩一首
辛丑三月林曦

豆腐　　　　　　　　　　　　　　　　　　　　　　　　　绘画　Tango

TANGO

小葱拌豆腐

绘画　九儿

饭宽豆腐　　　　绘画　曾仁臻

豆腐飯寶

豆腐

绘画　朱成梁

豆腐 绘画　袁赤

石磨阡边豆，盘转琼液流。
煮沸缓点卤，妙烹爽馋口。

豆腐

石磨阡邊豆
盤轉讓液流
煮沸繽點鹵
妙烹爽饞口

系墨石書

清白之年　　绘画　鐵花

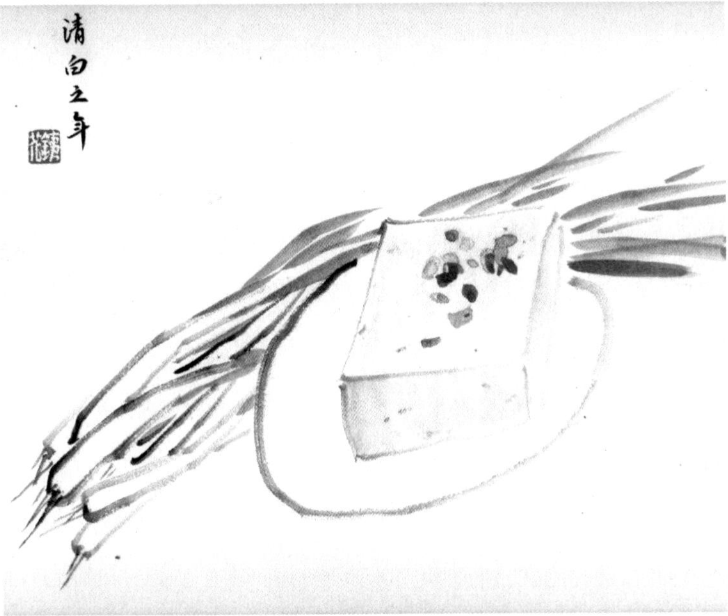
清白之年

小小豆子圆又圆……

绘画　绿真丝

小小豆子圆又圆
推成豆腐卖成钱

豆腐

绘画　火山菇

純米酒
神
辛口

葱拌豆腐一清二白　　　　绘画　林乐伦

葱拌豆腐
一清二白
壬寅秋

豆腐　　绘画　端木琼芳

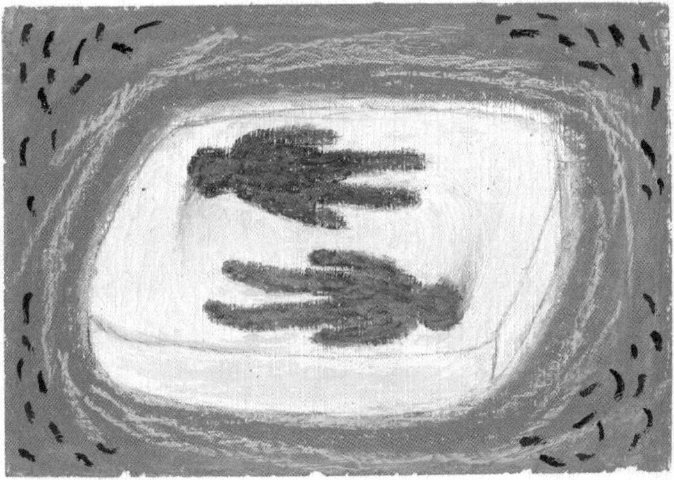

豆腐　　绘画　小鱼绘过敏

小鱼绘过敏 · LAWTY

皮蛋拌豆腐

绘画　凌瑛

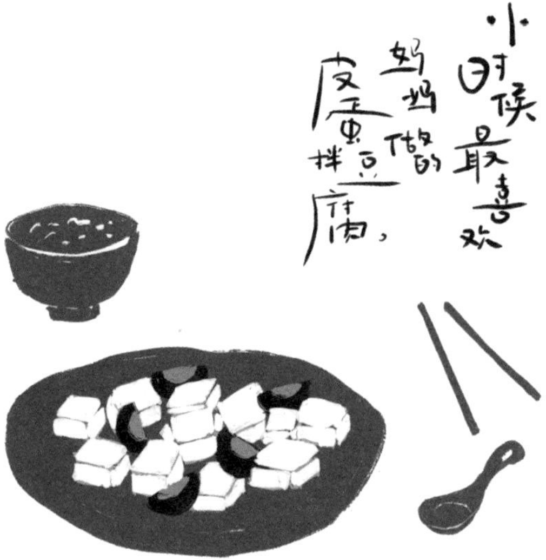
小时候最喜欢
妈妈做的
皮蛋拌豆腐，

豆腐

图/文　吾要

生長在青藏高原的我，虽然在都市生活工作三十多年，但从小习惯的口味一直伴随着我，我家餐桌上除家乡食品成为我们日常的辅助饮食之外，豆腐是常见食物之一。豆腐口感鲜嫩，物美价廉，素有植物肉之称。虽然任何一种食材有多种烹饪方法，但作为家常菜，豆腐的做法简单容易，吃起来口味又能适应。但是北京的豆汁、臭豆腐我始终还没有学会吃。
2023.3.9

腊月二十五，磨豆腐　　绘画　厚闲

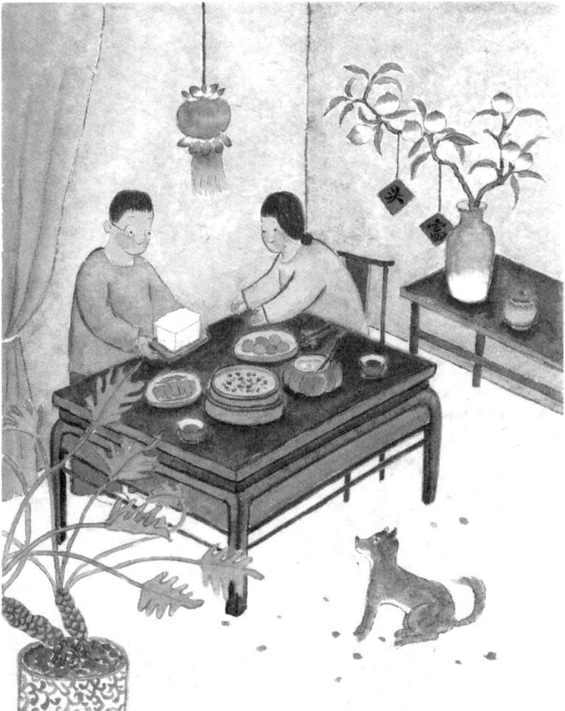

我就是我，毛茸茸的我　　绘画　骅玺

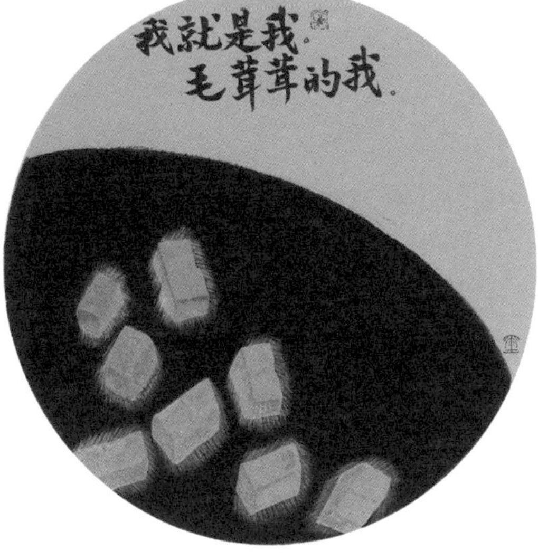
我就是我。
毛茸茸的我。

豆腐

绘画　庄抒书

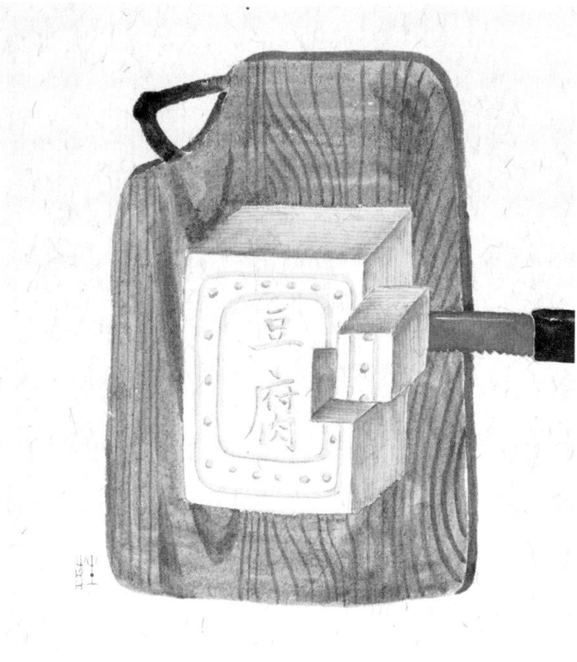
豆腐

金砂白玉

编绘　吕欣

金砂白玉
咸鸭蛋
一枚
石膏豆腐
一大块
小葱
两条
编绘

热锅冷油
下姜葱末
爆香

下碾碎的
咸蛋黄
翻炒出沙

倒入少许高汤
烧开后下入改成
小块的豆腐与几粒碎
加咸蛋白
小火慢焗

收汁后装盘
撒上葱花
咸蛋黄焗豆腐
如金砂白玉
用最寻常的食材
烹饪出最曼妙
的色彩和
滋味
吕

我的心长了霉

我希望自己心是一块嫩豆腐，
洁白干净，柔软光滑，
没有波澜，没有曲折。

但常常，我的心长霉了。
成为一块毛豆腐，毛毛糙糙的。

有时候，
心里还会生出糟糕的想法，
变成乌漆麻黑的臭豆腐。

被打击的时候又整个垮掉，
变成豆腐渣，
再下一场大雨，
就变成酸豆汁儿了。

但是没关系，
我接受各式各样的自己。

by: 寂地

我的心长了霉

诗/绘　寂地

豆腐　　　　绘画　朱煦天

豆腐生活在温室中，成为毛豆腐

豆腐生活在青矾中，成为臭豆腐

豆腐生活在低温中，成为冻豆腐

豆腐生活在苏打水中，成为包浆豆腐

还有些豆腐生活在梦想里，
成为了蝴蝶豆腐 、猫豆腐、鲸鱼豆腐……

每种豆腐都成为了自己，
你想成为怎样的豆腐?

豆腐

绘画　倪蓓蓓

豆腐开花

绘画　慕容引刀

狗子在乡下见过豆子
嗅豆子，舔豆子，挠豆子
在豆子堆里打滑
只有它
一心一意和豆子玩耍
后来豆子成了豆腐
进了超市，进了厨房，进了冰箱
冰箱门一开
狗子汪汪汪
——是它
豆腐乐开了花

豆腐　　　　绘画　盲肠汁

MISSING

豆腐　　艺术装置　陈粉丸

豆腐耳坠　　首饰设计　王克震

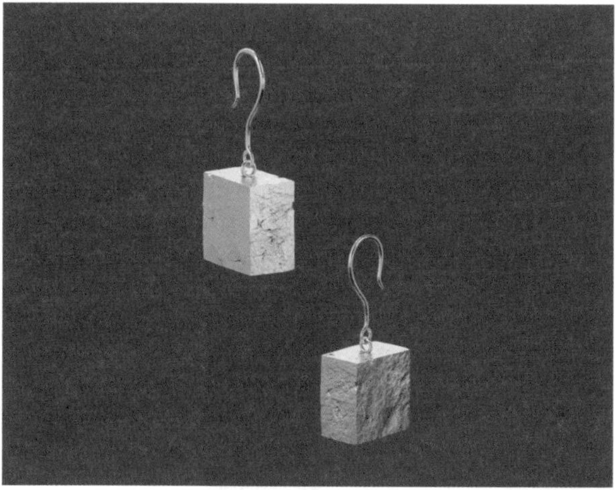

大多数鱼在于渚　　创作　甄景虎

或潜于渊

而我却独独爱上了豆腐

豆腐　　艺术装置　王巍

TOFU

包装设计

团队：李彦霆、吴承泽、汪佳慧、李元浩

作品说明：现代豆腐美学

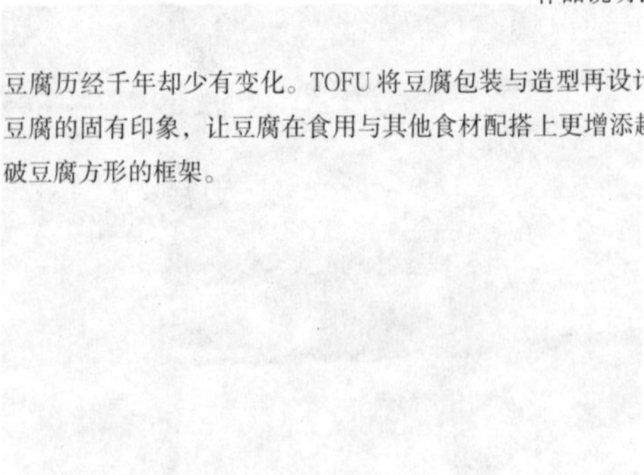

豆腐历经千年却少有变化。TOFU 将豆腐包装与造型再设计，颠覆大众对豆腐的固有印象，让豆腐在食用与其他食材配搭上更增添趣味与创意，打破豆腐方形的框架。

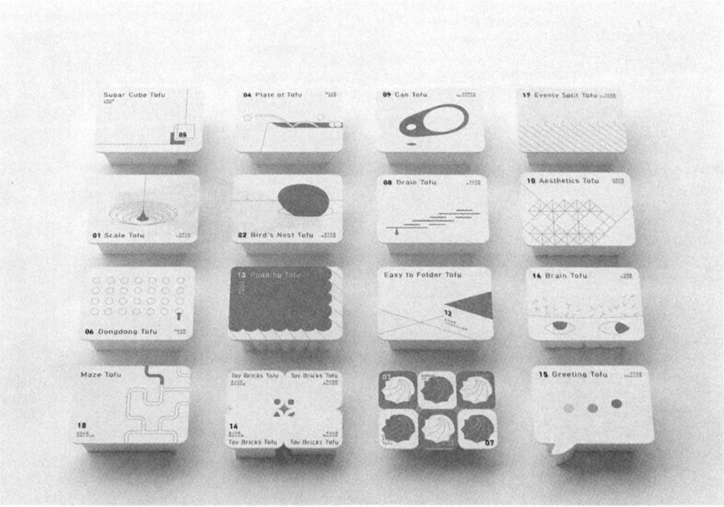
Sugar Cube Tofu
04 Plate of Tofu
09 Can Tofu
17 Evenly Split Tofu
01 Scale Tofu
02 Bird's Nest Tofu
08 Drain Tofu
10 Aesthetics Tofu
06 Dongdong Tofu
Easy to Folder Tofu
16 Brain Tofu
Maze Tofu
Toy Bricks Tofu
15 Greeting Tofu

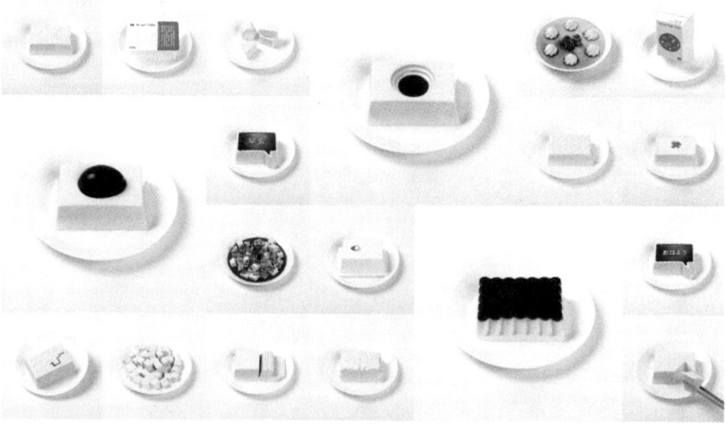

不担心豆腐吃不完的包装　　　　绘画　戴亦然

豆腐脑口味咸甜　　绘画　魏全儒

豆腐脑
口味咸甜
加滴辣油???

音乐人钟立风

扫码收听

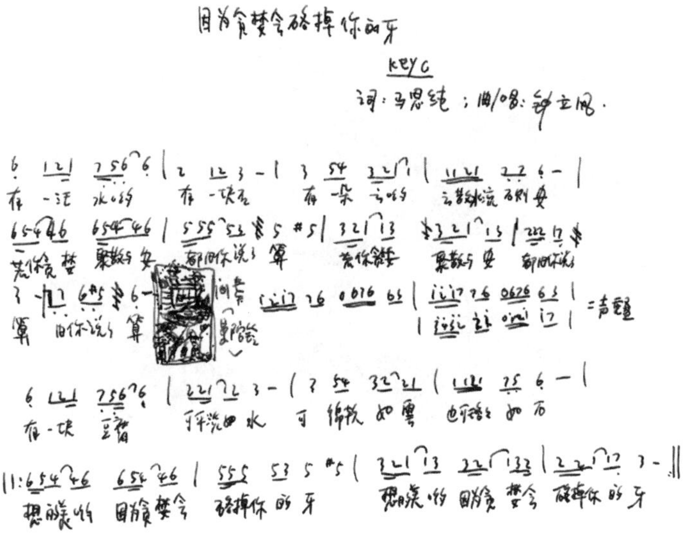

因为贪婪会硌掉你的牙　词　马思纯　曲/唱　钟立风

音乐人钟立风

扫码收听

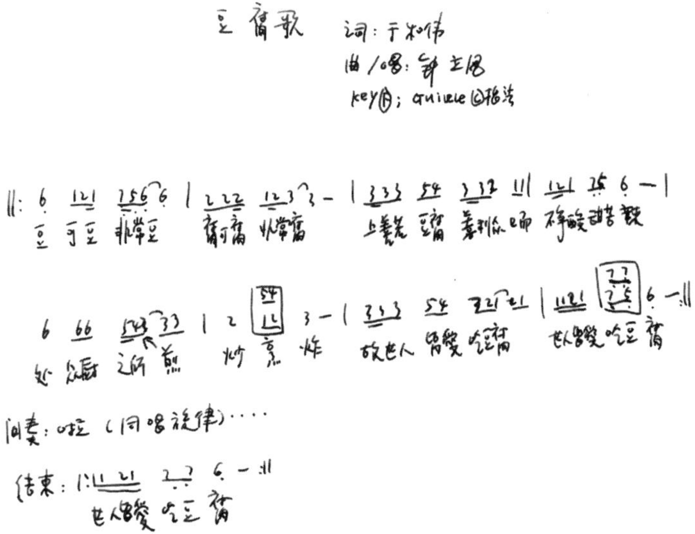

豆腐歌　　词　于和伟　曲 / 唱　钟立风

溺　　　　　　　　　　　　　　　　　　　　　　　　　行为表演摄影　陈秋林

在东亚的男权社会里，豆腐与女性的组合带有自古以来植根于男性凝视的情色成分。陈秋林的作品使用了豆腐意象，却丝毫无意讨论这一话题。这涉及一个深刻的现象：为何在艺评人的口中，《三个火枪手》表现的不是男性作家的好勇天性，而是“时代的潮流”；而《汤姆叔叔的小屋》表现的不是对奴隶制的批判，而是“女性作家的感性与同情”？女性艺术家就只能讨论女性话题吗？这是显而易见的不公平。如果说男性艺术家无论讨论什么，都没有在讨论男性话题，而是在讨论“人类”的话题，那么女性艺术家也一样。陈秋林的作品绝不会屈就于传统话语权给“女性身份”留下的表达空间，因为进入这空间本身就是对不平等地位的接受。“陈秋林的豆腐”，这一作品自带的表述，就是对男权社会遗留的歧视性语义的驱逐仪式。（文 / 许晟）

陈秋林，溺，行为表演摄影 01
哈内姆勒摄影纯棉美术纸，艺术微喷，50.5cm × 90cm，2021

陈秋林，溺，行为表演摄影 05
哈内姆勒摄影纯棉美术纸，艺术微喷，50.5cm × 90cm，2021

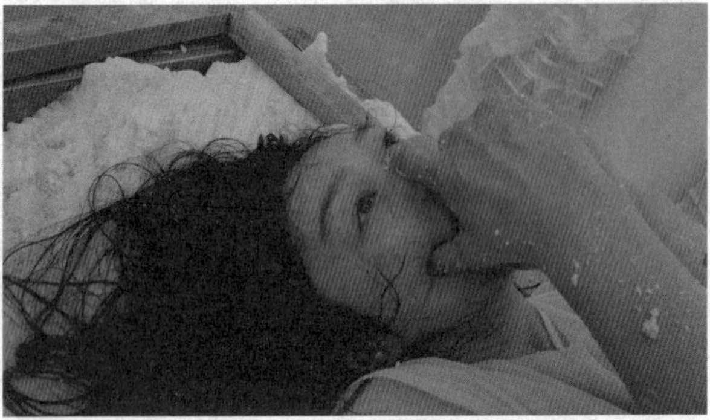

陈秋林，溺，行为表演摄影 07
哈内姆勒摄影纯棉美术纸，艺术微喷，50.5cm × 90cm，2021

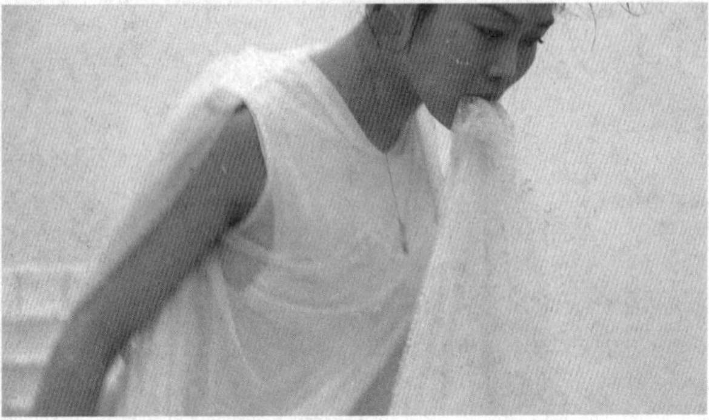

陈秋林，溺，行为表演摄影 08
哈内姆勒摄影纯棉美术纸，艺术微喷，50.5cm × 90cm，2021

陈秋林，溺，行为表演摄影 09
哈内姆勒摄影纯棉美术纸，艺术微喷，50.5cm × 90cm，2021

陈秋林，溺，行为表演摄影 16
哈内姆勒摄影纯棉美术纸，艺术微喷，50.5cm × 90cm，2021

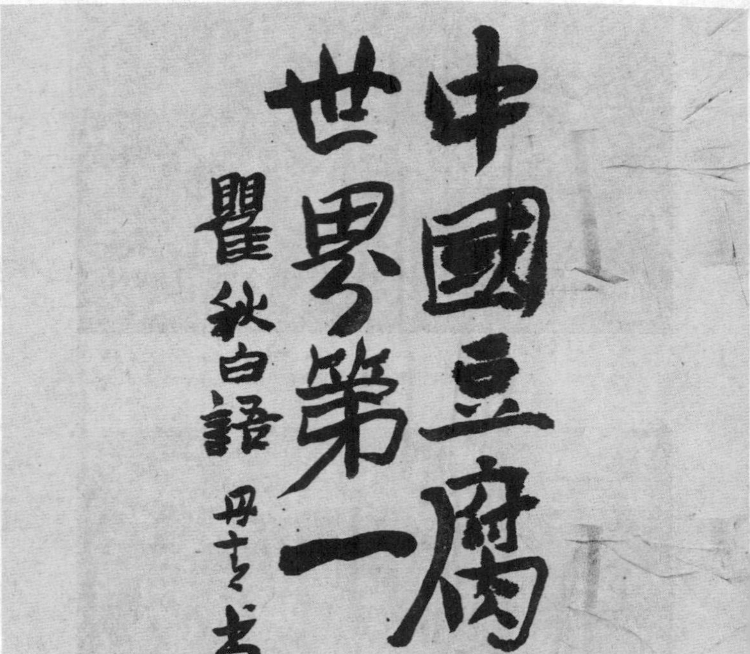

中国豆腐世界第一（书法）　陈丹青

贰／豆腐脑

古　诗　词

2

又一首答二犹子与王郎见和

[宋]苏轼

脯青苔，炙青蒲，
烂蒸鹅鸭乃瓠壶，
煮豆作乳脂为酥。
高烧油烛斟蜜酒，
贫家百物初何有。
……

邻曲

[宋]陆游

浊酒聚邻曲，偶来非宿期。
拭盘堆连展，洗鬴煮黎祁。
乌犍将新犊，青桑长嫩枝。
丰年多乐事，相劝且伸眉。

山庖

[宋]陆游

新春穲稏滑如珠，
旋压黎祁软胜酥。
更翦药苗挑野菜，
山家不必远庖厨。

次刘秀野蔬食十三诗韵·豆腐

[宋]朱熹

种豆豆苗稀，
力竭心已腐。
早知淮王术，
安坐获泉布。

豆腐诗

[元]谢应芳

谁授淮南玉食方？南山种玉选青黄。
工夫磨转天机熟，粗渣囊倾雪汁香。
软比牛酥便老齿，甜于蜂蜜润枯肠。
当年柱史如知味，饮乳何须窈窕娘？

豆腐

[元]郑允端

种豆南山下，霜风老荚鲜。

磨砻流玉乳，蒸煮结清泉。

色比土酥净，香逾石髓坚。

味之有余美，玉食勿与传。

咏豆腐

[明]苏平

传得淮南术最佳，皮肤褪尽见精华。
一轮磨上流琼液，百沸汤中滚雪花。
瓦缶浸来蟾有影，金刀剖破玉无瑕。
个中滋味谁知得，多在僧家与道家。

咏豆腐

[清] 林兰痴

莫将腐乳等闲尝，
一片冰心六月凉。
不曰坚乎惟曰白，
胜他什锦佑羹汤。

深州牧李五峰遣送小菜四种·腐乳

[清]李调元

才闻香气已先贪，

白褚油封由小餐。

滑似油膏挑不起，

可怜风味似淮南。

锦城竹枝词百咏·其一

[清]冯家吉

麻婆陈氏尚传名，
豆腐烘来味最精。
万福桥边帘影动，
合沽春酒醉先生。

豆腐

[清] 姚兴泉

桐城好，豆腐十分娇。
打盏酱油姜汁拌，
秤斤虾米火锅熬，
人各两三瓢。

豆腐

[清] 毛俟园

珍味群推郇令庖，
黎祁尤似易牙调。
谁知解组陶元亮，
为此曾经三折腰。

臭豆腐

[清] 王致和

明言臭豆腐，名实正相当。
自古不钓誉，于今无伪装。
扑鼻生奇臭，入口发异香。
素醇饶回味，黑臭蕴芬芳。
珍馐富人趣，野味贫者光。
既能饫饕餮，更可佐酒浆。
餐馔若有你，宴饮亦无双。
省钱得实惠，赏心乐未央。

臭豆腐

[清]谢墉

撒盐凝腊雪盈瓻，
斥卤经春碧作糜。
只道寒酸惯蔬食，
谁知臭腐化神奇。
淮南未尽和羹术，
燕北难齐物土宜。
莫笑海人多逐逐，
香闺弥复不差池。

豆腐·其一

[清]彭孙遹

藿食终年竟自佽，
朝来净馔况清严。
稀巾未藉先砻玉，
雪乳初融更点盐。
味异鸡豚偏不俗，
气含蔬笋亦何嫌。
素餐似我真堪笑，
此物惟应久属厌。

咏豆腐

[清] 阮元

龙泉三勺作琼浆，
烟火禅参几炷香。
九阙飨云成佛道，
一方如玉好文章。
燃萁僧说相煎急，
啖豆生涯意味长。
养性贪馋仍有悟，
待人如是世留芳。

豆腐诗

[清]张劭

漉珠磨雪湿霏霏，炼作琼浆起素衣。
出匣宁愁方璧碎，忧羹常见白云飞。
蔬盘惯杂同羊酪，象箸难挑比髓肥。
却笑北平思食乳，霜刀不切粉酥归。

豆食诗之一·豆浆

[清]佚名

醍醐何必羡瑶京，
只此清风齿颊生。
最是隔宵沉醉醒，
磁瓯一吸更怡情。

豆食诗之二·豆皮

[清]佚名

波涌莲花玉液凝，
氤氲疑是白云蒸。
青花自可调羹用，
试问当炉揭几层。

豆食诗之三·豆花

[清]佚名

琼浆未是逡巡酒，

玉液翻成顷刻花。

何藉仙家多著异，

灵丹一点不争差。

豆食诗之四·豆滞

[清]佚名

化身浑是坎离恩，
火到琼浆滞独存。
入口莫嫌滋味淡，
盐梅应不足同论。

豆食诗之五·豆乳

[清] 佚名

腻似羊酥味更长，
山厨赢得瓮头香。
朱衣蔽体心仍素，
咀嚼令人意不忘。

豆食诗之六·豆干

[清]佚名

世间宜假复宜真，
幻质分明身外身。
才脱布衣圭角露，
亦供俎豆进佳宾。

豆食诗之七·豆渣

[清]佚名

一从五谷著声名，
历尽千磨涕泗倾。
形毁质消俱不顾，
竭残精力为苍生。

豆腐（书法）　许静

3

叁/豆花

现 代 诗

豆腐

胡歌

第一次抱女儿
就好像
抱了一块豆腐

豆腐

张艺兴

读小学时的豆腐

背在一个挑水担的老爷爷身上

躺在木桶里

白白嫩嫩的　期待着一勺糖

和一个塑料勺子和碗

读中学时的豆腐

躺在红油堆里　又麻　又烫　又辣

开始工作以后

很怀念　那一声吆喝“豆腐脑——热豆腐脑”

也怀念白白嫩嫩的豆腐

但是很少能再见到

见到　也不一定有时间停留下来

蹲在街边小巷　嗦豆腐脑　吃豆腐

我很喜欢吃　臭豆腐　黑黑的

但是我都已经忘了

臭豆腐本来也是从白白嫩嫩的豆腐加工来的

豆腐诗

冯唐

我喜欢一切柔软而有原则的东西

土地

大胸

老母

辛苦

痛哭

以及豆腐

老豆腐

桑格格

如果运气好
吃到真正的
老豆腐
我就要想起
外公的大徒弟
以前的人穷
没啥拿得出手的礼信
但他每年都
来给师父拜年
走七十几里路

头一年

挑了一筐牛皮菜

第二年更穷

就捧了几块豆腐

就是这种

老豆腐

一块豆腐

叶蓓

看见豆腐　想起个男孩
有一次冬天
我们去滑雪
中午时间吃饭
男孩问“吃什么”
我回答“吃豆腐”
不一会儿
炖豆腐　拌豆腐
摆在我面前
眼前的它们
软软又嫩嫩

晚餐

何小竹

你问我去菜市场
准备买什么菜
我说没有明确的想法
看到什么买什么
于是就看见了豌豆和豆腐
转身又看见了一只鸡
所以今天的晚餐
就是宫保鸡丁，麻婆豆腐
红烧豌豆

老和尚的开示

韩东

老和尚赠我豆腐乳，
又麻，又辣，又咸，
味道极重。
老和尚慈眉善目，
软和得就像一碗稀饭，
他赠我的豆腐乳却极具能量。
四四方方，颜色发黑，
像炸药，更像毒药。
老和尚自幼出家，后还俗，
还娶了老婆，
诞下一双儿女——这是麻。

听闻庙里又招和尚，

抛妻别子，夤夜上山，

连眼都不眨——这是辣。

至于咸，那可是人生的底蕴，

不就是苦咸苦咸的吗？

可谁又离得开？

只有佛法才是淡味，老和尚说。

他还说，吃这玩意儿上瘾，

就像念佛。

我念佛，你们吃豆腐乳。

腐逗

田川

可生可熟
可湿可干
可热可冻
可咸可甜
可糯可渣
可滑可搓
还能
欺骗大脑
替代快乐

吹弹可破的危险

摇摇欲坠的边界
适度的力量
肥美的镜子
你给他的
便是他回馈的

千变万化的姿态啊
竟都是你一个玩意
都别
自以为了得
罢

豆腐心

张帆

被石头磨过
你金子般的心，碎过
被卤水点过
你破碎了的心，苦过
被快刀打过
被开水煮过
油锅烫过……
生活的粗碗
惊叹原汁原味的我们
——刀子嘴，豆腐心

造一块豆腐的诗

蓝蓝

一切事物都不是
它本来的样子。总有人
忘记种子的胚芽会带来
夏日惊人的丰硕，绿蝈蝈
颤抖的欢鸣，以及
一把镰刀的寒光

曾经，他观察邻居沉默的牲口
蒙着眼日复一日转圈，走着
永无尽头疲倦的道路
在沉重的石磨缓缓碾压下

豆粒粉身碎骨，化为白色浆水
连同叶蔓、蝈蝈的抒情
整个七月炎热夜晚的星星
都在水池和镇缸石之间
被压榨成它们从未梦想过的样子：

——柔软，洁白，脆弱。宛如
少女的肌肤，或某种道德理想

直到某天，他如法操作
鼓风机呼呼作响，坩埚中

沸腾炙热，那头隐形的驴子
早已被放走。一块注定要崩掉
所有牙齿的豆腐
在他的铁锤下被一下一下砸出——
坚硬，黝黑，沉重。同样也是
某种源自压迫的伦理产物

正如此刻，我写下
这首关于豆腐的诗
它怪异、冰冷，难以下咽
必然不是豆腐原来的样子——

一块豆腐

甫跃辉

一块豆腐，方方正正
雪白，沉默，初生的裸体
置身饥饿环伺的平坦餐桌
面对夜色似的众多眼珠子
和小火焰似的逼近的舌头
一块豆腐，即将消失于
自我的柔弱和无味——
这是严肃的时刻，一块豆腐
作为豆腐即将终结的时刻：
豆腐里揉碎的豆子，豆子里
蕴藏的土壤、虫鸣和雨水

雨水里携带的海浪，海浪里
裹挟的鱼类气息，以及更遥远的
生命肇始的远古消息，都在此刻
微微战栗——这是我漫长人生中
无数时刻中的一刻，我轻轻抬起筷子
郑重地伸出去，成形并完成
一个来自“我”的意识，或一个
因意识而诞生的“我”

向豆腐致意

蔡康永

因为若有似无的欲望，
有了若有似无的食物。

好像可以放在整个文明的入口，
但似乎也适合替整个文明谢幕。

豆腐

许茹芸

晃动

喜欢你
用你的方式
存在　　在
我
的
世
界

以你特有的姿态

微妙地

摇

动

我的心

风　　轻轻地吹过

月晕　　伴随着树影晃动

仅仅一次手心的触碰

体温穿透手指间的隙缝

空气渗透

出

因你挥发　　而

产生的

蜜

加进

我

因你微妙的晃动

而

不停动摇的心

柔软细腻的甜

像极了铺满蜜汁糖水的豆腐花

深

陷

在你柔软细腻的甜

之间

在磐安大盘山六善门听人说豆腐

孙昌建

凌晨三点，娘就起床做豆腐了
我就跟着起来烧柴火
大冬天啊，娘穿的还是单裤
娘就挨村去叫卖豆腐
她卖豆腐是收不到现钱的
她收的是黄豆
娘用收来的黄豆磨豆腐
日复一日，年复一年
把我们五个孩子拉扯大
黄豆全身是宝啊

豆渣可喂猪

豆饼可肥田

每当下午放学回家

那个饿啊，我就吃上几口豆渣

惹得猪都要嗷嗷地叫

以致很多年之后

我的胃病一直没有好

很多年之后

我在书上看到一个前辈说

中国的豆腐是最好吃的

我就什么话都说不出来了

——来啊，你们吃

我娘今年八十七岁了

这是村坊邻居家做的豆腐

你们吃吃看

肯定跟城里的豆腐不一样

城里的豆腐叫豆腐

我们山里的豆腐叫

粒粒皆辛苦

剁椒拥着豆腐

李利忠

父亲打来电话
告知老家
墙面已粉刷一新
刚买了沙发
想到已是秋天
这个周末
我要带上她
回乡住一晚
她说去做什么

我说早上

在一张餐桌前坐定

看着你的眼睛

然后指指桌上的豆腐

说多美啊

秋天的风中

剁椒拥着豆腐

豆腐笺边语

苏波

现在的问题是
如何从看似柔弱实则蛮横的准意识形态里
取出一颗颗豆子
与最初的那双手？

那个饕餮
在颗粒状与块状之间反复转换
于柔软中快速推进的或蛰伏的
是冒充钻石的结石

豆子，豆子

你再也不能在我体内滚动

那隐隐的雷声

消失于沼泽地带

豆腐

崔岩

大智慧是撒豆成兵。
更大的智慧，是让兵丁们心甘情愿
粉身碎骨，并奉献出膏腴的部分
以供点化。

豆腐是约束的学问。如校场点兵
须以围栏加以束缚，然后挤压
使无数残躯，凝结成难分彼此的一体
陈列出，划一的方阵。

——只有经过很长时间的熬煮
阵列里，才会出现一些蜂巢状的洞窟
好像是豆腐特意腾出了位置，好像那些
死去大豆的虚像，站立其中。

豆腐的另一个新名词

吕煊

豆腐是豆子的另一种包装
还在我很小的时候
我的奶奶就靠这一门手艺
养活了一大家的人
她每年消灭了上万斤优质的大豆
出太阳时我家的晒谷场
经常黄金一片
闲时奶奶和我在阳光下
筛选那些变质的大豆然后送到养猪场

奶奶走后我母亲也学会了做豆腐

母亲做的豆腐只够我们一家人享用

有一天我在纸媒上

看到豆腐渣工程这个新名词

我很反感也很无奈

豆腐的剩余价值被市场经济再次抛弃

像奶奶这个高贵的名字替换成一个普通的器官

像小姐替换成了一种新的职业

豆腐赋

涂国文

温润如玉的君子。它俊朗的丰神
源于一次点化后的涅槃
而它的方正，更秉承了大豆的刚硬本性
由大豆之圆，到豆块之方
由大豆之黄，到豆腐之白
这变化中间，隐藏着深奥的辩证法
性情圆融通达：无论是以豆块、豆花、豆浆
还是豆干、豆皮、豆渣的形象出现
都不改一副益气和中的菩萨心肠
液态与固态，是它热爱烟火生活的两张面孔

怀揣着一片大海，却不起细波微澜

如同一个虚怀若谷的人

处世一清二白，有着与生俱来的简单与纯洁

常以刀子的语言，表达自己柔暖的心曲

不畏飞短流长

即使名声被巷道中的逆风搞臭

依然难夺骨子里的奇香

柔里藏刚，人世间唯一一种没长鼻子的牛犊

拒绝任何绳索的牵拽

哪怕被冰封，也要把自己变成蜂窝

让囚禁它的人，心生凛凛寒意

不可轻薄，它从大豆中随身携带的贞洁

随时可能还轻薄者一身腥气

更不可亵玩，为了捍卫尊严

它为亵玩者准备了豆腐饭和豆腐渣工程

这样两把匕首和投枪

一块豆腐，其实就是天地大块

一块豆腐，其实就是一个生动的人

豆腐诗想

达达

我是一块豆腐
刚出屉的新鲜豆腐
很高兴
我有一个生命的新形态
展示在乳白色的黎明

事先不是这样的
事先我只是一粒豆子
从豆子到豆腐
从坚硬到柔软

过程里添加了不少戏份和水分
别太当真

我从没想过
是做一块豆腐
还是做一颗豆子这个
哈姆雷特式的问题
它不涉及生存或者毁灭的终极意义
豆腐是把豆子变成浆汁和渣滓
其物质仍然守恒
豆腐没有消灭豆子

吃豆腐
要拣软的吃

吃豆腐的人应该知道
豆腐会越滚越老
另一种硬骨头

豆腐坏了
豆腐长毛
霉豆腐、臭豆腐、毛豆腐
炒豆腐、炖豆腐、油炸豆腐
有豆腐的人生
是能容纳各种状况的一生
值得一过

豆腐作为一堵墙
可以任意撞头

悔不当初啊

撞过了豆腐事情就还没到不可挽救的地步

而豆腐的终极理想又是什么？

拿根绳子

把它提起来

水阻止绳子的企图

我们则服从于水的教诲

趁冷

杨灏

当你掂量我的时候
我在喜欢你
当你询问我的时候
我在暗恋你
当你决定的时候
我在逃离你
心急吃不了热豆腐
我要趁冷时逃离
如同你没有付出
如同我没有爱慕

土豆腐

仁科

土豆泥耷拉着脸
他在反思他的一生
如今他没有豆腐风光了
豆腐的故事都结集出书了

而我呢？
我在干吗啊
在麦当劳打工，炸薯条、煎薯饼
虚度光阴啊

豆腐拿掉了他的石膏支架

在长沙的街头酷跑

他思考着（用他的豆腐脑）

他心想

如果土豆不走出美洲

那他永远是个乡巴佬

现在那个乡巴佬居然也成了街头美食

辣椒和折耳根是墙头草

风一吹就倒

土豆啊土豆

豆腐啊豆腐

本来也不是同根生

相煎何太急

豆腐

万晓利

豆腐

古老的智慧

小时候不爱吃，后来就喜欢了

豆腐

董玥

它洁净的

白皙的

虽然是原白色

但在我心中是那样干净，无额外添加

记忆中喜欢它的柔软

手感舒适

很有减压之感，却毫无倔强之气

记得小时候

很喜欢托着大大的一块“它”

既想要用力捏碎的快感

却又舍不得地擎着它看
很是好奇是什么样的东西组成了这
看似柔软又自然成型的物品

那时候真是很少吃豆腐
不知道为什么特别不喜欢它的味道
也找不出吃它的理由
说来也真是奇怪
随着年龄渐大
竟不知从何时起
用它来作为营养补充的好食材

做成豆浆，凉拌，炒菜，炖汤，皆是桌上成员

讲到这里

忽然想起了它的成分天然，无过多添加

究竟是创作者制作时多次后的化繁为简

还是从一开始就一气呵成呢？

无需讨论

大家随喜而选

它自温润，适然

享有那份天地

豆腐西施

一梦无痕

孤独就是两颗黄豆相爱时
无法得到紧密的拥抱
做成豆腐，已是来生
就像我们的誓言，洁白无瑕

在嘲讽不能深入的地带
男人的清白戛然而止
食为天或酒色风月
煎煮炖炸，皆为欲望之幻化

当第一缕霞光挂上小镇的门楣
给平庸的日子点上一颗美人痣
昨日的闲言碎语
已吞进露珠或眼泪的肚子里

自古美人如天赋
埋没只需一顿酒的代价
门庭若市到门庭冷落，恍若
烟波里，陶朱公远去的背影

豆腐是怎样制成的

禾子

选择豆子中的精壮者
使他们坚硬而饱满
必须点化他们，如同
注入一种信念

信念可以点石成金
也可以改变豆子的命运：
释放他们沉稳的白
诞生温润如玉的风度

每一位豆腐西施
都是优秀的魔术师
她们点化着乡村——

老家的乡亲们
和豆腐一起熬过各种岁月
活得如此百折不挠

豆腐论

林新荣

想在一块豆腐上撞死
她却一点也不买账
豆腐讲究温润的白玉心，温柔
是一个清淡女子，具谦谦之风

你看豆干、豆浆
那都不是她的真面目
那隐藏在人群中的
被人性充分利用的豆腐，能随便吃吗？

有时也无可奈何

如有腿

她早就跑了

但是，豆腐也有别样面目

她一发愤起来，会让你吃出一些骨头

豆腐西施

余峰

在饕餮的美食中，黄豆
可以变换成千万姿态，豆腐是廉价的

白，可以让普通变得惊艳
惊艳到摄人心魄，心神不定

一切的美，最初来源于普通制造的富丽
一个是为了洗涤自己，一个是肤如凝脂

注定是为凝固，幻化为耳垂的玛瑙
招摇于闹市，成为伸手可及的海市蜃楼

挑起幌子称曰：小葱拌豆腐
纤细的手指掂着贞洁的牌坊

豆腐独白：你们

寿劲草

当你们使用你们的舌苔时
我是易碎品
事情往往如此。像一台卷扬机
搅拌着事实
提供口舌之快。洁白的事物
会活在诽谤里
因为我终究是那一道美食
一个嚼烂的证据。我并不是本我
仅是对于豆类的另一种解释
为了活得有滋有味

你们需要更多的口感。因此你们让我
委身于粉碎机和石磨
缩小成粉末。你们软化我
再用荣誉的盐卤固定我
当然另有所图。
你们最有能力的演出就是
撞击我
然后我死了。

豆腐豆子二人转

空空

方正，掩不住柔软
正如浑圆亦可以刚强
豆腐之于豆子
恰如舌头之于牙齿

有人爱嚼豆子
当然，更多的人爱吃豆腐
作为食物，受人欢迎多好
免于被吃而生硬
——让人莫名

老子说舌是柔软的
但比牙齿坚硬且久远
牙齿的脱落
亦如豆子被粉碎

于是，见钢牙张合
我便想着它可以变豆腐
它就是豆腐
不那么讨人喜欢的豆腐前世

祖先把豆子制成豆腐
应是文明了一大步
哪怕吃豆腐也有歧义

可别为了纯粹消灭了豆腐
（似乎这样的行径不是个别——那滚圆滚圆的豆子）

乡村生活

许春波

俗世边缘，在尽可能大的幕布背后
躲藏起来

“不识天工，安知帝力？”
家家户户的门关闭着，磨豆做浆

岁之余，从门缝里
搜寻盈满烟气之世界

自顺其才
多出来的火光，可结庐筑壁点卤

尽量安置好先行的人
闭上眼，一切都是正确的

随手推开的门铺在豆腐上
重过秋天的黄叶

毫无皱褶，压出缝隙间的水
挣脱缰绳后，那些马走了回来

炊烟一直袅袅，游离于发烫的额头
于此，豆腐已经好了

一切都好了，才能听见
另一类的脚步声

乡村的时日，将堵住门廊的风卸下
用一块块冻好的豆腐，垒起

豆腐

遢遢

强韧
或者粉碎
得看遇见谁

在炙热的油锅里
我能为自己焊一副金色铠甲
包裹住肉身和灵魂

却无法在冰凉的水中央
保持自己原有的形状
棱角一点一点塌方

普宁豆干

方燕珠

生活的洗礼
可能是猝不及防的煎熬
在油锅里翻腾挣扎
在年久日深的淬炼中
坚硬了身躯
却黄了脸，厚了皮
但当你咬开她时
你会发现
她的内心滚烫
依旧柔软如初

豆腐

莫马太

那时候每次回家总会吃一块嫩豆腐，
那时候妈妈总是大清早起来，
站在路口，朝阳洒在身上，
手插在袖子里。

那个卖豆腐的来了，
妈妈回来了；
那个卖豆腐的走了，
我醒了。

妈妈老了，

但我眼里还是那个在朝阳下的女人。

谢谢你，成了我人生的白。

不得不

邹邹

它的娇嫩细腻，

使我不得不每次都用双手将它捧起，

小心翼翼，

像捧起某件珍宝一样。

香气

光芒

方正的形状里

一颗柔软的心

勿说什么

清白人间

只愿

芳香永在

三十岁单身女人的友谊

ZZ

起一口锅，等水热。
嫩豆腐在盒子里切好，轻轻倒扣在手上。
端详还连着的部分，补刀。
母亲没有做过这些汤，
忙碌的我也没和嫩豆腐打过太多交道。
切得有点歪的豆腐下入水中。
裙带菜豆腐汤，给想吃裙带菜的我。
白萝卜豆腐汤，给甲状腺不太好的你。

豆腐

远山淡影的书生

唰——你在锅中作响
我闭上眼睛
我站在烟火前 聆听你
除了声音 还有许多事情

你从黑土地里萌芽
生长
散发着生命的热力
你是乡愁 又由乡愁凝结

你被倒进石磨
又煮成滚烫的豆浆
郑重而热烈
这种流淌 多么像爱情

最后啊 卤水拥抱你
你安静地躺在锅里
我不说话 只是聆听你

豆腐

荒原

一方豆腐
一方白
似玉无骨
似雪不寒

爷爷的豆腐

小小

前一天晚上

黄豆就用井水泡好了

天不亮

胖胖的黄豆就上了磨盘

小灰黑毛驴儿蒙上脸

磨了一圈又一圈

卤水点豆腐

那叫一物降一物

小葱拌豆腐

那叫一清二白

爷爷做豆腐时的口头禅

长大以后我才懂得

有些文化

来自没有文化的生活

豆腐

柴柴

每逢过年
豆腐都会来我家
是爸爸请来的

豆腐变成了各种菜
我不吃
我要吃肉

爸爸走了

走得很远

也许是在天上

每逢过年

我都在考虑

要不要买些豆腐

豆腐

朱海彬

记得小时候，父亲推着小车走街串巷
把一块块细嫩的豆腐带给乡亲
“多吃豆腐，全家有福嘞——”

如今，年迈的父亲守着掉了牙的推车
端详做了一辈子的豆腐
从寡淡中品味人生

父亲说，做人应该学豆腐呀
灿烂花开，清净淡雅
如玉无瑕，一身洁白

淡淡豆香，浓浓乡愁

冰荷蓝馨

冬日

雪覆盖了春天

行人

又该出发了

装着一袋豆香

抱着一怀思念

远方

钟声响了日落

豆香

飘满了整个黄昏

乡愁

浸满了行人的衬衫

回乡吧

那里有清白的芬芳

舌尖上的清香

还有那人间洁白

豆腐

土坡上的风信子

我们要像它
里里外外
清清白白
保持初心
表里如一

更应该如它般
柔软但不脆弱
在纷繁的食材中
成为最好的底色

豆腐的记忆

戈雅

记得小时候饭桌上你经常与小葱为伴
我长大后你时常又与小酒为伍

你满足了我们的欲望
滋润了容颜和健康
我们都想吃你
当面又不敢讲

那不是豆腐

树子

凌晨静谧的村庄

昏黄明亮的微光

唤醒了今天的匆忙

爷爷在炉火旁打盹儿

奶奶和我在灶台旁偷笑

锅里的豆浆开了

爷爷给我舀了一盅豆浆

我坐在炉火旁

听爷爷讲

他今天要去的地方

天亮了 爷爷挑着豆腐走了

再也没回来了

豆腐

小张Zhang

我本洁白如玉

我本芳香浓郁

我本淡泊宁静

我本……

可你

非要将我切碎成块

置于滚烫的油锅里

反复煎炸折磨

再以油盐酱醋为料
加以锅碗瓢盆柽梏

你看，这就是你
这就是我们曾以为的爱情呀
我只是
任你宰割烹饪的豆腐

儿时的早饭

呷未

热锅下油
再把切好的豆腐倒入
小火候着
倒入酱油
至两面金黄
入味便出锅
一盘青菜
再配碗粥
吃完上学去

吃豆腐的人

李凯琪

桌上，放着一碟豆腐
细密的糖粒
将风声揉制成解药
吃豆腐的人
出神地听着
那辆老式单车
在风里嘎吱嘎吱地响
她挽起浅色的头发
在黄昏里摇荡

这一天，只是单纯的一天

一切多么远了

夕光缓缓落下

就像所有的往常

你还坐在她的对面

带回两块

烟草豆腐

我的妈妈用农村大锅做豆腐的过程

孙钦梅

妇人，灶边。

枯柴，红光。

锅起，仙气，豆腐起。

白白方方

代婧

儿时

你是窗外推车大叔的吆喝声

现在

你是火锅里的人间六月天

也是记忆中

家的味道

豆腐

张迎

历经粉身碎骨的磨砺
和卤水的氤氲
终于有了方正模样
你把我捧在手心
小心翼翼地切
艾窝窝一般战栗
你的心和我的身体
精心烹制之后
我融入你的血液安息

豆腐

思源牧歌

星辰大海落在麻辣香锅里
还有五味
以及微笑、落寞和眼泪
弱水三千
那么多年了
你们撺掇着我
和卤水、香菇还有辣椒面
掺和而成的姻缘
我忍着
任凭 思念
在心间

长毛 发酵
散发出
你们得意的味觉
只有在
酒醉后
醒来的夜半
我会怀念起
和青葱、紫蒜、麻油相拌
清清爽爽的
那个瞬间

豆腐

江忘

我想

你有你的坚韧与脆弱

你可能一碰就碎

也可能在牙间

久嚼不破

令人回味

煎炒烹炸煮

原料简单的你

可以用更多方式

散发美味与香气

许多人喜爱你的柔软

也有人喜爱你的坚韧

你能在舌尖有更多的滋味

虽然你的原料只是黄豆

只是……

历经磨难

爱之歌

李泓枋

乡下老宅
父母经常转动他们的小石磨。
那是一首歌，一首属于他们自己的歌
爸爸抱柴生火，烧水，妈妈添豆转磨
妈妈左手换右手，不一会儿，汗珠布满额头鼻头
爸爸走过去，继续转，小石磨跑得快
妈妈过滤去渣煮浆，点卤水，
第一碗是爸爸爱喝的豆腐脑，
嫩嫩的，软软的，
正适合早就掉牙了的老爸

冻豆腐

于奇赫

在寒冷中，你变得坚硬无比
内部布满大大小小的孔洞
生命的精华得以延长
冻成了冰

在沸汤中，你再次变得富有弹性
外部颜色也逐渐由黄变白
但是最初的嫩滑松软
早已不见

你变了

经历变得丰富了

我也变了

才会遇到两个你

两种记忆都在

但相隔南北

豆腐

黄晓婷

少年
回家后第一口就是你
走遍万水千山
街角小巷
再也找不到
第二个小方块
有着你的灵魂和模样

炭火

把你唤醒

欲望在滋滋膨胀

山和水的故事只为你绽开

像睡在儿时的床上一样舒坦

涂满蒜油和辣椒面

我把你放在了故乡的入口

豆腐

满天星辰意

我听得见几番喧嚣

几番浮世

你清白的身影嵌入灵魂

坠入心谷

我记得那株株绿

立于稻黄田埂间

几番秋冬

年年三月

徜徉在自然与清水里的故事

甘甜爽朗

记忆里是儿时的美

人生中是岁月的留白

豆腐

赌神刘跳海

在冷的地方 人很容易把自己活成一块冻豆腐
把身体里的水分全都冻住
冻住唾液 减少谈话
冻住眼泪 减少哭泣
坚硬 冷漠 千疮百孔又密不透风
无言地在地面上滑行
只有遇到一场火锅 两瓶白酒 四盘羊肉 三五好友
才能逐渐解冻
有说有笑 有笑有泪

豆腐小姐窦玛丽

missd

窦玛丽是一块嫩豆腐
她最爱皮蛋君和小葱先生
前者让她美颜
后者使她清冽
谁说爱情不是三个人的事
他们相爱才是完美灵魂的下饭菜

沉默的豆腐

于菩元

总有一口淡淡甘涩

留在口中

滑入味蕾

他可以在汁水里游走，也可以在热油里翻滚

但是

他怎么也不会做出反应

任由师傅做出什么动作

也不会发出声响

我更希望他能动一动

摆脱这沉默的现状

豆腐

wangerjin

煎，更古老的时候，就古法煎。

炒，清炒、辣炒、麻婆炒。

拌，凉拌、小葱拌。

烧，红烧、铁板烧。

炖，鱼炖、海带炖。

千年的家常，厚道的饱腹，朴素的温养。

奶白、金黄，中华料理。

老杨同志

范党辉

清早 开车穿过长安街
一路向东 迎着光
这个时候
车子 像个充电宝
在我身体里 不断蓄积
充盈着 朝霞

想起我们小组的老杨同志
他说他
每个月都要独自开车穿过长安街

从西向东　再从东回到西
有时候清晨　有时候深夜
很多年

不为什么
只想看看长安街
感受　感受
瞻仰　瞻仰
缅怀　缅怀
思考　思考

顺便提醒

那个拒马河边

曾走街串巷

卖豆腐的少年

永远 心地柔软

轻拿 轻放

每一个时代的颤音

哦 他在信访部门工作

学习结束的时候

最年长的他

并不像其他更年轻的人那样

眼含热泪

热情拥抱

依依惜别

他只是静静地 站在楼道

等待着

一个房间 一个房间

身手敏捷

一个箱子 一个箱子

轻拿 轻放

轻拿 轻放

轻拿 轻放

如同 对待

每一块

完美的豆腐

白菜煎豆腐

安素

外婆家的小煤炉

嗞啦嗞啦

九岁我躺在金黄的蜜汁里

六十九岁她裹在洁白的云彩里

素食

松子

豆腐是今天的新娘。
好美，好白，像落俗的月亮。

有一次她相信，快乐的把柄
在于不屑一顾。

可是，执着的筷子
不停夹取，难以悔怍的选择。

她把日子当作西兰花，
名头远胜实际的招摇。

和着水，吞咽。
像读取无穷的日历。

比想象中味美。
没有无辜的尖叫，没有一切。

豆腐

木僧

一锅热豆腐出来
自己也闻见自己的香
内外如一的严整
不加掩饰的柔嫩

美的事物怎么做
都是在成全自己
煎炒烹炸锦上添花
焖溜熬炖甘做陪衬

消失于品鉴者的咂摸
或饥饿者的吞咽中
最大的美德不是忘我
而是熟知自己并不吝付出

豆腐

流马

每回家里来客
大人都给他一个空碗
让他去豆腐坊赊块豆腐

捧碗回来时
方方正正的豆腐块上
竟然多出四个边的咬痕

这是谁干的好事?
答:豆腐觉得自己太好吃
忍不住咬了自己几口

豆腐

肖蕊

如何让一块软嫩的豆腐维持自身的完整，
四四方方，每一面都像被刀划过的瞬间
那样光滑，每一条棱线，每一个尖角都
不曾破碎，并且微微颤抖着蘸裹上干粉，
挂满蛋液，然后在一阵噼啪作响的金色
欢欣中完成漫长的一生中最后一次蜕变。

这块天真的豆腐，
没有丢失过哪怕一个碎屑，
直到被人一口吃掉，
消失在无尽的胃液里。

山水豆腐

朝鱼

山山水水里

难得吃上

一回豆腐

天不亮

打浆来——

点卤去——

豆浆纯咧豆腐老

软弱

艺娃

褪去老旧的豆皮

留下一颗坦诚的豆腐

刀起刀落

一片片的豆腐

犹豫 坍塌

豆腐心还留着最后一丝软弱

在成为豆渣的前一刻

豆腐

小雪人

我将自己

提出来

在水中洗净

泡八小时

在石磨下碾成粉，又在沸点上

过滤掉

浮沫与渣汁

清清白白走到你面前

你会爱我吗?

豆腐无脑有情结

也人

豆腐有糙有细
无杀伤力
吃豆腐的感觉
有如
阴而不雨的日子里
打发自己出门散步
既避免了伤及无辜
兴许还能捎带环保
回去的路上
心不在焉买几块绢豆腐
到家乱炖一锅咸香辣汤

有一天

我窝在日本

自制的简易豆腐脑

将

美过地道

美过情怀

也未尝不可

土向草芥：豆听若干年

顾胜利

必须踏过贫乏，要自我受用反抗和梦境
种瓜与种豆，饮鸩与望梅
已然成为祖辈的本命

烈豆枕着我的省。朝野噙兵
据说，要割除暗示
和旧物

水是清的
磨盘是硬的
豆蔻是顺从的

白色圈定，忐忑真好

屡渡西风，走失真好

知独而不问不答，凿豆取汁真好

残渣上走千里，片片旧相何止于此

尚为山月流动，少女为勘定之国

煮茶洗马织浮屠

耕为夫

炊为妇

是非爱情比得上一盘青葱拌豆腐

此去分食。示身者满足于豆腐的脱壳与循环

揉骨，寻媒

天下笑谈说散就散了

第一场雪

牧风

一块多大的豆腐啊

得多大的磨盘

才能磨出

我相信那是母亲

趁我们

睡熟后，磨的

几升黄豆

掺和

一盏灯光

母亲推开门

手上端着一块热腾腾的豆腐

她清晰的脚印

延伸到远处

豆腐

车行

若点卤，如顿悟
眼前的豆腐，必是得道高僧

“黄皮肤、黑皮肤
原是我相、人相、众生相”

豆腐配方（组诗）

黎落

点豆腐

就要泡软你
管你黑豆
白豆。刀豆。绿豆
就是要
对你
卤水点豆腐
淮南术来自君王
而我
就是要，清清白白地
爱你

豆腐

昨天夜里
我一不小心把
月亮切下来
一块
它又白又软
像你

豆腐

你绕着我三匝
又三匝
我就软如流水

你略施淮南术
我又凝如白脂玉

豆腐

嘘。我许你拌我

许你加入清水。盐巴。月色

许你肥糯的清白

许你一个，温柔的吞咽

点豆腐

你见过我长着尖刺的波浪。我和
很多豌豆挤在一起。但你还是认出了我
剥离。研磨。再为我点上清水
月亮和石膏
谢谢你脱掉我的陡峭
我释放内心的白，并把这些白放心地给你

麻婆豆腐

严来斌

一碗豆腐是一片江湖

它的辣味是个侠客

在牙齿间策马

这一次不做

劫富济贫之事

只为白皙的姑娘

抢一次亲

私奔到

另一个人的

胃里

她

封树

她回来了

当夜

我们并肩坐着

就像无数个往常一样

只不过

无论重逢发生了多少次

热情

依旧如受潮的火柴般

无法点燃

谁若要问一句

我爱她吗

是的

当然

可这也不能说明什么

一个人

我总是一个人

即便在爱里

依旧如此

忘了是哪个日子

哪张餐桌

两两相对

默默吞咽时

她突然说道

“你就像这豆腐一样”

空气中似有似无的凝固

仿佛只是自言自语般

她继续道

“最苍白是它

最丰富也是它”

停顿良久

她又道

“可

它本性终归是寒凉的

不可能都如想象中那般美好”

我并不知道

她说这话时的表情如何

我只希望

这是一顿最平淡无奇的饭
它不会是某种裂痕的预示
甚或某场分离的序曲
它只是
在所有昨日的堆积里
以及每个明日的罗列中
理所当然而凡常地
存在着
而已

我的确无甚热忱
但
我依旧有所求
恐惧
正这么提醒着我

油煎豆腐

榕安

或许
它正温柔地躺在油锅中——
油是自家榨的花生油
然后被轻轻地翻了个面儿
最终静静地躺在略豁口的瓷盘里——
旁边或许还缀着几根青菜

夹起眼前的油煎豆腐
香气从千里之外幽幽飘来

眼睛

amanki

在菜市场的一块豆腐中

我瞥见了未来正处于

这一方块

柔软，易碎，买之前不可触碰

所有常规的菜都在提供

一种选择

我和过路人一样匆匆走过

而不弯腰停下细心挑选

在这匆匆之中

我看见穿围裙的自己正颤巍巍

端着一盘盘的菜走向饭桌

和陌生的一家人亲切言谈

热气，香味，就要溢出

饱含这一切的眼睛

脆弱啊你的名字是豆腐
豆腐啊你的名字是坚强

亚闲

即便你碎在我手下
你必征服我的味蕾
踏过餍足的躯体
以牙还牙以眼还眼

食材界亚历山大般
忧心忡忡自信满满
悬旌万里不费兵卒
花样繁多所向披靡

做豆腐

梵范

一种白嫩的堆积
敦坐在一只骨瓷盘上
清水洁之，横七竖八地
切成小块。

暂且停一下——
站定沉思，要怎么做
才对得起，粉身碎骨的
黄豆们的清白。

豆腐（组诗）

芦哲峰

豆腐

爷爷得了胃病
只能吃豆腐
爸爸得了肾病
不能吃豆腐
我小时候陪爷爷
一起吃豆腐
现在陪爸爸
一起不吃豆腐

爷爷　　每天早出晚归

赶马车拉货挣钱

主食永远是面条

配菜永远是豆腐

晚上临睡前

最大的享受是

喊我给他挠后背

豆腐工程 爷爷 40 岁那年

胃切除三分之二

从此只能吃

面条和豆腐

看到这个活动

马上想到了爷爷

吃了 36 年豆腐

一盒嫩豆腐

Yuan Tian

一盒嫩豆腐
揭开封膜 倒扣盘中
剪开盒底一角 很容易就
整块滑落

因本身无味 所以极尽包容
包容白醋
包容生抽

包容蚝油

包容蒜末

包容小葱的青翠

包容小米辣的深红

一盒雪白的嫩豆腐

麻婆豆腐

张博

我姿色平平
好似你根本对我花花绿绿的穿着
提不起一丝兴趣

兴是觉得我也孤零零的
你还是亲吻了我
那一刻
我在你眼前完全袒露

语言肉麻
身材火辣

体香诱人
双峰挺酥
蓓蕾柔嫩
体温滚烫

你吻得大汗淋漓
我爱得香消玉殒

……

八珍豆腐

张静雅

第一道，

八珍豆腐在一家光线有些昏暗的小饭庄。

小饭庄里坐着的人，

大都是这个小地方的熟面孔——

这桌吃两口，隔桌说两句。

第二道，

八珍豆腐在一次气味复杂又有些喧闹的喜宴。

到访喜宴的人，

大都是日久未见的故友——

这桌吃两口，隔桌说两句。

第三道，

八珍豆腐在一年一度的家庭聚会。

家庭聚会上交谈的人，

大都平日并未相隔多少距离——

这桌吃两口，隔桌说两句。

豆腐脑

卢建彩

“叮叮叮”
瓷勺敲着瓷碗的声音远远近近
一圈小孩子手里捧着碗就追出去
追什么呢
追豆腐脑
追上了围住
一齐盯着
豆腐被
一片一片刮到碗里
浇上红糖姜汁
是最馋的豆腐脑呀

好想晚上喝豆腐鱼汤

袁妍晨

对豆腐的记忆似乎还停留在早上

人生中第一次见到这白白嫩嫩的方块形状

戳一下

Duang Duang Duang

幼年时第一碗豆腐鱼汤

似乎还氤氲着儿时的向往

奶白的豆腐鱼汤又鲜又香

爸爸说

喝饱鱼汤才会长得又高又壮

妈妈说

吃光豆腐才会长得又白又胖

长大后才发现

豆腐还是那样

和我记忆里的一样

只是长大后的我

晚上不再敢肆无忌惮地

一碗接一碗地

喝豆腐鱼汤

答应安娜写首与豆腐有关的诗之后

里所

白天陪弟弟去学校食堂送货
看见货品中有二十五公斤豆腐
晚上聚餐时听家人朋友聊天
个个都在谈论创业挣钱的办法
有人指着桌上的麻婆豆腐说
批发豆腐在市场卖
一年也能赚五十万
睡前我还在想着
如何与豆腐建立更深的
诗歌关系

梦中想起爸爸常说的话

用于形容他自己

——刀子嘴豆腐心

睡到半夜

听见有人笑谈

——什么东西闻着臭吃着香

——臭豆腐

奶奶已经在另一个梦里

和童年的我

玩猜谜游戏了

豆腐

成婴

把豆子做成布匹，把水点成石头
中年开始学做饭的我，遇见你
用铲子向你致敬，火苗召请灵魂
你的任何形式的存在，其实无遮无瑕

豆腐自述

罗翠

面白

肉厚

软嫩

没骨头

毫无战斗力

我是一块豆腐

但我有一副好心肠

代替要被杀死的动物

给劳作的人提供营养

别对我要求太多

我只是 一块豆腐

豆腐

沈淡

那是九三年春天
以物换物的年代
用米换麦芽糖
用黄豆换豆腐
捧着，捧着
摇摇晃晃，纯洁脆弱
那时我还不晓得
生活原来，也一样

标准女人

冷夏

皮肤白嫩光滑

身体自带香气

他们告诉我

这才是一个女人该有的样子

当然 她还要脆弱易碎 温柔似水

永远需要强硬的保护

一个标准的好女人

像一块装在盒子里的豆腐

美味而不自知 纯洁而不骄矜

等待着被挑选，被领进家门

等待着生活伸出一根根细线

绞住她 使她如豆腐般破碎

分裂成妻子、母亲、女儿、姐妹

将自己埋藏在一片混沌的碎片中

终此一生

最后，人们在葬礼上怀念着

他们叹息着也欣赏着

这个豆腐般的女人的一生

一个标准女人的一生

Tofu

Francesca

A wibble, a wobble

A perfect split

A plethora of flavours

Soak up in it

Delicate, silken

Delectably light

Earthy and pungent

Exploding with might

豆腐之诗

[英] 弗朗西斯卡

摇着，晃着
一次完美的切割
富足的风味
在其中徜徉

精致，丝滑
令人愉悦的轻盈
泥土清香，气味浓烈
充盈着巨大的能量

A slither, a ripple
A block or cubed piece
Crumpled wee pillows
Swaddled in fleece

Plain as can be
Exotic, absurd
Such are the wonders
Of humble beancurd

一次颤动，一丝涟漪
一块或一小方块
似起皱的小枕头
包裹着绒毛

朴素得不能再朴素
异域风味，不可思议
这就是奇迹
谦卑的豆腐

（余西译）

豆腐

王寅

我在布鲁克林八大道的菜市场
买了一块豆腐

想到我的朋友洪亦非
她把长得白白的小朋友
都叫做豆腐
她那可爱的千金
小名就叫豆腐

我手中的这块豆腐
不是小津安二郎说的手工豆腐

只是装在塑料盒里
来自流水线上的
一块普通的豆腐

我还没想好
是做麻婆豆腐
还是三鲜豆腐汤

我只是想吃豆腐
并不是又开始想念上海了

鱼头豆腐汤

六神磊磊

有天放学回家，

爸爸说：

今天给你做个名菜，

鱼头豆腐汤。

我不爱吃鱼头。

但我相信我爸，

他真的很会做菜。

他居然能做清汤的脑花，

而且还很好吃。

那天，他在门框上切葱，

具体怎么能在门框上切葱，

我忘了。

他一边切一边说：

等你以后结婚了，

找了老婆，

我就去给你们做饭。

我胖，

动作慢，

就早点动手备菜。

等你们下班回家，

我就炒。

应该不会嫌弃我手艺吧？

我说嗯嗯。

汤好鲜。

十年后，我再也没机会

吃他的饭菜了。

总不能不找老婆。

所以我就只好，

再也不点鱼头豆腐汤了。

豆腐，或者其他

海桑

一颗豆子

恋上了

另一颗豆子

撞出来一个意外事件

从此后

方方正正，一座城

无人把守

清清白白，一个人

不惧刀锋

浣纱的西施又卖起了豆腐

整座城里

没长牙齿的小孩

掉光牙齿的老人

都来吃吃看

豆腐，兼赠朱赢椿兄

李元胜

好诡异的发明啊……
像雪原，却没有狐狸的脚印
像纸张，却不可书写

或者，出窑的瓷器？
不对不对，它如此柔软
如同上个世纪的人心

那个想找块豆腐撞死的人
其实，是想在茫茫人世
寻找一颗温柔的心

他应该没能活到这个世纪

便条集 903

于坚

十一月底

在光线不良的菜市场

卖豆腐的女子告诉我

海鸥回来了

比她的豆腐还白

就在南太桥那边

“早晨梳头时　突然看见”

她的大事

豆腐

谈波

豆腐千滋百味，
吃豆腐人人平等，
上至要饭皇帝的美妙记忆
珍珠翡翠白玉汤，
及满蒙贵族的统战大宴
满汉全席，
下到寻常人家的麻婆和小葱，
豆腐把海外海内，
城市乡村，
暮年童年，
未来现在过去，
串联得天衣无缝，
毫无违和。

豆腐刀

骆冬青

刀，什么刀
砍铜剁铁，刀口不卷
吹毛得过
杀人不见血
德国的“双立人”
杀人不见血的嘴
最喜欢的是豆腐
一个杀人犯
当对他说起一件伤心事

那时

刀口绽裂

那时豆腐脑豆腐心豆腐身

砰然

化作一泓热乎的

豆浆

刀片

如入无人之境

豆腐

田壮壮

30 多年前去淮河地区田野调查
遇到一位淮南的诗人
他和我讲豆腐是淮南人发明的
是中国的第五大发明
当时只是一笑而过
没想到之后吃豆腐的时候
总会想到这句话

豆腐（字体设计） 潘虎

肆／豆腐干短评

施耐庵

……

戴宗坐下，只见个酒保来问道："上下，打几角酒？要甚么肉食下酒，或鹅猪羊牛肉？"戴宗道："酒便不要多，与我做口饭来吃。"酒保又道："我这里卖酒卖饭，又有馒头粉汤。"戴宗道："我却不吃荤酒，有甚么素汤下饭？"酒保道："加料麻辣熝豆腐如何？"戴宗道："最好，最好！"酒保去不多时，熝一碗豆腐，放两碟菜蔬，连筛三大碗酒来。戴宗正饥又渴，一上把酒和豆腐都吃了，却待讨饭吃，只见天旋地转，头晕眼花，就凳边便倒。

选自《水浒传》

吴承恩

……

遂此，四众牵马挑担，一齐进去，只见那荆针棘刺，铺设两边；二层门是砖石垒的墙壁，又是荆棘苫盖；入里才是三间瓦房。老者便扯椅安坐待茶，又叫办饭。少顷，移过桌子，摆着许多面筋、豆腐、芋苗、萝白、辣芥、蔓菁、香稻米饭、醋烧葵汤，师徒们尽饱一餐。

选自《西游记》

曹雪芹

……

宝玉笑道："好，太渥早了些。"因又问晴雯道："今儿我在那府里吃早饭，有一碟子豆腐皮的包子，我想着你爱吃，和珍大奶奶说了，只说我留着晚上吃，叫人送过来的，你可吃了？"

选自《红楼梦》

石玉昆

……

包兴捧与包公喝时，其香甜无比。包兴在旁看着，馋得好不难受。只见孟老又盛一碗递与包兴。包兴连忙接过，如饮甘露一般。他主仆劳碌了一夜，又受惊恐，今在草房之中，如到天堂，喝这豆腐浆，不亚如饮玉液琼浆。不多时，大豆腐得了。孟老化了盐水，又与每人盛了一碗。真是饥渴之下，吃下去肚内暖烘烘的，好生快活。

选自《三侠五义》

孙中山

……

夫素食为延年益寿之妙术，已为今日科学家、卫生家、生理学家、医学家所共认矣。而中国人之素食，尤为适宜，惟豆腐一物，当与肉食同视，不宜过于身体所需材料之量，则于卫生之道其庶几矣。

选自《建国方略》

周作人

……

第一是炖豆腐，豆腐煮过，漉去水，入砂锅加香菰笋酱油麻油久炖，是老式家庭菜，其味却极佳，有地方称为大豆腐，我们乡下则忌讳此语，因为人死时亲戚赴斋，才叫吃大豆腐。芋艿切丝或片，放碗上，与豆腐分别在饭镬上蒸熟，随后拌和加酱油，唯北方芋头不黏滑，照样做了味道不能很好。豆腐切片油煎，加青蒜，叶及茎都要，一并烧熟，名为大蒜煎豆腐，我不喜蒜头，但这碗里的大蒜却是吃得很香，而且屡吃不厌。

选自《天下第一的豆腐》

朱自清

说起冬天，忽然想到豆腐。是一“小洋锅”（铝锅）白煮豆腐，热腾腾的。水滚着，像好些鱼眼睛，一小块一小块豆腐养在里面，嫩而滑，仿佛反穿的白狐大衣。锅在“洋炉子”（煤油不打气炉）上，和炉子都熏得乌黑乌黑，越显出豆腐的白。这是晚上，屋子老了，虽点着“洋灯”，也还是阴暗。围着桌子坐的是父亲跟我们哥儿三个。“洋炉子”太高了，父亲得常常站起来，微微地仰着脸，觑着眼睛，从氤氲的热气里伸进筷子，夹起豆腐，一一地放在我们的酱油碟里。我们有时也自己动手，但炉子实在太高了，总还是坐享其成的多。这并不是吃饭，只是玩儿。父亲说晚上冷，吃了大家暖和些。我们都喜欢这种白水豆腐；一上桌就眼巴巴望着那锅，等着那热气，等着热气里从父亲筷子上掉下来的豆腐。

选自《冬天》

汪曾祺

……

烧豆腐大体可分为两大类：用油煎过再加料烧的；不过油煎的。

北豆腐切成厚二分的长方块，热锅温油两面煎。油不必多，因豆腐不吃油。最好用平底锅煎。不要煎得太老，稍结薄壳，表面发皱，即可铲出，是名“虎皮”。用已备好的肥瘦各半熟猪肉，切大片，下锅略煸，加葱、姜、蒜、酱油、绵白糖，兑入原猪肉汤，将豆腐推入，加盖猛火煮二三开，即放小火咕嘟。约十五分钟，收汤，即可装盘。这就是“虎皮豆腐”。如加冬菇、虾米、辣椒及豆豉即是“家乡豆腐”。或加菌油，即是湖南有名的“菌油豆腐”——菌油豆腐也有不用油煎的。

“文思和尚豆腐”是清代扬州有名的素菜，好几本菜谱著录，但我在扬州一带的寺庙和素菜馆的菜单上都没有见到过。不知道文思和尚豆腐是过油煎了的，还是不过油煎的。我无端地觉得是油煎了的，而且无端地觉得是用黄豆芽吊汤，加了上好的口蘑或香蕈、竹笋，用极好秋油，文火熬成。什么时候材料凑手，我将根据想象，试做一次文思和尚豆腐。我的文思和尚豆腐将是素菜荤做，放猪油，放虾籽。虎皮豆腐切大片，不过油煎的烧豆腐则宜切块，六七分见方。北方小饭铺里肉末烧豆腐，是常备菜。肉末烧豆腐亦称家常豆腐。烧豆腐里的翘楚，是麻婆豆腐。陈麻婆是个值得纪念的人物，中国烹饪史上应为她大书一笔，因为麻婆豆腐确实很好吃。做麻婆豆腐的要领是：一要油多。二要用牛肉末。我曾做过多次麻婆豆腐，都不是那个味儿，后来才知道我用的是瘦猪肉末。牛肉末不能用猪肉末代替。三是要用郫县豆瓣。豆瓣须剁碎。四是要用文火，俟汤汁渐渐收入豆腐，才起锅。五是起锅时要撒一层川花椒末。一定得用川花椒，即名为“大红袍”者。用山西、河北花椒，味道即差。六是盛出就吃。如果正在喝酒说话，应该把说话的嘴腾出来。麻婆豆腐必须是：麻、辣、烫。

选自《豆腐》

老舍

……

歇了老大半天，他到桥头吃了碗老豆腐：醋，酱油，花椒油，韭菜末，被热的雪白的豆腐一烫，发出点顶香美的味儿，香得使祥子要闭住气；捧着碗，看着那深绿的韭菜末儿，他的手不住的哆嗦。吃了一口，豆腐把身里烫开一条路；他自己下手又加了两小勺辣椒油。一碗吃完，他的汗已湿透了裤腰。半闭着眼，把碗递出去：“再来一碗！”

选自《骆驼祥子》

李汝珍

……

桌上望了一望，只有两碟青梅、荠菜，看罢，口内更觉发酸，因大声叫道："酒保！快把下酒菜多拿两样来！"酒保答应，又取四个碟子放在桌上：一碟盐豆，一碟青豆，一碟豆芽，一碟豆瓣。林之洋道："这几样俺吃不惯，再添几样来。"酒保答应，又添四样：一碟豆腐干，一碟豆腐皮，一碟酱豆腐，一碟糟豆腐。

选自《镜花缘》

萧红

……

晚饭时节，吃了小葱蘸大酱就已经很可口了，若外加上一块豆腐，那真是锦上添花，一定要多浪费两碗苞米大芸豆粥的。一吃就吃多了，那是很自然的。豆腐加上点辣椒油，再拌上点大酱，那是多么可口的东西。用筷子触了一点点豆腐，就能够吃下去半碗饭，再到豆腐上去触了一下，一碗饭就完了。因为豆腐而多吃两碗饭，并不算多吃得多，没有吃过的人，不能够晓得其中的滋味的。

所以卖豆腐的一来了，男女老幼，全都欢迎。打开门来，笑盈盈的，虽然不说什么，但是彼此有一种融洽的感情，默默生了起来。

似乎卖豆腐的在说：

“我的豆腐真好！”

似乎买豆腐的回答：

“你的豆腐果然不错。”

买不起豆腐的人对那卖豆腐的，就非常的羡慕，一听了那从街口越招呼越近的声音，就特别地感到诱惑，假若能吃一块豆腐可不错，切上一点青辣椒，拌上一点小葱子。

但是天天这样想，天天就没有买成，卖豆腐的一来，就把这等人白白的引诱一场。于是那被诱惑的人，仍然逗不起决心，就多吃几口辣椒，辣得满头是汗。他想假若一个人开了一个豆腐坊可不错，那就可以自由随便的吃豆腐了。

果然，他的儿子长到五岁的时候，问他：

“你长大了干什么？”

五岁的孩子说：

“开豆腐坊。”

这显然要继承他父亲未遂的志愿。

关于豆腐这美妙的一盘菜的爱好，竟有还甚于此的，竟有想要倾家荡产的。传说上，有这样的一个家长，他下了决心，他说：

“不过了，买一块豆腐吃去！”这“不过了”的三个字，用旧的语言来翻译，就是毁家纾难的意思，用现代的话来说，就是：“我破产了！”

选自《呼兰河传》

李伯元

……

就是这个菜，也不要什么好的，只要一碟韭菜炒肉丝、一碟炒鸡蛋；现在到了夏天了，一碟子拌王瓜、一盘子杂拌，再炖上一碗蛋糕、一碗豆腐汤，多加上些香油，包你都中意。

选自《官场现形记》

郁达夫

……

正轻轻的在车斗里摇着身体念到这里，车子在一个灯火辉煌的三岔路口拐了弯，哼的一阵，从黄昏的暖空气里，扑过了一阵油炸臭豆腐的气味来。诗人的肚里，同时也咕喽喽的响了一声。于是饥饿的实感，就在这《日暮归来》的诗句里表现出来了：“噢噢呵，我还要吃一块臭豆腐！”

选自《二诗人》

夏丏尊

……

我以为这很有意思。“说真方，卖假药”“挂羊头，卖狗肉”，是世间一般的毛病，以香相号召的东西,实际往往是臭的。卖臭豆腐干的居然不欺骗大众，自叫“臭豆腐干”，把“臭”作为口号标语，实际的货色真是臭的。如此言行一致，名副其实，不欺骗别人的事情，恐怕世间再也找不出了吧，我想。

选自《幽默的叫卖声》

丰子恺

……

自七八月起直到冬天，父亲平日的晚酌规定吃一只蟹，一碗隔壁豆腐店里买来的开锅热豆腐干。他的晚酌，时间总在黄昏。八仙桌上一盏洋油灯，一把紫砂酒壶，一只盛热豆腐干的碎瓷盖碗，一把水烟筒，一本书，桌子角上一只端坐的老猫，我脑中这印象非常深刻，到现在还可以清楚地浮现出来，我在旁边看，有时他给我一只蟹脚或半块豆腐干。

选自《忆儿时》

鲁迅

……

堂倌搬上新添的酒菜来，排满了一桌，楼上又添了烟气和油豆腐的热气，仿佛热闹起来了；楼外的雪也越加纷纷的下。

选自《在酒楼上》

林语堂

……

他们的晚餐有四个菜：炒蛋、芜菁汤、藕片、香菇烧豆腐，另外是小米玉蜀黍粥、馍馍。旅途劳顿，山中空气新鲜，大家都非常饥饿，几盘子菜都吃得精光。虽然食物并不精美，远寺的钟声却使他们觉得此次晚餐风味迥异。

选自《京华烟云》

胡适

……

刚才讲的，人是用智慧制造器具的动物。这样，人就要天天同自然界接触，天天动手动脚的，抓住实物，把实物来玩，或者打碎它，煮它，烧它。玩来玩去，就可以发现新的东西，走上科学工业的一条路。比方“豆腐”，就是把豆子磨细，用其他的东西来点，来试验；一次，二次……经过许多次的试验，结果点成浆，做成功豆腐；做成功豆腐还不够，还要做豆腐干、豆腐乳。豆腐的做成，很显然的，是与自然界接触，动手动脚，多方试验的结果，不是对自然界看看，想想，或作一首诗恭维自然界就行了的。

选自《工程师的人生观》

徐志摩

……

有人专捡煤渣，满地多的煤渣，

妈呀，一个女孩叫道，我捡了一块鲜肉骨头，

回头熬老豆腐吃，好不好？

选自《一小幅的穷乐图》

张恨水

……

回到房子里，方桌子上，已经亮起了菜油灯，筷子、饭碗都摆在灯下，四只菜碗，放在正中。一碗是红辣椒炒五香豆腐干，一碗是红烧大块牛肉，一碗小白菜豆腐汤，一碗是红辣椒炒泡菜。不由得拍了手笑道：“好菜好菜，而且还是特别的丰富。”

选自《巴山夜雨》

麦家

……

烧豆腐的器具是一只火盆，上面摆一张用细钢筋扎制的炕，炕下面是无烟的炭火。烧烤豆腐之前，要先在钢筋上抹上菜油，这样豆腐不会粘在钢筋上。豆腐烧烤时要随时翻动，以防烤焦。在豆腐被炭火烤得嗞嗞地冒发热气时，豆腐变成了精灵，颜色由灰白变为嫩黄，形状由四方膨胀成微圆，显得结实、饱满；更诱人的是，嗞嗞冒发的热气在空气中迅速转换成一股黄豆在爆炒中成熟的沉香，热烈，浓郁，扑鼻而来，驱之不散。

选自《卖烧豆腐的秋娘》

殳俏

……

中国人心目中，说到软，第一总会想到豆腐。但其实豆腐是有筋骨的吃食，无论是老豆腐、嫩豆腐、冻豆腐、油豆腐，一个很重要的判断豆腐优劣的标准就是，在火力作用下，无论是蒸还是煮，看这豆腐容不容易散。好的豆腐，虽外表看着柔弱，却久烹不泻。差劲的豆腐，生时看着样子还坚挺，一上灶台，便现了本相，散成屑，碎成渣，一脸的糊塌样。所以说，豆腐之软，诚如中国人心目中软的最高境界：不攻击，却有抵抗；不争执，却有原则；这样的软，不是瘫软，而是气质上的谦和，心底里的慈悲。

豆腐就算煮成羹，舀一勺与米饭同吃，也是润物细无声地钻入了饭粒之间的每一个角落，而不是狼狈地四处流窜，这便是豆腐之以柔克刚：一个自由自在的温和派，代表着中国逻辑的中庸之软。

选自《软心记》

孔庆东

人生在世，须如豆腐，方正洁白，可荤可素。

选自《47 楼 207》

马家辉

……

豆腐里面有禅。你要用减法吃豆腐。把贪念除去。把急躁踢走。唯有在静中明白淡的滋味，并且领略它，再领悟它，再享受它，你才回到味道的原点。

选自《室内白》

周洁茹

……

我也许什么都不会做，但是拌豆腐，我是从小就会了的。

嫩豆腐划三刀，我的做法，你也可以划五刀或者不划，生皮蛋切碎，与香菜碎一起摆上豆腐，淋上香油及酱油，就好了。简单吗？只是，不是香葱必须是香菜，不是麻油必须是生豆油，不是山水牌盒装嫩豆腐必须是常州豆腐。

选自《我当我是去流浪》

陈晓卿

……

在吃这件事上，罗老师和我有一个相同的爱好——豆制品，更准确一点说，我们都喜欢豆腐干。那次是在白颐路的锦府盐帮吃饭，大家喝酒的时候，老罗指着台面上的牛栏湾豆干，小心翼翼地说："这东西……呵呵，挺有趣的，就是，分量太少了一点。"我大概明白他说的意思，惴惴不安地让服务员又加了一份。老罗是一个说话非常得体的中年作家，后来我发现，只要有好吃的豆腐干，比如眉州东坡的小作坊豆腐干、天下盐的梁平豆腐干，老罗总会不厌其烦地得体一下："服务员，麻烦你这个来两份。"

选自《豆腐干文章》

葛亮

每天最受欢迎的卤水，是五举自制的一道“兰花豆腐干”。白豆腐干买回来，放入锅中焯烫，捞出凉水浸冷。然后开花刀，当断不断。葱切段，姜拍破。坐炒锅，温油炸成金黄，捞出控油。加一大碗水或黄豆芽汤，放入生姜、糖、老抽、桂皮、八角，最后倒上店里存的陈年花雕。大火烧开，小火煨透，收干汤汁，淋上香油，出锅便成。五举每每做好了，看盘里似兰花盛放。他擦一擦额上的汗，心里也有一点暖。做这道菜，原不想生疏了“蓑衣刀法”，那是凤行教的。

……

第一道，一开。五举选择做一道“豆腐烧卖”。上海民间的烧卖，皮薄馅大，原料是丰盛的，糯米、香菇、淋上酱油的肉末。五举曾自制一道“黄鱼烧卖”，是“十八行”席上必点的主食。但如今命题却以豆腐为主料，便须克制饕餮，又能发挥豆腐的优势。五举便以扣三丝之法，将鸡脯肉、冬笋切丝，而后将豆腐切成干丝而代替火腿。下以面皮，香菇去柄托底，高汤做水晶皮冻，斩至碎末，上笼蒸。一只烧卖便是一只碗，皮冻融化后还原至高汤，混合鸡笋荤素两鲜，入味至干丝。用的是“无味使之入”的法子。因烧卖开口，闻之已馥郁。入口绵软，清甜。

选自《燕食记》

柏邦妮

谁好意思不喜欢豆腐呢，穷人的豆腐，文人的豆腐，入味的豆腐，本味的豆腐……豆腐都不爱的人忘本啊！可我就是忘了，从来没爱过，没有肉鱼炖的豆腐，我一口都不吃。我爸爸忘不了。他八岁起，早上五点起床，磨五十斤豆子才能去上学。他不吃豆腐，说有豆腥气。腥气，没错。

鲁引弓

大时代，做个勇敢的小人物，方正，洁净，柔软心。

王伟

一块楼下菜场嫩豆腐，一只苏北高邮的皮蛋，一小撮碾碎的油爆花生米，一把香菜，两滴麻油。不必过分搅拌，不要在意形状，无需多少油烟。可以一人食，也可以几人分享；可以是正餐，也可以作为降暑小食。不用大动干戈也能拥有的人间至味，来自汪老故乡的秦邮自制皮蛋豆腐。

四方食事，不过一碗人间烟火。

刘亮程

不是每一粒豆子都想成为豆腐的。

黛青塔娜

蒙古人不会做豆腐，但是会做一切与牛奶有关的食品，奶酪就是其中之一，我们还给它起了一个名字——“奶豆腐”。它是我每天早餐的必备食物。当然，奶豆腐是汉语的翻译，它的蒙古语名称非常丰富。我试着用拼音写给你们：“huride”“a ru le”“ai zi e”“ca ang yi d”。

白色在蒙古族里是神圣的颜色，母亲的乳汁、母性动物的乳汁，在蒙古人眼里都是圣洁的象征。一切重大的仪式里，一定会有奶豆腐。母亲们在祈祷的时候，会用木勺将新鲜的牛乳洒向天空，祈祷孩子平安、朋友安康、亲人常在。

“抛洒的鲜奶够不到星辰，但是苍天不会怪罪母亲。”

“乳汁”“母亲”在蒙古人的民歌里频繁出现，被歌颂着，被铭记着。于是，母亲用鲜奶做的奶豆腐，就被赋予着美好的意义。

赵允芳

蚂蚱牙的娘耳朵不灵，人却有巧艺，会磨豆腐！全村人吃的都是蚂蚱牙娘磨的豆腐。蚂蚱牙的家就是村里唯一的豆腐店。每天捡豆子、泡豆子、磨豆子，都有固定的钟点，一到时候，蚂蚱牙的娘就挽起袖子扯着嗓子喊：“国成国成，小龟孙又野哪去了？”

蚂蚱牙有个学名，叫国成。

磨豆腐是个干净营生，一点沾不得脏，蚂蚱牙的娘把家里和自己都收拾得亮亮堂堂，明净爽快。可蚂蚱牙就是不喜欢磨豆腐。他怕村里那些不端正的男人一见面就对他说：“蚂蚱牙，俺昨天又吃恁娘的豆腐哩。恁娘的豆腐真好吃，又白又嫩又暄，摸上去还颤颤乎乎的，你给大伙说说，恁娘的豆腐咋这么嫩，乖乖，手上不能使劲，一使劲就攮出水来了,奶水一样白……”蚂蚱牙从小就知道这不是好话，但又挡不住人家的嘴，干急，干气，赌气不见他娘，逮空就跑外边野去了。

有时候，村里胆子大些的男人也当着蚂蚱牙娘的面夸她的豆腐好吃，她就侧着耳朵很认真地听，似乎完全听不出里面的荤黄，还时常把话听错了。比如人家明明只要一方豆腐，她却麻溜儿地一刀划下两方来，对方只好讪笑着，乖乖付钱。奇怪的是，村里女人来买豆腐，从来都是要多少划多少的。时间长了，女人们便起了疑心，怀疑自家男人是占便宜不成反吃了哑巴亏，要不，怎么总是多买一块回来？回到家，就难免要和男人起点言语上的风波。蚂蚱牙的娘并不知道村里许多这样的小风波皆因她而起。别人家的日子跟她无关，她每天都过得平淡、忙碌。

黄磊

大豆到豆腐，完全换了个样子，像极了我们这一群人，本来挺硬的，但是出去混还是要软一点。通常食材不做过大的改变就会被视为高端，所以高端的食材什么的就成了流行语，豆腐不高端，从大豆到豆腐，超级变变变，而且成了豆腐还不够，还要继续改变：豆腐脑，豆腐泡，豆腐皮，豆腐干，臭豆腐，毛豆腐，冻豆腐……不硬之后就百搭了，小葱，鱼头，辣椒，酸菜，稀饭，白糖，肉馅，肉块，麻婆，家常，红烧，凉拌，以及各种火锅，总之，特别适合牙不好并且心不急的人……

张译

我的认知偏差始于斗法。

二十世纪八十年代初，北方大地的寒冬，常可见一人一板车摇曳在清晨迷蒙的雪雾中。拉车人的棉帽围脖缀满疙疙瘩瘩的冰霜，睫毛也如对开的白色羽扇。他不疾不徐，每走十几步，就抖丹田喝一声：“斗——法？！”喊完必傲视左右。然而街面干净，常常无人敢来应战，他肃清一整条街，斗法之声余音不绝。这位英雄并不知晓我当时就藏在自家贴近地面的窗户里敬畏地凝望他，计划着等天暖和点儿一定拦车拜师。

很久以后我才知道，师傅是做生意的，喊的是“豆腐”。

陈妍希

因为外婆，回锅肉里面的豆腐片可能是我对豆腐最初的印象，但在外婆走后，家里好像就没出现过这道菜，所以每次在餐厅看到这道菜出现在饭桌上都有一股很浓的亲切感。还记得小时候，家楼下有个卖冰的小摊子，很有名，常常排着队，妈妈带着我每次去点，都会点花生豆花红糖冰。

在外婆、叔公走后，我曾想为他们积福吃了两年素。我本来就喜欢豆制品，这时豆腐变成我获得蛋白质的主要来源。各式各样的卤豆皮、卤百叶豆腐、卤豆干是我的最爱。还有一家烤百叶豆腐，每次回家经过也都会忍不住买两串，不晓得外婆和叔公在天堂有没有因为我吃素很开心，但因为有豆制品，不吃肉好像对我也没有太大的困扰。现在因为担心吃豆腐摄入过多的雌激素，已经不太敢吃很多豆制品了，但今年在合肥朋友送了零食小豆干，我还是没忍住，豆制品真是好吃呀！

莫西子诗

印象中，我们把豆腐叫做“都弗喇巴”，有点像一个人的昵称，“都弗”是豆腐的谐音，“喇巴”则有点可爱的意思，或者说是一种爱称。小时候，母亲总会在节日里，把饱满厚实的豆子，一把一把地灌进石磨里，伴随着轰隆隆的磨盘转动声，把盛下来的豆汁倒进大铁锅里，用柴火炖烧，再用腌制酸菜的酸水一点，富有弹性、美味可口的豆腐就出来了。“都弗喇巴”的制作过程再简单不过，但这种原汁原味的做法何尝不是代表了一个时代？现在，豆腐依然是我最爱的食物吧，有时候想的太多了，记起的太少，那些动人的故事只有在豆腐的味道里才能隐隐升起。

叶三

我坚信，只要找到恰当的时机、温度、湿度和力度，大理石就可以雕刻成豆腐。我坚信宇宙应该这样运转：每块豆腐都有机会从大理石中被解放出来。等我彻底老了，我就握紧我的锤子，烧热火锅，兢兢业业、专心致志地解放豆腐。

周云蓬

《我是开豆腐店的，我只做豆腐》，小津安二郎亲自写就的人生故事！然后我看了这本书的目录，没有豆腐什么事儿啊！

你竟敢吃老娘的豆腐！这句话里的豆腐，是明喻还是暗喻还是借喻？

小时候在东北，买豆腐叫做捡五毛钱的豆腐……

鲁迅描写过一位豆腐西施！我觉得，哪怕别的女人都死光了，我也不会娶豆腐西施做老婆。

吃火锅的时候，我就会想起冻豆腐。仅次于羊肉！

刀子嘴豆腐心——那是多么柔软的心啊！然而还是感觉一点都不可爱。

我更爱吃豆腐家族的远房亲戚们，比如豆腐脑、豆腐泡、扬州的早点烫干丝……还有豆腐皮。

去素菜馆，红烧肉其实是豆腐，清蒸鱼还是豆腐……就像好人扮演坏人，比坏人更像坏人！

毛不易

老豆腐，嫩豆腐，毛豆腐，臭豆腐，酱豆腐，冻豆腐，干豆腐……

形色质味，总有异同。

或独立成菜，或相映成趣。

想要去做哪一种豆腐都没关系，

面面俱到，未必皆大欢喜，

志趣相投，自然宾主相宜。

马思纯

有一汪水，有一块石，有一朵云。

云散，水流，石则安。

若你贪婪，聚散与安都由你说了算。

来一块豆腐，可平淡如水，可绵软如云，也可珞珞如石……

想得美，因为贪婪会硌掉你的牙。

高群书

我爷爷孔武有力，年轻时候爱打抱不平，远近闻名，外号五老放，因为名五妮儿，号老放。

不知道为什么给这么一个粗犷的男人起这么一个秀气的名字。

我爷爷会很多手艺，其中一种就是做豆腐。

所以说起豆腐，第一个想起的就是我爷爷。

记得小时候，五六岁，或者七八岁，腊月二十八，黄昏，头天刚下过雪，地上都是冰和未完全铲净的残雪，我爷爷支起小石磨，开始磨豆子。我帮着往磨眼里放豆子，也一起和爷爷转磨，加水。豆子变成白渣，沿磨槽流进下面的锅里。一两个小时吧，锅满了。我爷爷拿去蒸，后面的程序就不知道了。

反正第二天，就成豆腐了。据说，夜里还得点卤水。

那时候，家家都有卤水。

有一天，邻近的一个妇女死了，说是喝卤水死的。

那时候物资匮乏，母亲经常就是买块豆腐，用猪油和白菜一起炒，有时候放点油渣。冬天的日子，放学回家，一掀棉门帘，一股热腾腾的猪油味扑面而来，十分温暖。

晚餐就着馒头、小米红薯粥吃，一会儿一锅菜就没了。

不喜欢吃南豆腐、日本豆腐，太软。连带着不喜欢吃麻婆豆腐。

前几天点外卖，牛肉米粉，看见还有豆腐圆子，就点了四个。米粉很难吃，就喝了点汤，把四个豆腐圆子吃了，筋道，里面还包着菜粒。

烤豆腐最好吃的是云南建水豆腐。

炸臭豆腐最好吃的是长沙坡子街四娭毑家的。

昨天刚买了块北豆腐，硬硬的那种，炖了锅鱼汤，煮了包方便面，放进去才发现方便面太淡，又捞出来，干炒了一下，有味儿了，就着鱼汤豆腐吃了。

炒伊面，最近几年吃得最好吃的是海口连理枝的，比在广东吃得好吃。

扯远了。

舒淇

“煮豆燃豆萁，豆在釜中泣。本是同根生，相煎何太急。”愿世界充满善与爱。

PS：我讨厌转基因豆腐。

何冰

小时候我们家在北京算普通人家。比人家稍差点儿，但绝谈不上穷。冬天，白菜炖豆腐配馒头是常吃的东西，我到现在也爱吃。我记得有一次吃饭的时候，我姥姥念叨一句：豆腐好啊！这就是穷人家的肉啊。后来有一段时间我就不爱吃豆腐了。可能是豆腐和肉的区别让我产生了富人与穷人的分别心吧。现在于我，豆腐和肉都回到了它本来的位置上，但在其他事物上我能做到吗？豆腐就是豆腐，肉就是肉。我也希望我就是我。

许鞍华

我最不喜欢做像豆腐一样的人：百搭、柔软、吃了健康、多吃无碍。而且我不喜欢吃豆腐，即便它洁白、好看、平民化，有一切一切优点，没有缺点。

李梦

豆腐在南方是常见菜，可以打汤，凉拌，烧炖。奢简都行，主仆皆可。想了想，还真没豆腐这般百搭的食品。据说是西汉刘安炼丹时无意发明的。喜欢皮蛋拌豆腐，可以佐酒，也可以下饭。印象深的是汪曾祺先生一篇文章里写的，一人下班去小饭馆点一盘小葱拌豆腐，迅速吃完，骑车回家。说是心热，吃拌豆腐静心。

李玉刚

豆腐是我一生当中最喜欢的食物之一，最起码能够排进前五名。我小时候，家住东北农村，当时没有一条路不是土路，根本见不到柏油路。每到清早，炊烟袅袅，屋外就会传来卖豆腐的声音，妈妈就让我去拿一点点零钱买豆腐。有一种买豆腐的方式，就是拿陈年黄豆去换豆腐。那时候，买豆腐这个任务一般都落在我身上。我会和卖豆腐的，所谓的“豆腐干儿”，攀谈几句，聊聊天，然后把豆腐买回来。早餐，就是饱饱地吃一顿豆腐蘸大酱。当时我们家经常是吃两顿饭，很少三顿饭，因为比较穷，所以有时候早晨吃剩的蘸大酱的豆腐，妈妈会留到晚上炒着吃。小时候很多菜我都吃腻了，唯独豆腐没有吃腻。豆腐是我一生当中最难忘的回忆。我已去世的父亲也最爱吃豆腐，现在我每次在北京吃到豆腐的时候，也会想起逝去的亲人。豆腐连接着我的生命，连接着我的过去，连接着我的亲人，也连接着我的乡愁。

柳桦

有中国人的地方一定会有豆腐吃，即使是在遥远的非洲。我在苏丹喀土穆工作生活的那几年，找豆腐吃是件重要的事。只有成规模的中国公司才有自己的食堂，厨师隔三岔五会去买黄豆做豆腐。这个流程有一定的周期性，我要掐准时间伺机而动，赶在人家食堂吃豆腐的那天去偶遇，多少总能吃上几块。吃罢腹生暖意，恨不得唱一路家乡的歌。

耿军

“我一头撞死在豆腐上”，这是撒娇。“我一豆腐拍死你”，这是虎抄儿地温柔。“我被吃了豆腐”“你吃我豆腐……”

黑龙江有道名菜，美名国菜“尖椒干豆腐”，也叫“尖椒干对付”。南方朋友来了点菜会读成“尖椒干（四声）豆腐”，招笑。

儿时记忆里，平房街道上传来叫卖的声音：“斗发。”一个沙哑的响亮女声。母亲拿起搪瓷盆会去捡两块豆腐，买豆腐叫“捡豆腐”，捡回来的豆腐直接趁热蘸酱，香甜咸，下饭，当饱，促进发育。

关晓彤

从小我就爱吃涮羊肉的冻豆腐，特别香，尤其是那蜂窝孔儿里满满当当的麻酱在嘴里蹦开的那一刻。后来我妈说：缺什么就爱吃什么，我问我妈：那我是缺心眼儿吗？

王致和臭豆腐，拿出一块儿，淋点儿香油，拌点儿葱花儿，点缀点儿味精，抹在炸窝头片儿上——嘿！很想念这个味儿，当然，是它在嘴里时的味道……

现在也爱吃豆腐，内酯豆腐拌酱油，热量低，能减肥。果然，带着目的就没以前香了。

关于豆腐的 100 种吃法，我都想得出来，绝不是为了凑字数啊，就是单纯地分享干货。为了表达我没凑字数的诚意，我就说一种吧：我爸做的羊油麻豆腐，绝了！

陈鲁豫

我喜欢豆腐，并爱屋及乌地喜欢豆腐的前世今生，乃至远亲近邻，包括但不限于以下：北豆腐、嫩豆腐、冻豆腐、玉子豆腐、臭豆腐，以及豆腐家族里的豆腐皮、豆腐丝、豆腐干、豆腐泡……甚至它遥远的从前和未来，比如黄豆、豆芽、豆浆、豆腐渣、豆花……豆腐最符合张爱玲说的暖老温贫，绝不势利。它美味又便宜，热量低，可塑性强，简直是食材界的良心。无法想象，人类失去豆腐，世界将会怎样？

咏梅

我喜欢豆腐，从小就喜欢。炖豆腐、豆腐脑是经常要做的，久了就会馋得咽口水。小时候最留恋回味的早点是豆腐脑，白色溜滑的一碗嫩豆腐，浇上家乡味道的卤子，就着一张大油饼，一碗不过瘾有时候还佯装没吃饱，家长不得已又多花5分钱。想想我妈那心疼的表情，哈哈哈哈……

阿朵

小时候听大人形容一个人刀子嘴豆腐心，以为是褒义。等自己成了大人以后，认为见到人，刀子可以放在抽屉里，豆腐嘛怎么做都是有营养的。

陈冲

接到朋友的微信，约我写一篇关于豆腐的感想。我正忙着无数琐事，便求助ChatGPT，请它写一首豆腐与童年记忆的诗歌。一秒钟内，电脑屏幕出现了：

当我还是个孩子，不太懂事，
我妈妈会做一道我熟悉的菜。
一块素食豆腐，白色清爽，
变成了一道美食，让我心花怒放。
她会把它切成整齐的片，
煎到里面金黄酥脆香气浓。
油热嘶嘶的声音和香味，

让我小小的嘴巴里流口水。

她会配上一碗米饭，

还有一些蔬菜，色香味俱佳。

我一口咬下去，吃得很欢，

感受到柔软的口感，如丝般细腻光滑。

这是一道简单的菜，但是很美味，

现在回想起来，让人感觉很亲切。

那些轻松愉快的日子，

豆腐对我来说，就是一种奖励。

现在我已经长大成人，离家远去，

但是这道菜的回忆一直陪伴着我。

当我想念家乡和童年时光，

我会煎一些豆腐，让自己感受到新的生命。

也难为这个没有味觉神经（没有任何神经）的家伙了，它储存了有史以来每个诗人的作品、每种豆腐的成分，为我抄袭来这么个陈词滥调的东西。它哪里会知道呢？我的童年每月只有半斤肉票，每次吃豆腐的时候都在馋肉。

张颂文

我的工作会需要我经常去不同的地方，生活一段时间后再换下一个地方，所以我还挺害怕因为水土不服而产生身体上的不适。但这些年下来，基本没有发生过。

我习惯每到一个新的地方，不管是在外吃饭还是自己做饭，都会有道豆腐的菜，这个习惯源自我刚参加工作时，父亲跟我说过的一句话：如果到一个地方，怕水土不服，可以吃当地的豆腐，能让身体迅速适应那里的水土环境。我没去考究它是否具备科学性，但父亲说过的话，你能记得那么一句，都会觉得和他更亲近些。

于和伟

豆可豆，非常豆！腐可腐，非常腐！上善若豆腐！善利众口而不争酸甜苦辣！处众厨之所煎炒烹炸！故世人皆爱吃豆腐！

王耀庆

豆腐　啊　豆腐　多么神奇的食物

能蒸　能卤　能炸　能煮

小小一块豆腐

内含多少城府

考验料理人的功夫

满足多少人的口腹

且看朱赢椿如何把豆腐

送入千家万户　带来心灵上的满足

邝美云

我小时候要照顾弟弟和家人的饮食，放学后还要做饭，仅有几样食材，常见的如鸡蛋、豆腐和蔬菜也可以通过创意搭配烹饪出不同的美味菜色。一块豆腐，煎炒煮炸，红烧清蒸，只要用心，变着花样，也能烹调出吃不腻的美味料理。如今兴之所至，我也会下厨与家人好友共享，其中一道备受好评的小菜就是清蒸豆腐，将豆腐切块平放碟中，把煮滚的蒸鱼豉油、熟油平均地淋在葱、芫荽和辣椒上，热油碰撞下带出它们的香味。香滑鲜美，简单的一道菜便能吃下一碗白饭。

2000 年我皈依三宝，跟随星云大师践行人间佛教，很多时候会和数千人在佛光山云居楼的斋堂一起用膳，信众随着法师排队进场，大家一起尽心茹素，一米一粟，细品个中滋味，学会感恩和珍惜。小小一方豆腐，烹饪得当，也是令人满足的一道佳肴，细品当中的因缘，让我们体会心无旁骛地活在当下的自在，也培养我们爱惜食物的情操。

朱哲琴

1.

巴掌世界

豆腐人生

2.

硬若豆子

软如豆腐

3.

他们的一生都具有化腐朽为神奇之功，终归寂静。

柯军

昆曲丑行的鼻梁处扑了白粉，叫“豆腐块”。

豆腐包容百鲜，清淡朴素，故丑行不能丑，更不能闹。

我最爱豆腐，可30年前得了痛风，迫不得已只能割爱。

近半年来刻了600枚昆曲印章，没想到把痛风石给刻碎了。

不治之症竟然痊愈，难道是最爱的想我了？

黄和

毛豆腐是选用新鲜的嫩豆腐经人工发酵而成，点卤使用的是特制的“酸水”，其中的毛霉随着点卤流入豆腐内部，经过一段时间的发酵，毛霉大量繁殖，产生的蛋白酶、脂肪酶等可以将豆腐内的植物蛋白、脂肪等分解为丰富的氨基酸和脂肪酸，赋予毛豆腐独特鲜美的风味和口感。发酵好的毛豆腐表面长出一层寸把长的浓密绒毛，绵如柳絮，亮如白雪，这也是毛豆腐的最独特之处。这层绒毛是毛霉的菌丝体，上面分布一些黑色颗粒，是毛霉孢子，也是毛豆腐成熟的标志。绒毛的营养价值极高，富含氨基酸和维生素，也被称为可食用菌丝。由于发酵条件和发酵时间的差异，会出现不同颜色、长度的绒毛，其中短一点的灰色的老虎毛发酵状态最好，口感最佳。由于毛豆腐的制作对发酵环境的要求极为苛刻，只有气候温润的徽州南部才能生产出口味正宗的毛豆腐，“徽州第一怪，豆腐长毛上等菜”，毛豆腐已经成为徽州地区独有的传统名菜和特色小吃。

刘擎

对于豆腐，我最直接的联想不是味道而是餐具。用筷子夹凉拌豆腐并不容易，童年时期的我更深知其难。那时我既不喜欢凉拌豆腐，也不擅长用筷子。但长辈告诉我，会用筷子是中国人的一种文化基因，而迅速完好地夹起豆腐则是会用筷子的标志。在成长的过程中，我吃了许多不想吃的豆腐，只是为了训练自己使用筷子的能力。今天我仍然不太喜欢豆腐，但使用筷子已经游刃有余，最终自己继承了这种中国人的文化基因，也由此明白，生物基因得自天生遗传，而文化基因则需要后天养成才能获得。

曾孜荣

明朝罗颀在《物原》中提到《前汉书》作者刘安做豆腐的记载。明朝李时珍在《本草纲目》中也说："豆腐之法，始于前汉淮南王刘安。"据专家考证，打虎亭1号墓中的一幅石刻画像内容是关于做豆腐的，由此说明中国人吃了1800年的豆腐啦！打虎亭1号汉墓的画像石年代定为东汉晚期，说明早在公元2世纪时，豆腐工艺已在中原地区得到普及，所以才会在画像石上被表现出来。

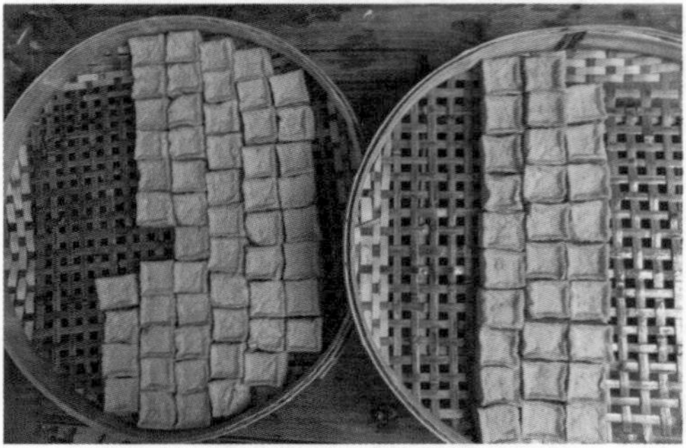

摄影　青简

青简

三月，在路边小店里，吃到了柚子啫喱豆腐慕斯。不是仿照豆腐的甜品，表面轻盈的柚子啫喱和醇厚的饼干酥底之间，夹着浓郁的豆腐味道。店里小院有梧桐枯叶落下，拾起来拍了一张照。春天也会有落叶，即使在万物萌生的季节里，也总会有离开与逝去。

闽地多美食，豆腐也许最不起眼。邵武和平镇历来有稻田养鱼、田埂种豆的习惯，盛产豆腐。不同于传统石膏和卤水发酵，用陈豆浆作为酵母来点卤的游浆豆腐，有着化腐朽为神奇的口感，更为细腻滑嫩。简单油炸后，只需要一勺黄豆酱和榨菜丁，就是原汁原味的乡土滋味。

乌猫

姥姥家在山东临清，在那里有一种托板豆腐，也叫小板儿豆腐，还有一个不雅的名字——撅腚豆腐。为什么会有这么个不雅的名字呢？因为它的吃法很有趣。别的地方的豆腐都是买回家里去吃，或凉拌或煎炸或做汤等等。临清的豆腐除了以上的吃法外，还有一种吃法，那就是在卖豆腐的地方吃。临清的豆腐是沿街叫卖的，卖豆腐的人或推着自行车，或担着挑子，边走边笃笃笃地敲着梆子，载着木头做的盒子。这个盒子是用木头或者竹条拼在一起的，可以随便拆下四周的板子，这些小板子只有一尺左右长，比较窄。但是盒子上没有盖子，是用一种特殊的白色的布盖在豆

撅腚豆腐　绘画　乌猫

腐上，以防止水分的蒸发，保持豆腐的鲜味。

吃的时候很有意思，把一尺长的板子拆下来，然后把豆腐放在小板子上，随便切几刀，就着板子就可以吃了。因为这个板子常年靠着豆腐，板子也浸透着豆腐的清香。吃的时候把头一低，把屁股一撅，口对准豆腐用力一吸，大大的一口豆腐立刻在嘴中化开了，豆腐的香味立刻浸满全身，舒服得毛孔都张开了。

谢其

小时候听闻有道名菜叫曲鳝钻沙。

把泥鳅和整块豆腐冷水下锅，小火。随着水温缓速变热，泥鳅们会下意识地往豆腐里钻，寻求内里的一丝清凉，好比发烧的时候喜欢探向枕头深处一样。待到变成翻滚的鲜汤时，不见泥鳅，只见一方豆腐，而内部已蛀成奇妙的雕塑，似美杜莎，似拉奥孔，扭曲在灰白的立方体里。

我从未见过，家人也从未实施过，周围人也没有见过。

但我不以为纯属虚构，因为大人们虚构恐怖故事总要有些教育意义。那这个故事的奥义何在?

装置　谢其

然而很多的恐怖都意义虚渺。从小学开始，每年“一一·二七”教育活动因为沉浸式声光电装置变成了鬼屋探险，还有攀爬上百级石阶进城去看的碎尸案纪录片，想起来通通是禁断镜头。雾都的童年真是泼辣刺激。

为此文求证于一古稀名宿。说有的有的，用泥鳅或鳝鱼皆可，极鲜美，只是……遂伸出苍白纤长的手指轻点，“只是需要自己剔除内脏”。

梁冬

我以为我在吃豆腐，其实是豆腐在吃我。

马可

豆腐是不折不扣的大众情人，没有一个人不喜欢豆腐，除了豆子。

李松蔚

豆腐对自己是有要求的。方方正正，洁白的一块，活得恰当，又舒展。豆腐不给别人压力，要求都是对自己。把自己交出去的一刻就完成了，任凭处置：红烧、凉拌、切丝、和泥，可荤可素，可盐可甜。别人做什么是别人的事，它不在乎。它已经活好了。

罗翔

我喜欢豆腐，清清白白，温润柔和，看似不起眼的小菜，但却营养丰富。贩夫走卒，豪门贵胄，豆腐都合人胃口，可上盛宴，可下家常。菜中君子，我推选豆腐。

周轶君

外婆还记得小时候帮哥哥一起卖豆腐。那时候没有二维码，全靠她脑子记，一村的人赊账她都记得清清楚楚。外婆不识字,但她是我见过最睿智的人。她说现在的豆腐没有豆腐味儿了。

戴锦华

豆腐，儿时贪馋的口水，贫时桌上的佳肴；求学时食堂金黄色的香味，居家时火锅里咕嘟作响的雪白；垂暮之年的妈妈的最爱，身为女儿黔驴技穷的厨艺。

刘勃

过去传说，豆腐是淮南王刘安发明的；
历史学家考证，这个说法靠不住。
汉武帝宣布，他策划谋反几十年，
但实际上没有任何有效行动。
他是个好的学者和文人，
在伟大的皇帝面前，他确实应该
发明一块豆腐，把自己撞死的。

尹烨

豆腐，谐音“都福”。

如此吉利的名字，使其成为重要节日的重大宴席上的菜肴常客，也是国人植物蛋白的重要来源。其原料是原产于我国的大豆，基因组大小大概为人类的三分之一（1.1G）。

中国最早的分子料理，或许就是豆腐。其或起源于淮南王刘安，他为己长生炼丹早因无效而失传，但用炼丹平台为母尽孝，误打误撞琢磨出来的豆腐，却得留千古。

东东枪

小时候就知道豆腐，小时候就知道豆腐叫豆腐。

豆腐为什么叫豆腐？翻过书、上过网、问过人，没个准结论。

如果豆腐还不叫豆腐，如果让我给还不叫豆腐的豆腐命名，豆腐肯定不叫豆腐。

叫豆糕？豆块？豆方？反正不叫豆腐。豆腐叫豆腐没道理。

小时候还从录像带里学到个词，叫“吃豆腐”。

词不是好词，事不是好事。但吃豆腐为什么叫吃豆腐？不懂。

后来懂了。没翻过书、没上过网、没问过人，但感觉懂了。

至少是懂了些。一些美好的人，在一些美好的瞬间，教我懂了些。

豆腐叫豆腐没道理。吃豆腐叫吃豆腐有道理。

叫吃豆糕？吃豆块？吃豆方？不行。得是豆腐。

我们都是豆腐，我们都爱豆腐。

一块块豆腐，好好地，吃另一块块豆腐。

综上所述，我就是这样理解了豆腐。

猫腻

三十几年前，姐姐被安排进豆制品厂工作。

那个厂就是做豆腐和臭豆腐的，待遇很不好，唯一的福利是可以不用凌晨排队买豆腐。

但奇怪的是，从那之后家里基本就不吃豆腐了。

我很想吃。

后来去成都读书，逛青羊宫，看到了陈麻婆豆腐的招牌。我们八个男生，点了六盘豆腐，吃了二十碗米饭。再后来听说那家馆子被烧了。

时隔多年，全家去成都旅游，去了杜甫草堂附近的那家陈麻婆，感觉还是当初的味道。

姐姐也吃得很香，大概是她已经退休的原因。

乌乌

孩子，世界上有坚固的、重要的、庞大的、绚烂的、复杂的、积极的、智慧的、全面的、无与伦比的、成绩斐然的、知行合一的、外焦里嫩的一切，但你真正要小心的是豆腐，豆腐会他妈的烫死你。

马东

豆腐就是个混子
往好听了说是帮闲
跟鱼混就腥气
跟肉混就油腻
出锅就烫嘴
沾上辣椒就锁喉
当饭却不扛饿
多吃也不撑人
怎么说呢
它就是美食界的文化娱乐产业
老以为自己是盘菜

李诞

不像想象中的
牧民的主要蛋白质来源
不是肉
是奶
啥家庭啊天天吃牛羊肉
农民也一样
过年才杀猪
豆腐是农民的奶酪
奶酪是牧民的豆腐
豆腐的一万种吃法
就是一万种丰富的匮乏

那两个临死前想到豆腐的人
中间还有一万个人也死掉了
他们也爱吃豆腐
我也爱吃豆腐
现在吃得少了
豆腐嘌呤很高
这点不如奶酪
可是我又突然乳糖不耐了
现在也不太能吃奶酪
我要保重身体
避免痛风
保护肠胃
健健康康地
去面对一万种新的匮乏

欧阳志刚

笔者是一个业余作者，写了一首关于豆腐的歌词，希望能有作曲家来作曲，同时希望春晚节目组能看到，能请张也和吕继宏两位歌唱家在春晚演唱，这是笔者的一大心愿。谢谢！歌词如下：

你是那么纯洁无瑕
你是那么简单朴素
你充满了闪光的智慧
你凝结着晶莹的汗珠
你是那么清新可口
你是那么营养丰富

你会变出万千滋味

能煎能炸又能煮

又能煮

啊……你的名字叫豆腐

啊……你的名字叫豆腐

我踏上回家的路

捧起故乡的黄土

妈妈端上一盘豆腐

我已无比满足

无比满足

啊……你的名字叫豆腐

啊……你的名字叫豆腐

我翻开岁月的书

搜寻心灵的地图

你平凡的美

在我心头永驻

朝朝又暮暮

朝朝又暮暮

啊……你的名字叫豆腐……

豆……腐……

李雪琴

小时候家里买豆腐，一律是最便宜的大豆腐，一律是拌着吃，一律是使用我奶奶手工制作的东北臭大酱。我奶奶买一大块豆腐回来，也不切，放小铁盆里，用勺子怼碎，舀上几勺大酱，放下一把小葱，吃就完了。以我们家的家庭条件，像豆腐这种廉价的食材，是不可能为了让它更香而浪费油、盐和其他任何食材佐料的。

因此，一块豆腐味道的好坏完完全全取决于我奶奶那一年下酱的手艺。有的年头食神在她老人家身上显灵，下的酱香到能直接就饭吃，豆腐就跟着显贵；赶上哪一年我奶奶下酱的准头失手，豆腐的风评也就跟着遭殃。我爷爷爱吃豆腐，每次吃都叮嘱我，做人要像豆腐，清清白白。但我偏不爱吃，豆腐好像没有自己的味道，拌啥酱就是啥味。我更爱豆腐的最佳伴侣——葱，葱也厉害，拌啥酱都是葱味。

奶奶前天走了，我没见到最后一面，连夜赶回去时，只来得及亲眼看到她变成了一缕烟。奶奶走了，世间再无豆腐味。

王建国

跟大家分享一个我自创的臭豆腐吃法。

取王致和(或任何您偏好的品牌)臭豆腐乳五块，放在碗里用少量温水和开，加入葱花、香菜、花生碎、孜然粒及辣椒油拌匀，这是蘸料；油炸一盘豆腐或白豆干（未经调味的豆腐干），蘸着吃。刚炸出来的豆腐外焦里嫩，佐以此蘸料，风味绝伦。

上述方法虽完全由我自主研发，但我上网一查，发现好多同好都尝试过类似的吃法，为此我一直沮丧到现在。

我还试过先用臭豆腐乳腌制白豆腐块，然后再炸，不太成功，豆腐乳容易煳。

另有一些注意事项：葱花、香菜和花生碎都稍微大颗一点，主要用来丰富口感，提味儿是次要的；另外不推荐加入香油、芝麻等佐料。原理是臭豆腐乳风味极强，会压倒性地盖住其他小味道。就像我接触一个陌生人，我只能感知到他最强烈的性格特点，其他优缺点，要等熟识很久才能后觉。故每每回想，我与他的相处方式往往都是错的。

好讨厌接触陌生人啊，我猜陌生人也讨厌我。

何教授

豆腐（一）

有的人吃豆腐解饿
有的人吃豆腐犯法

豆腐（二）

豆腐
冷冻，再解冻
你会得到一块
海绵

北岛

黑暗碾压我们小小的生命，构成潜意识的共同体——豆腐。

沈志军

豆子见到豆腐，心疼得流下豆瓣大的泪！豆腐却不认得豆子，问：大娘，为啥每次见面你都泪流满面啊！你谁呀！豆子说：你是我的儿啊！被人类搁磨盘下千磨万碾，又下滚锅点盐卤，还把你压在四方槽子里，方才有你现般模样！没了骨气，连墙都扶不上……

豆腐一听：我怎么可能是你儿子！我可长可短、可方可圆、可薄可厚、可干可稀、可硬可软、可香可臭、可浓稠可稀里哗啦，还可荤可素、可白可黑、可滑可糙、可实心实意可疏松多孔，更可让泥鳅钻进我的身体，反正我是百变佳人，集万千宠爱于一身，总之跟你这样圆不溜秋的不是一家人！

豆子哭得更伤心了：孩子，你的灵魂已经失去了，不信你看看那儿！

豆腐看了墙角一堆湿湿的白色泥状物：这是什么鬼啊！

豆子说：这就是你的灵魂——豆腐渣！

张辰亮

泥鳅钻豆腐是假的。

锅里放冷水、一块豆腐和数条活泥鳅，开火。按传说，随着水热，泥鳅会钻进豆腐，最后死在里面。但是凡按此步骤实践的，必失败。泥鳅只会死在水里，在豆腐上扎眼、在豆腐里埋冰，都没用。

怎样管用呢？我见有厨师使用一法。

取一盆冷的豆花，注意不是豆腐，是豆花。中间挖个坑，放活泥鳅，在泥鳅身上撒盐，泥鳅就会疼得扑腾。赶紧盖个大盘子，盘底紧贴豆花表面，泥鳅无法外逃，只能钻进豆花。这时还不能把豆花放水里，一放全散了，泥鳅逃出来了。要把豆花连盆蒸熟，再挖出，放到汤里。

这么费劲，只为了完成泥鳅钻进豆腐这个任务（而且钻的还不是豆腐），在美味上毫无助益，可称闲得蛋疼。不如给泥鳅个痛快，斩立决，去内脏，好好地做碗泥鳅豆腐汤，比什么不强？

何平

小时候，苏北乡下，亲戚们走动吃年酒，简菜薄酒过后，是一大碗豆腐汤，撒一小撮青蒜叶儿，白是白，绿是绿，热腾腾。俗语说：“豆腐不杀馋，落得一烫人。”

徐则臣

我对豆腐的感情很复杂。小时候馋肉，吃不着，家里人就说，豆腐也是肉。尤其我爸，“豆腐就酒，越吃越有”，买块豆腐，撒上一把虾皮是道菜，淋上蒜泥也是一道菜，跟小葱和青辣椒拌一拌还是一道菜，不仅肉省了，其他的菜也省了，饭桌上经常就是一盘包治百病的豆腐。所以我最烦的就是豆腐。长大了，尤其人到中年，莫名地就喜欢豆腐了，老豆腐最佳，能当饭吃。我担心过两年，我也会跟我儿子说：“豆腐就酒，越吃越有。”但他应该不会烦，他生在一个豆腐比肉稀缺的时代。

李舫

千百年来，豆腐这种最朴素的中国食物，支撑着中国人贫瘠日子里的奢华，美好生活中的回味。人生恰似豆腐，不堪一击；生命正如豆腐，细腻绵长。从豆腐变成一泻千里的豆腐脑，只需要多点水来稀释；从豆腐变成坚韧不屈的豆腐干，却需要无数风霜雨雪的砥砺。

刘恒

《白毛女》里的杨白劳是喝盐卤死的。我家长辈讲的乡村故事里，一些受了委屈的村妇也爱喝这个东西。它是做豆腐用的，却不如豆腐有名。我从听懂故事那天起就知道它很可怕，今天仍然觉得它很可怕。当然，这无损豆腐美好而柔软的口感，否则我几十年来为什么动不动就去吃它呢？

止庵

“冰锋到厨房做饭，端着盛了菜的碟子进来，看见叶生斜倚在床架上，捧着一本书在读。两条健壮的长腿伸得直直的，叠在一起，脚悬空在床沿外，靴子的牛筋底纹路特别清晰。从前她来，可没有这么随便。但他这念头刚冒出来，叶生就丢开书本，跳到地上，伸手接过那盘红烧豆腐，吸着鼻子闻着，幸福地说，啊，真香！终于又吃到你做的饭啦。”

以上为我的长篇小说《受命》的一个片断。我自己喜欢吃红烧豆腐，算是趁机塞点私货。做法是：南豆腐一块，最好除去表皮，切成约一厘米半见方；锅中放油若干，豆腐入锅，炒而非炸；持锅铲动作稍轻，勿使豆腐太碎；先加酱油；出锅前撒上葱花。

金宇澄

童年印象，夏天有一盘香椿拌豆腐，梁实秋说，这是北平春天的吃食，但1960年上海看不到新鲜的紫红椿芽，习俗用深黑色的腌香椿消暑，夕阳西下，它的特殊气味尤其能陪伴豆腐明显的阴凉。与之相反，寒冬季节的胡葱开洋（虾仁干）炖豆腐，在砂锅里，它们几乎看不出温度，却极其滚烫，因此有上海话“热豆腐烫死养新妇（童养媳）”的惊人画面感。这两种方式，是豆腐的冬夏两极。

马未都

笔耕砚田一身正
刀切豆腐两面光

大众传八卦 五颜六色
小葱拌豆腐 一清二白

心急吃不了热豆腐
手稳拎得清嘟扎哈（大闸蟹）

桃花运豹子胆金刚手段
刀子嘴豆腐心菩萨心肠

易小菏

每一块白富美豆腐

回望自己的童年

才发现原来自己只是颗干瘪瘪的豆子

阿乙

豆腐，没有骨头，没有刺，没有核。你只有往死里逼它，它才有那么一点可疑的坚硬。温顺如此，还是有人因它而死。目前，还没有尸体被发现埋藏在豆腐里。我等待这样的案例。

毕飞宇

我始终记得一些老太太，她们太老了，满脸密集的皱纹。她们没有一颗牙，这一来她们的脸就显得很短。在她们咀嚼的时候，她们短距离的面部就全部调动起来了，看上去却不是艰难，是无边的幸福。给人间送来如此幸福的，还能是什么？只能是豆腐。

琦殿

为什么要说一个女孩子可盐可甜？

难道她是一盆豆腐脑吗？

豆腐（字体设计） 田博

5

伍／麻婆豆腐

杂　　　　　谈

带着臭豆腐去旅行

沈昌文

想再谈谈读了《带着苦瓜去旅行》和《带着蛇鱼去旅行》后，自己有些什么想法。

我在想的是：要是我，带什么食物出去旅行呢？

左思右想，觉得是最好带一罐北京王致和的臭豆腐去旅行。这事说来话长，且容慢慢道来。

出身江浙的人，日常佳肴，往往有一味是臭的和霉的食物。这似乎是尽人皆知之事。来了北京，与“臭”绝缘多年。一九八四年有缘去香港公干，在北角某处一条街上，忽然闻到强烈的炸臭豆腐香味。似乎是五十年代后第一次闻到这味道,几乎陶醉，赶紧偷偷地大快朵颐。内地人第一次去香港，新奇之事尽多；不知为什么，北角的那股味道我总是忘怀不了。

我是上海人，按说并不最嗜臭。但我幼小在宁波商店学手艺，每天清早，要到一间湫隘的小屋子里的臭缸里捞取臭苋菜梗和臭冬瓜作菜肴，供一应店伙佐早餐。臭物捞出后，上面不免沾了不少蛆虫，要送到老主人的太太那里，让她一一捡出；一边捡，一边念“往生咒”，免得我们小孩子家无故杀生，造成祸孽。如是若干年，对臭物由厌恶到喜爱，直至后来不可一日无此君了。

年稍长以后，在柜台边读上海小报，慢慢晓得名人也有颇嗜此的。周作人很早就讲到它，不过他老是绍兴人，所说之“臭”，宁波人大多称“霉”（周作人当时也说，“名称有点缠夹”）。其实“霉XX”和“臭XX”吃起来各呈其妙，都是佐膳佳品。鲁迅先生似乎不大喜欢霉臭，大概是“五四”以后受科学熏陶所致。来北京后曾在周建老麾下工作，常见周师母，可惜当时地位悬殊，周师母虽然平和已极，也不敢贸然请教，不知研究科学的周三先生是否嗜“霉”好“臭”。

北京近年来总算能吃得到霉、臭两味了。宁波菜馆中，我常去的有两家：北新华街西中胡同的宁波宾馆，以及旧鼓楼大街的蒋家菜馆。他们有时将臭苋菜梗和臭豆腐合蒸在一起，取名“臭味相投”，把宁波人的自嘲精神表现得很可以了。再加一盘冷菜臭冬瓜，所谓宁波臭物，大抵已尽于此。我虽每去必吃这几色，但又觉得不够满足。说实话，主要是嫌它们臭得还不够。这自然可以理解：现在已经没有“造臭”的环境了（例如我上面说的那种放“臭缸”的湫隘小屋）。近十来年，去过几十次上海，似乎那里的各色“臭品”也使我觉得不带劲。只有一次在上海古北路状元楼，算是尝到一次够臭而又看上去卫生的臭冬瓜。我自幼对宁波人开的状元楼有好感，纯粹的宁波风味。过去似乎是在沪东，现在西边也有了。

顺便说说，蒋家菜馆的臭物让人不过瘾，而咸炝蟹却实在不赖。这似乎是专门从宁波运来的。安镇桥新开的张生记开业时颇想在北京自制咸炝蟹，有时真不错，有时不行。现在索性不做了。

谈起“霉”，在北京自然还得数咸亨酒家和孔乙己。近年在安立路的古越人家吃到过一两次胜于上面两家的霉千张，但以后似乎又不如了。最近与王蒙老兄共席。他告我，他在我诱骗下去他家附近的咸亨吃了几次霉千张，有几次居然吃得十分来劲。这使我大为惊讶。王兄是地道的北方人。我与他同席多次，一次是吃大闸蟹。人各两只，别人尚在“雕琢”，而王兄的份内却已须臾而尽。这使我大为惊讶。我虽然自小知道清道人日啖百蟹的故事，但清道人的弟子刘硕甫先生传授过我书法，亲口告诉我写字可以“意到笔不到”，吃大闸蟹却绝不可“意到”而已，必须精镂细挖，方可尽味。王兄此举，使我悟到南方人同北方人的巨大差异。现在王兄居然嗜霉千张，可见他真是从善如流，不愧是文学大家，怪不得既可写名世的长篇，又能作“笑而不答”之类杂文，而又各呈其妙。

谈了半天，无非是说北方颇少好的“臭货”“霉货”。如是南人而居北方者应如何？根据我的经验，郑重推荐北方的一味绝好臭品：王致和臭豆腐。此物谈北方食物的大家多不屑提起。我只在当代大食家沈宏非先生文中偶一见及。他认为：“南臭热烈豪迈，排山倒海，臭而烘烘；北臭则阴柔低荡，销魂蚀骨，臭也绵绵。”他说的“北臭”，明白地是指王致和臭豆腐。并且指示它的吃法：油炸窝头片后，抹上臭豆腐。他认为那味道是“刚柔并济、冰火相拥、悲喜交集的香臭大团圆”。居北京而又想过“臭”瘾者，不可不一读沈作。可以补充的是，据说王致和原在安徽，以后来京。说不定南北之“臭”出于同源呢！

台北郝明义先生来京，请他品尝这“悲喜交集的香臭大团圆”一次，郝兄居然欣赏。于是我们想到用王致和臭豆腐来促进两岸交流，赶紧买了几瓶，让他带回。后来考虑海关检查，未能带走。现在留着让我天天品此美味，时时回忆两岸的友谊，好不高兴煞人。

什么时候让我亲自带一罐王致和臭豆腐出国去旅行呢？

麻婆豆腐

李颉人

以做豆腐出名之麻婆，姓陈，成都人皆称之陈麻婆。既曰婆，则为老妇可知，既曰麻，则为丑妇可知，然而皆与做豆腐无关。缘陈麻婆者，成都北门外万福桥头一家纯乡村型的小饭店——本名“陈兴盛饭铺”，“麻婆豆腐”出名后，店名反为人所遗忘——之老板娘也。（万福桥已于1947年被大水打毁，1948 年犹无修复消息，据云，此桥系清光绪丁亥岁重修，恰恰享寿一个花甲六十岁。）万福桥路通苏坡桥，在 1937 年前，为土法榨油坊的吞吐地，成都城内所需照明和做菜之用的菜油，有一多半是取给于此。于是推大油篓的叽咕车夫经常要到万福桥头歇脚吃饭（本来应该进出西门的，但在清朝时代，西门一角划为满洲旗兵驻防之所，称为少城，除满人外，是不准人进出的），而经常供应这伙劳动家的，便是陈家饭店。在早饭店并没有招牌，人们遂以老板娘为号，而呼之为陈麻婆饭店。乡村饭店的下饭菜，除家常咸菜外只有豆腐，其名曰“灰磨儿”。大概某一回吃饭时，劳动家中的一位忽然动了念头，想奢华一下，要在白水豆腐、油煎豆腐、炒豆腐等等素食外，加斤把菜油进去。同时又想辣一辣，使胃口更为好些。于是老板娘便发明了做法：将就油篓内的菜油在锅里大大的煎熟一勺，而后一大把辣椒末放在滚油里，接着便是猪肉片、豆腐块，自然还有常备的葱啦、蒜苗啦，随手放了一些，一脍，一炒，加盐加水，稍稍一煮，于是辣子红油盖着了菜面，几大土碗盛到桌上，临吃时再放一把花椒末。劳动家们一吃到口里，那真窜啊！（窜是土语，即美味之意。有写作爨字的，恐太弯曲了。）肉与豆腐既嫩且滑，同时味大油重，满够刺激，而又不像用猪油做出那么腻人。于是陈麻婆豆腐自此发明，直到陈麻婆老死后，其公子小姐承继衣钵，再传到孙辈外孙辈，犹家风未变。虽然麻婆豆腐在四五十年中已自乡村传到城市，已自成都传到上海、北平，做法及佐料已一变再变。记得作者在1937年“七七”抗战以后，携儿带女到万福桥陈家老店去吃此美馔时，且不说还是一家纯乡村型的饭店：油腻的方桌，泥污的窄板凳，白竹筷，土饭碗，火米饭，臭咸菜。及至叫到做碗豆腐来，十分土气的幺师（即跑堂的伙计）犹然古典式地问道："客伙，要割多少肉，半斤呢？十二两呢？……豆腐要半箱呢？一箱呢？……"而且店里委实没有肉，委实要幺师代客伙到街口上去旋割，所不同于古昔者，之无须客伙更趋旋打菜油耳。

一牙月白

薛冰

豆腐是最平常不过的食品。

关于豆腐的歇后语，比如，“张飞卖豆腐——人硬货软”“麻线穿豆腐——提不起来”“卤水点豆腐——一物降一物”“豆腐掉在灰堆里——吹不得掸不得”，对豆腐都有着不恭的意味。只有瞿秋白在与人世永诀之际，还巴巴地记挂着它：“中国的豆腐也是很好吃的东西，世界第一。”

古人有言：“豆腐一物，可贵可贱。”豆腐可以搭配入菜的范围极广，可谓文武昆乱不挡。平民的餐桌上，豆腐也算是美肴了，隔三差五会吃上一回。街坊邻居上菜场，回头菜篮里不是青菜豆腐，就是豆腐青菜，便会心照不宣地互赞一句：“好！青菜豆腐保平安！”这话放在今日，可谓养生祛病的至理名言；然而当年的百姓，实是吃不起大鱼大肉，不是油水太多，而是油水太少，话中不无解嘲之意。

南京的主妇，都会做几样豆腐菜。最简单的，夏天切些葱花，滴上几滴麻油，凉拌豆腐，还有个好口彩：“小葱拌豆腐——一青（清）二白。”此菜可荐作纪委食堂的头菜。近年时兴的“台湾豆腐”，以皮蛋丁拌豆腐，反弄了个黑白混淆。黄豆芽笃豆腐，是南京家常菜中的名菜，只是“千滚豆腐万滚鱼”，太费煤火。冬日将豆腐用滚水浇过，放在窗外冻一夜，便成了冻豆腐，竟体多孔如蜂巢，易入汤汁，更是别有一番风味。父亲从未学过做菜，竟也会做一道“虎皮豆腐”。

传说朱元璋贫贱之际，一日饿倒路边，被几个叫花子看到，急以讨来的剩饭和豆腐、菠菜等杂烩一锅，将他救活。朱元璋在南京做皇帝时，怀念起这佳肴，找了叫花子去问。叫花子不敢委屈皇帝，一时情急智生，道是“珍珠翡翠白玉汤”。南京民间流传朱元璋的故事，多涉讥讽，也就姑妄听之。及至成年后读《随园食单》，说到肥嫩菠菜与豆腐加酱水煮之，杭州人称其为“金镶白玉板”，“如此种菜，虽瘦而肥，可不必再加笋尖、香蕈”，这才明白那故事未必是特为杜撰来调侃朱皇帝的。

然而，就是这古代叫花子都吃得上的豆腐，不经意间，竟也成了奢侈品。时在1959年，豆腐要凭票购买了，每人每月发一张豆制品票，只能买一块豆腐。一家五六口人，勉强够吃三顿。

人们忽然想起豆腐的种种好处来，尤其在各种蔬食中，豆腐是最能当饱的一种。对于长期处于半饥半饱状态的胃，豆腐的诱惑力实在太大了。而因为豆腐的短缺，市民的食谱中，遂增添了两种新的豆制品，一种是豆饼，一种是豆腐渣，“自古以来”是做饲料喂牲口或做肥料育庄稼的。旧时民间送灶，为哄灶王爷来年多加怜悯，主妇会在锅里放一块豆腐，以示生活贫苦；更有促狭的人，索性放上一把豆腐渣。然而此时，能有办法将豆腐渣弄上餐桌，竟令人十分艳羡。豆腐渣可以加葱蒜炒了做菜，也可以掺进米里做饭，虽然糙涩腥苦难以下咽，但充饥是没有问题的，也不至于像观音土吃了拉不下屎来。时任南京博物院院长的曾昭燏先生，就曾以豆腐渣炒红辣椒佐餐。与豆腐渣相比，榨油副产品的豆饼可以算营养丰富，蛋白质含量和热量都相当高，且因为无论何等先进的榨机，都不可能将黄豆中的油脂完全榨尽，所以嚼起来不乏油香。父亲从单位里分得的半块豆饼，多半被我们偷偷掰下当作零食。母亲发现后叹息一声，说，怎么吃也是吃，总归填进肚子里就是了。

食品供应最紧张的1960年，就算有豆制品票也不能保证买到豆腐，于是每天凌晨，豆腐店门前都会排起长队；排在后面的人往往落空，排队的人就越赶越早。父母白天要上班，不能整夜不睡，只好考虑轮换。我不止一次在半夜3点钟起床排队，母亲到5点钟去接班，我回家还能睡个回笼觉。而不满十岁的大妹，就得负责做早饭。

有的人家没人轮换，就想别的办法，在队伍里放上只破板凳、旧菜篮，甚至就是块砖头，求后面的人照应着，队伍挪动时帮着踢一脚。后面的人踢了几回，不耐烦，想想自己在这儿受累挨冻，别人在家抱热被窝，一脚就把那玩意儿踢到队伍外面去了。

大妹懂事早，后来自告奋勇，愿意排第一班，我接班后，就得把豆腐买回去了。豆腐店6点左右开门，临近开门时，各种各样插队的人都到了，队伍一下长出来一大截，正经排了三四个小时的人，弄不好反而买不上豆腐。这使我毕生都痛恨插队，年过花甲，还会为插队与人争执。

排得太远时，担心的是买不到豆腐；待到靠近店门，能看见整板的豆腐了，又不免心生奢望，而惴惴不安。所谓奢望，就是能买到带边的那块豆腐。豆腐在加压挤出过多水分时，盖板四周便会拱出一圈突起。因为豆腐是论块计量的，靠边的那块就会多出这一条；而顶角的四块，则会多出两条，轮到的人，简直就像中了大奖。卖豆腐的人，也就多了一种特权，往往看人下刀，轮到熟人朋友，便另起一条，拿带边的那块做个人情。像我这样的孩子，就完全是碰运气了。

那拱出的一圈能有多大呢？也就是筷子粗细；一块豆腐8厘米宽吧，多出那一条，还不知够不够一口！

半个多世纪过去了，当年的困乏冻饿都已淡忘，唯有这一瞬间的惴惴之情，记忆深刻。来写这篇文章时，我便决意为它取个富于诗意的名号——“一牙月白”。

吃豆腐

王春鸣

我不爱吃豆腐，觉得它滋味平常又难配菜。这也有可能是因为全家人都手艺平常吧，不知道怎么把豆腐烧成黄蓉的“二十四桥明月夜”。爸爸用十三香烧过一次麻婆豆腐，我则用咸蛋黄和皮蛋凉拌过，都遭到了对方的鄙视和其他家人的厌弃，连猫都不愿意闻。

所以我们家唯一正经吃豆腐是在每一年的第一

天第一顿。大年初一，豆腐菜配团圆饭，米饭里放了红枣、年糕和糯米圆子，看着粒粒分明实则黏不可言，有可能一筷子就吊起了整碗。下饭的菜就一个：青菜（或荠菜）烧豆腐，这个菜的寓意是“头富”“聚财”。青菜是自家菜田里的，新春里已经抽出菜薹，甚至会有一两朵金色菜花点缀在蓝花大碗里；荠菜作为搭配，从前是我和弟弟，后来是我们的孩子，去房前屋后挖几棵来；豆腐是老豆腐，等青菜翻炒后下锅，煮得扑出了蜂窝眼，与可以凉拌的嫩豆腐完全两个性子，当然也同样不好吃。

这豆腐，早在腊月二十五六就已经买好了，平常一块钱一块，到了年底，能涨到五块钱一块，还往往脱销。爸爸从固定的摊位上买回来，妈妈跟他去过一次，就嫌做豆腐的老头脏，说他盖豆腐的纱布已经失了色，看不清布眼了，还担心他会把鼻涕抹在木制的豆腐盒上，可是爸爸说，就是他家做得香，因为盐卤点得好啊。

过年吃的豆腐并不是雪白的，跟浓豆浆一样，是棉麻般的米黄色，表面残留着纱布的经纬痕迹，像被野风刮过，又细腻又粗粝。四四方方三五块，养在清水搪瓷盆里，隔一天换一次水。我们袁灶的风俗，年初一早晨吃了，年初三还要吃，也许是要把“头富”坐坐实？但新年里集市是不开的了，超市里的豆腐，更不好吃。过了好多天，豆腐依然有豆香，但是也散发出微微的馊味，边角也有点渣了。这样一个菜，配上甜腻粘牙的干饭，和妈妈不绝口的吉祥话，能让我一整天都不觉得饿，打的饱嗝儿都是豆腐味的，真奇怪青菜和红枣去了哪里。

小时候的我常常吵着不要吃团圆饭。为了这口饭，得起那么早，而且没有肉。当然可能也只是我觉得早而已，因为我们还没有吃完，院子里已近乎熙熙攘攘——邻居们来喊父亲打牌了，带钱的那种。他们一笑，牙缝里都嵌着青菜梗或豆腐渣。而父亲会一推饭碗，响亮地应一声京剧腔的“来了——”，就迎将出去。

长大了我还是不喜欢团圆饭（的口感），但是父母会早早买好了豆腐养在清水里，等我们回家。我于是习惯了风里雨里也在年三十赶回去，为着新的一年餐桌上整整齐齐的碗，整整齐齐的家人。

我们家厨房里放着一张方桌，从我小时候一直用到现在，从前是最初的一家四口，后来我和弟弟各自成婚，围着方桌的从四人到六人，再到八人，正好坐满。孩子们不爱吃团圆饭，也不爱菜薹，无可选择之下，饱浸着豆油和菜汁的豆腐倒最入味一些。爸爸也就很高兴，觉得是自己豆腐买得好。

然后就到了今年。腊月里，豆腐还没有开始涨价，爸爸走了。

替我们操办丧事的人挤满了灵堂，嘈嘈杂杂的声音中，我听到一句："谁赶紧去老陈家订 80 箱豆腐，这几天要用的！"

是了，谁家有人过世了，乡邻亲友来吊唁，就叫作吃豆腐。以前是别人家的事，我没有在意过。因为那豆腐咸菜汤，一定是最后一道菜，往往等不到上，席就散了。

我在父亲的灵前，吃到了家乡豆腐的第二种做法，刚一穿上孝衣，就有人塞给我们筷子，和一碗豆腐咸菜汤，我一口口往下咽，松软的豆腐，咸涩难当，都卡在喉咙里，我初来人间学会的第一个发音，第一个双声叠韵的词，就这样被堵住了，再无处发声，也无人应答。

我不想吃。我希望父亲还在。还有十几天就要过年了，他应该骑着电动车，给我们去买点卤最佳的那家老豆腐。

后来，是弟弟去买了过年的豆腐，也不知道是不是原先父亲买惯的那家。我什么也不能做，一想起爸爸，心就像盆子里的泡了好几天的最后一块豆腐，七零八落。除了他，剩下的七个人像往年一样，围坐在厨房的旧桌子旁。盛饭的时候我看了一眼妈妈，她微低着头，红了眼，于是我就把一个空碗推到了电饭锅后面，在她身边坐下来。我小心地绕开菜碗里的一块豆腐，又一块豆腐。正默默地吃着，院子里响起了人声，这回迎出去的人，换成弟弟了。

尊贵的豆腐

鲁敏

青菜豆腐，几乎是朴素饮食的指代吧。作为一个中老年人，有必要讲一下豆腐曾经的尊贵意味，当然，那是乡下人的尊贵，郑重和一本正经的意味。其表现主要是：只有家中来客人了或是过重要节日了，才去“拾”几块豆腐，加入到当天的菜肴里去。拾的意思重在动作，其实就是买，准确来讲，是换，以物易物。记得那时我七八岁，是二十世纪八十年代。四十多年过去了，这也等于是讲古了。

乡下来客，两样东西，或三样东西，可显出仪式上的重视与成本上的投入：平时的素炒韭菜加上了鸡蛋或千张，这就了不起了。寡淡的菜汤里加上了豆腐，又是了不起了。顶级的，还有红烧肉，这里且不谈。来了客，主人像是瞒着客人，又像是知会客人，把家中正在假装用功的小孩唤出来，第一时间发布指令：去，跑一趟崔二家，拾两块豆腐，称半斤千张，去迟了万一卖完了。一边讲着，主妇会打开瓷团（陶瓷制品，粮食储藏器皿，防鼠防虫不腐不蛀），倒出黄豆来，筛选挑拣一番，去掉其中的土坷垃与杂物，称出相应分量。小孩，也就是我，就提着小箩飞跑着去崔二家。

我很喜欢去拾豆腐、称千张。因为可以望呆。每个村庄一般都有一家做豆腐的，有着专门用来磨黄豆的石碾子，过滤豆渣的大纱网漏具，用来压制千张的木盒，还有装豆腐的大水缸等，家庭作坊里一应俱全。并且也总会有几位顾客在等着，一边闲聊村中事务，我觉得很有意思。我去了，便不着急，借机傻乎乎地东瞧西看、听大人讲话。有时主人正在压制千张，还会把边上刮下来的千张皮子，赏我几口吃吃，那个不经常，得看崔二或其婆娘的心境。一般都是公事公办地给我小箩中的黄豆过秤，折合成豆腐的数目，便去给我“拾”豆腐。

雪白方正的四角大豆腐都静静地沉在清水缸里，一清二白，叠架有致，就算那时是小孩子，仍然感到一种与食物无关的独立美感，像一幅画，像一种寓言，像一种暗语，说不清，我趴在大缸边，看得眼睛不眨。崔二的粗糙手指十分灵巧地伸进去，轻轻一拨，水的浮力作用之下，一块四方大豆腐就悠然浮了起来，他的手掌迅速从下面一抄，稳当当托于掌中，水沥沥地移至我的小箩中。有的时候，要半块，他便拿一块亮得发黑的刀子，直接切入水中，利落地把整块豆腐一分为二，见我紧盯着，便拿我开玩笑："你挑哪一半？"我犯难地左看右看，想比较出两半的大小，当然，比较不出，崔二分得太精准了。

拾完豆腐，这时就不能飞跑回家了，甚至不能听凭小箩自由地随着胳膊摇摆，得小心地撑张着胳膊，保持小箩的悬空，即便这样的小心，回到家中，还常常会发现，豆腐的某一只角被颠得裂口了、缺口了，它的方正受到了破坏。家里人其实不太在意，豆腐下锅了总是要切的嘛，可我还是很遗憾，觉得那种圆满端庄的美感被我破坏了。

我还在做豆腐的人家借过宿。那时的乡下的风俗，若有客人需要留宿，是这样招待的：客人自然要睡在家中，但家中床铺不够，怎么弄呢，就把小孩子们寄宿出去，在附近找一个邻居。有一次我就被寄在豆腐店的崔二家。我幸福坏了，可以看他们做豆腐了。不过崔二和他的婆娘实在起得太早了，半夜里我起来小解，他们不用尿壶，小手就到院子里。我记得院子里月光特别浓，走进去简直稠稠的，我蹲在一丛瓜藤边，一边看月亮一边撒尿，觉得像仙境一样。而屋子里，我听到他们两口子已经在那里吱溜溜地磨起豆子来，他们偶尔也聊两句，听来像梦话一样……到早上我醒来，屋子里一股浓郁的豆香，看到热腾腾的浆水，微微发黄，像黄河一样，正一桶一桶地，一泻千里地倾倒在漏网里，我很想帮忙推摇那漏网，一来尽借宿的义务，二来主要是好奇和好玩。然而到底急着要上学，什么也来不及做了，崔二婆娘撇出几片热乎乎的嫩豆腐，倒了点酱油，撒了一把葱花，往我面前一顿，“喝了吧”。还顺手给我卷了半张同样热得烫手的千张，里面夹了两根小葱。我就着黑乎乎的小饭桌，烫烫地左手咬一口千张，右边喝一口豆腐脑，心里觉得，简直像皇帝佬儿吧。

成年以后，有一阵子家里状况不大好，我母亲便以一种奇妙和滑稽的方式节俭持家。比如，到菜场买菜，她会根据菜农口音，迅速跟其达成老乡之谊，以讨些便宜。我们经常吃青菜汤，为显得有滋有味，她也时不时买豆腐。买一大块，然后一分为三，可以吃三次。她用矜持的口气分析说，其实光吃豆腐，也不行，得在菜汤里偶尔捞着一块，那才显得更好吃。我觉得她说得很对。豆腐是好东西，而对待好东西总归要慎重一些的。

豆腐恩情

李西闽

我对豆腐，却有别于常人的特殊情感。在我们闽西长汀河田镇，从20世纪中叶一直到21世纪初，最好吃的豆腐出自我爷爷和我父亲之手。爷爷过早辞世，父亲继承了爷爷的衣钵，做起了豆腐。

父亲一生劳苦，在艰难岁月，靠做豆腐养家糊口，和母亲一起，把我们兄弟姐妹六个拉扯大。在1976

年之前，私自做豆腐卖是不允许的，有个罪名叫投机倒把，抓住了要没收工具和豆腐，甚至抓去批斗。为了生存，父亲无所畏惧，半夜三更起床做豆腐，天蒙蒙亮时，母亲挑着豆腐担子，到各家各户去卖。我晓得做豆腐的辛苦，那时候没有机器，靠手工磨豆腐，推拉着沉重的石磨，要两个多小时才能磨完，磨完后，还有滤渣、游浆等工序，最后把豆花放在木格上压成豆腐。有一天早上，市管会的人如狼似虎地冲进了我们家，把父亲刚刚做好的豆腐和工具都没收走了，父亲手里拿着一把大铁钳，要和他们拼命，母亲死死抱住了他，看着他们拿着东西离开，父亲眼睛里冒着火。几天后，父亲重新置办了做豆腐的家什，默默地重新开始做豆腐，他不怕。

好吃的豆腐，是很讲究的。大豆是本地产的大豆，颗粒饱满，颜色淡青，色泽鲜亮；用的水最好是山泉水，最起码也是甜井水。而且在制作的过程中，不用机器打浆，用石磨磨出浆；也不用卤水和石膏，用的是酸浆水（豆腐水放酸）做媒介，用一个大木瓢盛满酸浆水慢慢地在大锅里游动，一点点均匀注入，让香气扑鼻的豆浆渐渐凝结成豆花。父亲说，游浆是最有功夫的，而且要有耐心，游浆弄不好，这锅豆腐就不好吃了。以前看父亲一丝不苟地游浆，那五个手指在大木瓢的边缘上变换，我觉得他是个艺术家，豆腐艺术家。

困难时期，就是自己家里做豆腐，也难得吃上一次，只有逢年过节，或者有客人来，才能吃上。故乡人也是这样，饥馑年代，相比吃肉，吃豆腐还是容易得多。经常有些人家，好久没有尝过荤腥了，就买点豆腐回家当肉吃，有客人来了，能够买些豆腐招待客人，也算是很客气的了，豆腐是当时最好的食物了。

在闽西长汀，没有人不知道东坡豆腐的。如果你到那里去做客，在最普通的客家人家里，你能够吃上东坡豆腐，那是对你最好的礼遇。1976 年后，生活有了改变，我上中学那几年，虽然说日子还艰苦，但是豆腐还是可以经常吃了。有时，我会偷偷留下一小板豆腐，留来晚自习后做夜宵。那时，晚上 9 点钟后我们才从学校回家，整个镇子沉静了，除了我们这些夜猫子还有游荡的狗，大部分人都已经入睡。我和几个同学来到我家厨房，开始做东坡豆腐。将豆腐切成长方形的小块，然后裹上地瓜粉，再放在油锅里煎，两面煎，煎成焦黄，煎好的豆腐放在盘里备用。配料是胡萝卜片、葱段、姜丝、墨鱼干丝等。油锅开后，将配料放在锅里爆炒片刻，加入水（最好是高汤），再将煎好的豆腐放进锅里，再加上盐、酱油，盖上锅盖焖。起锅时，撒进胡椒粉和葱末，这道菜就成了。东坡豆腐的美味留在了同学们的记忆之中，现在回故乡，见到他们，他们都会说起那些往事，都说我从小就是“药食鬼”，“药食鬼”翻译成现在的话，就是超级吃货的意思。

我至今不晓得为什么这道菜会称为东坡豆腐，也没有去考证它和苏东坡有什么关系。多年来，我走南闯北，将东坡豆腐做给了很多朋友吃，到现在，还没有说这道菜不好吃的，当然不是恭维我，而是我做这道菜的确拿手，最关键的是，做这道菜，倾注了我的爱，对亲人的思念之情。而且，我知道，做菜和做人一样，来不得一点虚情假意。

我想，很多朋友都想尝尝我做的东坡豆腐，每一个人品尝后，都会有不同的感受，那种从舌尖直通心灵的意蕴，会让你记忆一生，就像我记忆爷爷奶奶、父亲母亲、兄弟姐妹以及所有相交相识的朋友一样。故乡是豆腐之乡，闻名的闽西八大干之首的长汀豆腐干就是佐证。故乡人出远门，亲人都会备好豆腐干，让游子带上，到异乡后，配当地的水吃下，就不会水土不服了。

豆腐

简枫

我一直不确定，爷爷是否真的相信我们在遥远的北方生活得很好。

在北京工作之后的头几年，我每个夏天都有些事情需要去老家看望爷爷和奶奶。那时候他们已经回到河北老家的旧宅生活了，我从他们那简陋的几间屋子里完全看不出这里曾经富足过，那些令爸爸因为出身问题而远走他乡的痕迹我一点都看不到。

午后，天气闷热，我和爷爷奶奶在窗前眯着眼睛吹着风聊天，午饭总是爷爷做的小白菜炖豆腐，他们门前有一个小园子，长着稀疏的几株菜苗，嫩嫩的，和豆腐炖在一起又软又清香。

聊天的范围无非都是他们对我生长的北方小城的好奇和惦念，奶奶最爱问的就是："这个你们那里也有吗？"

小时候爸爸妈妈也带我回老家看过他们，好像被问的也都是这句话，我和爷爷说我们那里和这里差不多啊，我们什么都有，一个六七岁的小孩能知晓多少哪，但爷爷不问大人们，他总是希望我嘴里会说出一些真相，总是认为我们那里一定更寒冷，生活更艰苦，那些空洞的想象，是他遥不可及又无法触及的世界，但他有一个孩子在那里，那里就是他永远的惦念。

我和爷爷奶奶说，我们那里冬天都是把豆腐冻成麻将一样的小方块在露天的市场上卖，鱼也是冻得硬邦邦的扔在雪地上，我们去冰河上用榔头凿开一块块的冰，从冰面上推回家化开洗衣服、洗地板……忙着上学的早晨，一家人在厨房和客厅里穿梭，房间里弥漫着煮饭的蒸汽，窗户上冻满冰花。我用大大小小的硬币在窗玻璃上面印满图案，完全看不见外面是不是在下雪。收音机里播放着新闻，我急匆匆吃完饭拎着书包跑出门去上学，那时候我以为全世界都是这样的。

在我们客厅的墙上挂着两张很大的地图，一张中国地图，一张世界地图，我就是在这两张地图上认识了很多字，知道了我们还有一个老家也在这个地图上，认识了爸爸来到这里时停留过的几个城市。而我没见过很多外面的世界的时候，并不觉得我生长的小城满洲里有多寒冷，物质有多匮乏，大家通过不停地借书、还书来交往，通过转录一些音乐磁带来发现相同的志趣。而冬天有漫长的假期、有书读我就很满足，在那个遥远的边境小城长大是很快乐的。

小时候，我不能理解爷爷为什么总是想从我这里知道一些事情，而不去问大人。

后来我离开家读书、工作后，回家看爸爸妈妈，发现爸爸在电视上只关心两个城市——北京和满洲里的天气。

他关心另一城市的温度，因为他的孩子在那里。

他也每天认真看北京台的新闻，虽然他已经很久不在北京生活了，可是他的孩子还在这个城市里生活工作，这个城市的消息就是他每天关心的问题。世界很大，但是和他有关系的只有那两个点。这些新闻让他知道这个城市是平安的、没有大事发生就好了，其他消息都没有他的孩子生活的地方平安顺遂更重要。

后来我去的地方太多了，跑出了他的地图，从中国地图跑到了另一张世界地图里。我在地球上像一个小弹球一样跳到这里、跳到那里，他已经跟不上我的轨迹了，可他能通过新闻知道那里的情况。而那个时候的爷爷，也并不大相信爸爸书信里面的平安吧，他想通过一个小孩来告诉他，虽然我只会给他描述一些冻白菜和冻豆腐。

堂姐们在闲聊时说，爸爸离开后，爷爷和大伯都被人吊在老房子的房梁上打，追问爸爸去了哪里。其实他们真的不可能知道爸爸去了哪里，那个通信艰难的时代，爸爸只要踏上一辆北去的火车，谁知道他会在哪里停下呢？

我爸爸独自一人逃离家乡去往北方的时候非常年轻，性格非常谦逊温柔，他有勇气在某一天登上一辆火车离开家乡，是真的很无奈吧？

我曾经和爸爸聊天问他是怎么来到这里的，他说当时和很多人一起住在一个澡堂里，有人去招工，在填写表格的时候发现他的字写得很好，细问之下知道他学过医，是他们很需要的人，他就被带走去工作了。我后来和爷爷聊天的时候问起他怎么想到让两个儿子都去学医，他说学点手艺总是好事，真的，这个技能让爸爸得到了一份工作，让他在这个北方小城里安了家，然后，我们在这里长大、读书，从书里知道外面的世界。

那辆一路向北的火车把他一直带到国境的尽头，一个茫茫草原上的边境小城，停下来，再也无处可去。对于这一段经历我都是听家人们聊天时拼凑起的印象，并不了解清晰的细节。至于爸爸如何决定哪一天出发、目的是哪里、有没有一个方向更是从来没有询问过，我不确定他是否愿意回忆这一段经历，而且，那个年代，谁知道自己的未来呢？他们这种家庭出身的年轻人，一生都保留着一种过分的谦卑，也许出身的印记在他身上一直像一颗痣一样难以消除，也无法隐藏，但其实早已经无人过问了。

我爸爸在医院工作的时候我还太小，只记得因为医生有夜班，他白天休息的时候会在家里带我，我会在一个洗脸盆里玩各种注射器，玩上一整天也不厌倦。

我好像都是在夏天去看爷爷奶奶的，他们吃得很简单，每次我都会吃到爷爷炖的一盘豆腐。那时候我还不会做饭，甚至不会帮爷爷把菜洗干净，只会和奶奶一起等着爷爷用小火把豆腐炖好，有时候爷爷也用小火慢慢地炒一盘花生米，很酥脆，有微微的甜香。后来我也学着爷爷用慢火炒花生米，但结局永远都是因为着急开大火而糊掉，我不到爷爷那个年纪，是不会有那个耐心的。

有一年在老家，我和一同来看爷爷奶奶的堂姐在院子里聊天，她拿着一个桃子说，爷爷已经熟透了，不知道哪天就落下来了。

这是我一直逃避去想的事，我知道爷爷很老了，但我就连私下里都不去想这件事，好像只要回避这个问题，爷爷就永远不会离开，永远会做好吃的小白菜炖豆腐，永远等我来看他时一起聊天……

那年夏天，爷爷真的在一个晚上睡着后就离开了我们。我想起了堂姐说的那句话，爷爷已经是个熟透的果子，他就那么自然地落下了，而我还没来得及带他去我长大的地方过个冬天，看看我们冻得像麻将一样的豆腐。

关于豆腐的忧思

李粒子

爸爸的肚腩，曾经像一块水豆腐一般，娇嫩，多汁,柔软,有弹性。我最爱拍拍他的肚腩了！啪——啪！你可以感受到自己的手掌跟他肚腩肉肉的碰撞，像跳一支柔韧度满分的双人舞。

可是，爸爸现在开始健身了，他的肥肚腩的养分在流失，已经越来越贫瘠干涸。也许，以后就要变成一块巨大的酱豆干了！我最讨厌的酱豆干啊！

我很难过……

豆腐人生

大成

小时候，缺衣少食，可以解馋的东西不多，豆腐就是其中之一。选豆、浸泡、磨碾、去渣、煮浆、点卤、压形，眼看着一颗颗黄灿灿的豆子，半天工夫变成一大块白嫩嫩的豆腐，觉得无比神奇，而且中间还有浓香美味的豆浆可以让小皮孩一解馋虫。

八九岁时，家中缺少劳力，我开始学着做家务，包括磨豆浆。母亲在石磨上添豆子，我在后面推拐磨，一时半晌学不会。母亲叹气："你老表和你一样大，人家早就学会拐磨了，你咋不会？"一语刺激，暗下决心。"我当真不如老表吗？"一下子入了神，从此学会了拐磨。

长大后，学习、工作压力很大，有时想逃避，但想一想从豆子到豆腐的过程，拣、泡、磨、滤、煮、凝、压，几经磨难，每一关都是水深火热，若没有这坎坷的经历，怎能去除渣滓，保留精华，成就如脂如玉之辉煌？然后煮、蒸、炒、炖，任你如何折腾，反复煎熬，豆腐只会更加美味，这是不是它的涅槃再生？欲戴其冠，必承其重。人想要成功，必须如豆腐一般经历软磨硬泡，必须经受火热考验，必须点化升华，缺一不可。这时候，蓦然发现，学习、工作中这样、那样的压力，乃是成形成材之必需。当然，压力过大也不行，需要及时调节，否则豆腐就会变成豆腐干，甚至崩溃不成形不成材。

人到中年，有感于“身体是革命的本钱”，开始注重饮食健康，发现豆制品尤其是豆腐更加不可或缺。白菜豆腐保平安，质朴的俚语里蕴藏着至简的哲理，廉而美味的豆腐实在是百姓餐桌上最常见的一道健康又美味的佳肴。于是乎，淮扬菜里有了平桥豆腐，川菜里有了麻婆豆腐，鲁菜里有了一品豆腐，粤菜里有了黄金豆腐，还有老豆腐、嫩豆腐、豆腐卷子……豆腐数不清做法、无数种形态，让人们的生活更加精彩。偶然想起了一个故事。某人嗜豆腐如命，常对人说：“豆腐，吾之命也！”然赴一宴，见鱼肉埋头大啖之。人戏之曰：“尔命亦在，何不食豆腐乎？”某回曰：“见鱼肉就不要命了。”不要命，也是命之所在，从一个侧面折射出豆腐与中国人，相互依存，难解难分。

如今，逢年过节，家人团聚，总忘不了上一盘豆腐，一是取其谐音“都富”，期盼共同富裕；二是节日期间荤素搭配、饮食平衡，豆腐虽为配角，却最受青睐；三是老人牙口不好，最爱吃豆腐。这时才发现，原来，陪伴我们一生的最爱还是普普通通的豆腐。

豆腐匠

申赋渔

豆腐匠是申村最要面子、最重礼仪的。我在餐桌上的第一个隆重的礼节，便是由他所教。

那时我才6岁，村里有人过大寿，照规矩，每家去一个人吃饭。当天吃三顿，第二天还有早饭和午饭。总共要吃五顿。其中一顿让我一个人去了。大概是大人有事，忙不过来。和我坐在一起的就是豆腐匠。

大人们吃饭很麻烦，敬来敬去，一顿饭要吃半天。我吃得快，吃完了，把筷子朝桌上一放，抬腿就往门外钻。我要去玩。豆腐匠喊住我："大鱼儿，回来，不要跑。"

"怎么啦？"看豆腐匠一脸严肃，我不知道出了什么事，讪讪地又坐回座位。

"吃好饭，不能把筷子一扔。要这样，两根筷子并拢，两只手托住，方头的朝外，对着人，从我开始，转一圈。转的时候要说，慢用，慢用。转好了，筷子要横放在碗上，不能竖放。表明你吃好了，在等别人。大人没走，你不能走。大人站起来走了，你再把筷子拿下来，放在桌上。这是规矩。规矩不懂，是不能上桌子的。"

听豆腐匠这么说，满桌子的人都在点头：小孩子从小就得上规矩，这是礼教。懂礼教，才算成人。

看大家都这么郑重其事，我吓得立时就把筷子捡起来，横放在碗上，然后好好坐着，听他们说我听不懂的话，直到席散。也是从这之后，我发现豆腐匠是个严肃方正之人，从来都是不苟言笑。别的村子里卖豆腐的我也见过，老远就在喊："豆腐噢——"他从来不喊。他就慢悠悠地骑辆二八式的"永久"自行车，后座两边各挂一只大木桶。骑一会儿，他把自行车的铃铛响两下。响铃也是不急不忙的。不过人们一听到这铃声，就知道是豆腐匠来了。

我经常到豆腐匠家里去。他的儿子桶头是我的好朋友。只是因为怕豆腐匠凶我，不敢进他的家门，只在远处拿两块石头敲几声。桶头听到声响，就会溜出来。

大概上小学二年级的时候，我和桶头曾经打死过一条长蛇，白色的。听说蛇肉好吃，没吃过。两个人就把蛇拎到野地里，捡来树枝，生了火，用木棍挑着烤。树枝没干透，烟大，引来了猪舍上的饲养员篾匠。篾匠一看，大惊失色，把蛇抢过来扔在边上，几脚踩熄了我们好不容易生起的火堆，一阵咆哮。我和桶头跑掉了。而我的父亲和桶头的父亲——那位刻板的豆腐匠，竟然专程来看我们留下的现场。豆腐匠说："我家桶头是个惹祸精。肯定是他起的头。"父亲说："你不要替大鱼儿遮掩，我还不知道他。哪件坏事没他的份儿？三天不打，上房揭瓦。"两个人，争相指责自己的儿子，表明他们不是护短的人。只有这样，才有面子。有面子，在人面前才能抬得起头来。结果是，我们各挨一顿暴打。

因为吃蛇的事，大人们对我俩有个说法，叫“没魂的惷头”，意思类似“胆大的蠢货”。豆腐匠交代桶头：不许再跟大鱼儿那个惷头玩。的确，吃蛇这件事我是主谋，桶头只是给我打下手。

如此这般种种原因吧，我不太喜欢这个板正的豆腐匠。不喜欢也没用，到过年的时候，还得去请他帮忙。不只是我家请他，村子里家家都要请他。

大年三十，桌上要摆三样菜。我从小过年都是这样。一盘青菜豆腐，一盘大肉骨头，一盘鱼。鱼是不能吃的，做做样子，表示“年年有余”，动也不能动，吃过饭就要收起来，等年初二，有亲戚来拜年，才拿出来吃。肉骨头一人一大块。吃完了，不能露出馋样。本来就是先挑了大的给我们孩子的，如果眼睛再盯着看，母亲、父亲甚至爷爷就会推让出自己的一块，那样就不好了。

这三样菜里，唯有豆腐可以尽管吃。吃完还有。豆腐是自家做的，做得多，一做就是一大桶。前一天，就要用水桶泡好黄豆。要等桶头来喊："大鱼儿，到你家了"，母亲便和我抬了一木桶泡好的黄豆往他家去。

豆腐匠家有两间房都放着做豆腐的家伙。

先是磨豆浆。一瓢一瓢地把豆子灌到磨眼里。我和妈妈拿根木杠子推磨。"慢点，慢点，不要跑那么快。有的你跑呢。"豆腐匠松开磨子顶上皮囊的口子，一边让水往下滴，一边朝我喊。

推完磨，我已经累得不能动了，下面是豆腐匠的活儿。两根木棍，平平地摆成十字形，用铁环穿着，吊在屋梁上。一匹四方的厚纱布，四角绑在两根木棍的四端，做成一个兜子。豆浆就倒在这兜子里。豆腐匠操纵着两根木棍，扭来扭去，白色的豆浆先是快，后是慢，流到下面的陶缸之中。最后留在兜里的就是豆渣。圆圆的，一整块。这豆渣不能扔，留下来，放上盐煮一煮，可以当喝粥时的咸食。

缸里的豆浆，要舀到大锅里去。一般来说，一家也就是一锅，那可是一口真正的大锅。烧豆浆的柴火要从自己家里带，掌火的是豆腐匠的老婆。等豆浆烧好了，又要放到一个大缸里，由豆腐匠点卤。

点卤是最重要的。这一锅的豆腐好不好，就全看这一环了。豆腐匠左手拿瓢，里面盛着卤水，右手拿一支长柄的木勺，一边搅着豆浆，一边滴卤水。搅动有快有慢，慢慢地，缸里的豆浆凝固了，成了豆花，并且能看到黄黄的清水了。

“好啦！”豆腐匠喊。

豆浆缸的旁边是一张四方的台子，台子四周有边沿。最里面的边子上开了一个木槽，斜着下去，对着一只木桶。

妈妈和豆腐匠的老婆扯着一块极大的粗纱布，平平地放在这台子上，一人一只角，抓在手上不放。豆腐匠一勺一勺把豆花舀到这纱布上，等全部舀上去了，把纱布的四角拎起来，打个结，做成一个包袱。再在上面盖一只既厚且重的木盖。木盖上面再放上石头。石头放好了，你就不要理它了。这时候，就听到水从那木槽往水桶里淌的声音。水是黄的。要等这水完全不淌了，才算好。

移开石头，打开木盖，解开包袱，里面是一块巨大的豆腐。豆腐匠拔出刀来。刀是特制的。横一刀，竖一刀，豆腐匠像在画一张棋盘，画好了，就是一块一块的豆腐。豆腐当时就可以拿出来，放在盛着清水的木桶中。这一木桶的豆腐，要吃到元宵节。我是迫不及待的，当晚回家就拿出一块，放在碗里，浇上酱油，用筷子夹一块，放到嘴里，吃完了，再夹一块。

过年前的几天，豆腐匠就忙着给申村的每一家做豆腐。做豆腐完全是义务帮忙。申村的人们呢，会在未来的一年里，随便哪一天，趁豆腐匠哪天空闲了，请他来家吃一顿。这一顿要专门请他，他坐主席。其他的人，村长或者有名望的长者，或者别的什么特别之人，只能坐次席作陪。这是豆腐匠最有面子的时候，平时不喝酒的他，只有这时才喝上两杯。就两杯，不贪，不醉。

豆腐匠平时不喝酒，抽烟。烟斗是特制的，又长又粗。烟锅是铜的，嘴子也是铜的，只有中间的烟管是竹子的，湘妃竹。这烟斗有一米长，不知道要这么长做什么，或许是因为拿在手里气派吧。豆腐匠点烟也很有意思。用一根晒干的麻秆，这麻秆乡下多的是，哪里都可以随手扯一根。家家种麻、绩麻、纺麻、织麻布。夏天的衣服都是麻布做的，叫夏衣。伸了这麻秆，到油灯上，或者灶膛里点上火，麻秆拿出来，明火要吹熄，麻秆就一直亮着。一根麻秆用半个时辰没问题。烟叶子也是自家地里种的，质量是好的，抽起来香，有劲。讲究的人，会用一小张白纸卷了烟叶子，夹在手上抽。豆腐匠就装在一个灰布的荷包里。要的时候，从里面捏一小团出来，正好装一烟锅。长长的烟斗衔在嘴上，伸手用麻秆点着，一吸，烟先是从鼻子里冒出来，然后移开烟嘴，仰起头，对着虚空，长长吐一口。这时候，烟雾在头顶弥漫开来，豆腐匠的脸上露出满足的笑。一般情况下，吸了两口，烟叶子烧成烟灰了，他会对着烟嘴“噗”地猛吹一声，烟灰就弹起来，划一个弧线，掉到地上。如果他不吹，而是跷起一只脚，把烟锅在鞋底上一磕，这就表明他完全吸好了，要开始做正事了。磕掉烟灰，他就顺手把烟斗插在腰里。

桶头曾经把豆腐匠的烟斗偷出来过。豆腐匠正忙着做豆腐，我和桶头躲在铁匠屋后抽着玩。这时候我跟桶头都上初中了，越发地要好和调皮。烟叶子好弄，铁匠就有，晒在屋顶上的小竹匾里。我们不会用麻秆点，用的是我从家里灶上偷的火柴。装上烟叶子，桶头吸的时候，我给他点。我吸的时候，他给我点。两个人呛得不住地咳，不停地淌眼泪，然后快活地傻笑。烟叶子没有完全烧成灰，就磕出来，掉在旁边的草堆上，草堆烧起来，我和桶头拔腿就跑。这一切都被站在不远处的哑巴看在眼里。草堆一起火，他就从家里拎了一面铜脸盆死命地敲。全村人都被惊动了，扛着扫帚、拎着水桶全扑过来。火势没有蔓延，只是把铁匠家的那个不大的草堆烧掉了。

桶头被豆腐匠用绳子吊起来打个半死，这是我后来才听说的，因为当时我也正被父亲绑着双手吊在屋梁上。父亲才拿麻绳抽了我两下，就被爷爷喊过来的铁匠、篾匠拉住。打孩子的时候，自家人是不能阻止的，要外人。铁匠、篾匠都是父亲的长辈，一个把父亲拉开，一个解开绳子，把我放下来。

“又不是杀人的强盗，你想打死他啊。”铁匠呵斥着我的父亲。

一顿毒打免了，父亲饿了我一天。只是从这件事之后，桶头不再跟我玩了。很快，两人初中毕业。我去外地上高中，桶头被豆腐匠送到无锡的一个厂里做电焊工。

就在我忙着高考的那一年，桶头死了。桶头跟我同龄，死的时候才18岁，据说是锅炉爆炸。豆腐匠赶过去，厂里说，这锅炉不该桶头管，他自己摸着玩，弄炸了。一分钱赔偿也没有，算是白死。

从无锡回来，到申村的时候，已经是后半夜。就在村口的路边上，有个火在亮着，应该是谁扔下不久的烟头。豆腐匠走得很累，就从腰间抽出长烟斗，装上烟叶子，俯了身，把烟锅就着那火去对火。吸了几口，就是点不着。豆腐匠火了，使劲拿烟锅对着那火一砸："打你个死东西！"

那火噌地一下，飞出去一里远，没了。原来是鬼火。

回家后的第二天，豆腐匠就病倒了。不知道什么病，他也不肯去治。病了两个月，死了。桶头的骨灰盒被人从无锡送了回来。父子二人，合葬在他家屋后的西北角。

磨豆腐，卖豆腐

喻恩泰

（一）

老人们常说，人间苦力，最苦莫如撑船、打铁、磨豆腐。他们的劳动强度、力度、时间长度都有典型性。若逢艰难时世，勤劳致富更多是一种安慰，勤劳只是为了能够活着。在那些最艰苦的行业里，要想活下来，都要倾注身心，而且要有过人的耐力和精神。

撑船、拉纤的苦力们，在我脑海中，应该没有胖子，不论日晒雨淋、寒冬酷暑，大多衣不蔽体，皮肤黝黑。

打铁呢？要靠功夫硬，主要是肌肉硬，这当然也会带来职业病。铁匠是力与美的结合，让人钦佩。在西方，工匠精神融入了姓氏，流传下来。有叫木匠的，比如卡本特（Carpenter）；当然也有铁匠，比如史密斯(Smith)。好莱坞有一部电影，讲夫妻俩都很硬气，片名就是《史密斯夫妇》。

旧时代的人们要补充点蛋白质不容易，别老盯着鹌鹑、鸡、鸭、鹅，那些肉类也许真的好，但咱们普通人最需要的应该还是植物蛋白。百姓要吃豆腐，不为养生，那是口粮，过日子离不开它。卖豆腐这个职业工序复杂，起早贪黑，无休无止，很多人家一干就是一辈子，还得自己去叫卖，担子重、利润薄。男人卖豆腐，天经地义，女人卖豆腐，还会有传说。

（二）

很多人从事文艺是因为家传，我家里却没有这种基因。作为乡下人，我后来成了一位表演者，也不知道这个命是谁给的，脑子里唯一能记住的一次艺术熏陶，是小时候偶然听见田野那头有一个青年在自家农舍里唱美声，没见着本人，到今天也不知道他是谁。

演技是门玄学，判断演得好不好很主观，甚至神秘。和算命卜卦、把脉开药方一样，正确的结果很难界定。在我的理解里，表演是真，还要再加上一点简朴。一场戏在同样的效果下，动作、台词的处理越简单越好，越少越好。真，要在平日里做准备，俗话说就是养成好习惯，要当真，天天当真，你就习惯真了。

我来自南昌青云谱的喻家村，20世纪80年代初做人口普查和登记，当值的工作人员不认识“喻”字，嫌拿笔写下来麻烦，说换一个，直接把我家户口姓氏抄写成了“吁”字，以至于打小我一直以为自己真的姓“吁”，甚至一度怀疑我家祖上可能是来自草原的少数民族，直到大学毕业我才专门回老家派出所要求改回本姓。改户口时接待我的工作人员一开始还是嫌麻烦，说手续会很拖沓，甚至建议我别改了，毕竟用了那么多年，总有点感情吧。我说不行，身份证和户口本的姓名不一致，调不了档案。

费了老鼻子劲，终于回归本“姓”。至今户口本上还有曾用名那一项，赫赫然印着“吁恩泰”，这都是当年没文化惹的祸啊。

我家真的没文化，老喻家的家谱“文革”时被毁坏了，老人们口述历史，最早的线索是明朝的时候，祖上在湖北卖豆腐。先人转徙至江南，扎下根来，改变了省籍。这背后的原因不得而知，我直觉是和饥饿有关。祖上是苦力，磨豆腐帮人解饿，也是为了自己活着。明朝后期或许是因为战乱逃生，或许是为了重新开发市场，填饱自家肚子，最后渡江来到了南方。

今天湖北的豆腐味道如何？我们随时可以品头论足，但明朝的湖北豆腐现在没人吃过，哪怕真吃到了，那也是石头，已经不真实了。可以肯定的是，磨豆腐、卖豆腐看上去是耗费很长时间去做一件简单的事情，但这门手艺，其实一点也不简单，需要努力，更要有心气。豆腐分南豆腐、北豆腐、嫩豆腐和老豆腐;豆制品还可以变形，甚至可以模仿荤腥。豆腐最便宜，最接近生活，也最直接贴近我们普通人。表演在于简单、质朴，要化功夫于无形，更要日日努力、天天求真。在这一点上，豆腐和文艺的审美取向是一致的。天下手艺的共性是“艰苦”二字，看上去简单的事，却都不是简单得来的。这么一刨根问底，发现祖上曾经从事的豆腐行业或许就是今天流淌在我血液里的艺术根源——原来搞文艺和做苦工可以是一脉相承的。

（三）

想起几十年前刚入行时，在组里认识了一个场工，叫小黑。我印象很深，的确他皮肤很黑，脸色更是像黑夜一样，甚至带着淡淡的蓝墨色。他的脸上一直带着笑容，永远是开心的样子。那时候行业还不很规范，剧组天天超时，大家都筋疲力尽，但在现场小黑有使不完的劲儿，脏活累活抢着干，别人的活他也帮着干。我很纳闷，问他为什么？他说不久前他还是个挖煤的，在矿里那几年，每隔一段时间都会发生灾祸，身边的伙伴一个个离去，他极其害怕，却不能离开，因为签了合约，提前走他赔不起那笔钱。他只是想要活着，他对自己说，只要老天保佑，合同到期安全离开，从此他干什么都愿意，做什么都会快乐。

我理解了小黑的秘密——他为什么快乐。人当然终归会有一死，但壮年时若能死里逃生，就是幸福。人间苦力，各行各业，不论是祖先还是我们自己，发生过的历史都不会消失不见，它会留存在我们的血脉里，将来以此渡过难关。

所以，作为一个文艺工作者，我会牢牢记得我姓“喻”，也会永远记得祖上曾经是在湖北卖豆腐的。

豆腐可太善良了

金炫美

我爸去买豆腐，从来不说"买"豆腐，而是用"换"，说在他那个年代，豆腐都是拿豆子去豆腐坊换的。

到现在，每次回家，他都是"明早给你换块豆腐吃"。

换来的豆腐，捧在手上热腾腾的。嗨，肯定少不了我爸的一句邀功："我可是早早就去排了队！"

其实，离开家乡我才知道，我们朝鲜族吃豆腐，挺“原始”的。

倒是找不到什么贴切的原因，可能是因为豆腐太善良了吧。

买回来的豆腐，切吧切吧分几块，分到各自的碗里。再倒点酱油，放点葱花，爱吃辣可以放点辣椒面。然后就……直接开吃！

豆腐不硬，勺子插进去，上面的酱油混着豆腐汤，慢慢浸润到缝隙里。豆腐太善良了，你吃上一口，它就已经在为你的下一口做准备。

小时候，豆腐一块一块；现在，豆腐一块三块五。

再也不用纠结那个“块”指代的是豆腐块，还是钱的量词。

吃完早饭，剩下的豆腐可以倒点水放进冰箱里保管。

中午取出来，它不再是软塌塌的，而是棱角分明的、有个性的豆腐。这种个性，按我奶奶的话说就是："再不吃就得坏。"

豆腐放在手心上，被一片一片小心翼翼地切开，再一片一片给它抹上盐。

另一边，平底锅倒点油，等油锅热了，再把豆腐一片一片放上去。

嗞——嗞——

翻个面儿，再嗞——嗞——

煎豆腐要出锅了！

且慢，煎豆腐也有两种吃法。一种是直接盛出来吃，抹上去的盐早就和煎得酥软的豆腐表层融为一体，咸中带醇，完全无需其他佐料。另一种是把早上吃剩下的酱油料倒进去，再倒点水，盖上锅盖焖一会儿，一道下饭的好菜出炉！

可惜，在他乡，很少能遇到像老家的豆腐那样肥美善良的豆腐了。

都太油了。

臭美

沈宏非

夏丏尊先生尝言，在上海街头的各种叫卖声中，卖臭豆腐的声音使他感触良多，因为那“说真方、卖假药”“挂羊头、卖狗肉”的，往往以香为号召，实际却是臭的。卖臭豆腐的居然不欺骗大众，言行一致，名副其实，不欺世，不盗名。这呼声，俨然是一种愤世嫉俗的激越的讽刺。

排除了愤世嫉俗的成分，臭豆腐到底是臭是香，是一个吃出来的悖论。豆腐既臭，犹如白马非马，豆腐的普遍性既丧，因此它肯定也必须以臭来作为其唯一的存在理据。街上摆摊卖臭豆腐的，也常以“不臭不要钱”来彰显自己的商业信誉。论证至此，本应告一段落，可以不再争论，可是，逐臭之夫们偏要横生枝节，他们异口同声地指出：臭乃是对于臭豆腐的片面认识，臭是嗅觉，虚的；而吃到嘴里却是香的，是味觉，实的。

香臭本无一定，作为食物，我们关心的主要是好不好吃。臭豆腐的好吃，不只在臭，亦不仅在香，而在于香、臭造成的高度对比，以及这种对比带来的强烈刺激。臭豆腐的反对者说，吃饭时佐以此物，就像“摆了个厕所上饭桌”，这种情境，与“绣房里钻出个大马猴”之间，无疑具有共同的美学特征。油炸臭豆腐作为“南臭”的代表，从加工到进食，每一个过程，每一个细节，无不充满了这种对比：首先，摊子上未炸之臭豆腐，一块块看上去颜色暗淡，兼有绿色霉斑，情调十分颓废；一入油锅，但见它翻滚浮沉，几起几落之后，竟通体金黄，腐朽之态尽扫，猛地振作了起来。这也是臭豆腐一生中的辉煌时刻，冲天之臭气，一阵阵灌满鼻孔，直捣肺腑，趁热而食，却浓香满口，齿颊留芳；质感上，老皱之外皮被牙齿撕裂之后，舌头触到的，竟是超乎想象的绵密嫩滑……Surprise！鼓掌吧。

“北臭”的掌门，“王致和”当仁不让。比较起来，南臭热烈豪迈，排山倒海，臭而烘烘；北臭则阴柔低荡，销魂蚀骨，臭也绵绵，与南北的文化个性恰恰相反，又是对比。此外，我认为王家臭豆腐乳在味道和形态上最为接近乳酪，尤其是英国的斯蒂尔顿（Stilton）及法国的瓦朗赛（Valencay）。若把用来涂蘸油炸臭豆腐的辣椒酱、甜面酱之类，换成“王致和”臭豆腐乳酱，实行南北的臭臭联合，臭味相投，“西臭”注定要被赶超。汪曾祺先生写道：“我在美国吃过最臭的‘气死’（干酪），洋人多闻之掩鼻，对我说起来实在没有什么，比臭豆腐（乳）差远了。”“王致和”的刺激，是先把馒头片（或窝头、贴饼子）用油煎了（宜用板油，要它的浓香），炸馒头片须是热的，臭豆腐乳须是凉的，然后以牛油面包之法遍涂之，再撒点葱花，张开嘴，等着那刚柔并济、冰火相拥、悲喜交集的香臭大团圆吧。若以凉、软馒头夹食，娱乐性必定大打折扣。《美女与野兽》也就演成了《美女与美女》或《野兽与野兽》。

“文化大革命”后期，一批被批倒批臭的知识分子获得起用，并且让人觉得好用，因有“‘臭老九’如臭豆腐，闻着臭，吃着香”之说流行。人的处境有时是如此地难以自行把握，《浮生六记》里的芸娘，我们先是因她的“一种缠绵之态，令人之意也消”，且能吟“秋侵人影瘦，霜染菊花肥”之句而心驰神往，再读到她“喜食臭乳腐”以及那两口子关于狗和屎壳螂之食粪、团粪的戏谑讨论，即使是性嗜臭豆腐的读者，多少也会有点败兴。不过掩卷之余，我们也必须承认，读到这里，芸娘的形象已臻多媒体级的丰满，她说的“此犹貌丑而德美也”在被读到、被听到的同时，还被嗅到、被尝到。

与动物蛋白发酵不同，绍兴的“素臭”，特有一种“霉”香，臭得惨淡，霉得深刻；黏嗒嗒入口沉溺的是“臭”，复以气体方式热烘烘从鼻腔蒸腾喷射出来者为“霉”，鼻翼控制不住地持续翕动之间，miserable，horrible，anything bad，you just name it，皆无法精准触及它的本质。直截了当的悱恻缠绵，蹑手蹑脚地顶心顶肺，既澹淡薄漠又老辣荒率，死水深潭而峭拔峻急，鼓宕激昂兼黑死绝望，慈悲与恶毒兼施，透彻共暗黑一色，天真的世故，纯洁之腐败——“臭”字好说，“霉”字很难形容，只能说，吃不来这个，大概也就读不懂百分之六十五的周树人和百分之五十的周作人。

豆腐

于谦

几年前去朋友家做客，进门时间不在饭口，但家里正在自制一道全家人都爱吃的菜品。这道菜随做随出，被人们当作零食一样随手抓吃。我也顺便尝了几个，这一尝，给我留下了深刻的印象。

用北方的老豆腐，切成长两寸宽 1 寸，厚约 1 厘米的小块，再用小刀在 1 厘米厚度中从中划进，却不切开。中间抹上蒜蓉辣酱之后再填以尖椒末、黄瓜末、小葱末、香菜末。最后在煎锅中煎至两面焦黄，盛入盘中。

我是第一次见到豆腐的这个做法，好奇之下，细细品尝。豆香、酱香，蒜香、菜香，混以点豆腐时所用的卤水香味一齐在口中刺激着味蕾。味厚柔滑，清香满口。

据朋友家人介绍，这种做法起源于南方，后经他家根据自己的口味改良遂成此味。其实，不管出身南方北方，好吃就是硬道理。

我爱吃豆腐，不管是炒豆腐、烧豆腐、溜豆腐、炖豆腐，还是红白豆腐，怎么做都行。即使每次吃红烧鱼，下一顿都要把吃剩的鱼头、鱼骨，连鱼汤回锅后放上几块豆腐。老话说："千滚豆腐万滚鱼。"

这两样都是不怕炖的，这样炖出来的豆腐，豆腐中带有鱼香，鱼香中掺杂卤味，既下酒又下饭。每次吃后，准要说一句：真是“要饱家常菜，要暖粗布衣”呀！

其实按照专业厨师的说法，豆腐是撤味的。任何菜品、汤品中添加了豆腐，都会使菜中那种独有的味道变得不那么尖锐。但是豆腐又有一种中和百味的功能，只要加上它，仿佛任何味道都能融合在一起，变得不那么独立分明。我是陕西人，陕西名吃臊子面的臊子里就必不可少要用豆腐，用的就是它的这种功效，使臊子里众多菜品和调味品的味道浑然一体，且具有浓厚的乡土气息。

不管豆腐多么好吃，说得多么热闹，不可否认的是，就豆腐本身来讲，也是一种廉价食品。它是用水把黄豆泡涨之后磨成浆水，点入卤水使之凝固而形成的。老话说做豆腐的就是卖个水钱,本小利薄,价格极低。因此自古以来,豆腐也是穷人桌上的常见菜肴。

在老年间的传说故事中经常有豆腐的出现,它代表的也是社会的最底层。相声中有一段单口,叫“豆腐侍郎”,说的就是卖豆腐家的一个穷小子,通过努力学习成为侍郎的过程。其中就是用卖豆腐这一行业与侍郎这一职位给听众塑造了社会地位天壤之别之感。进而形成反差,制造了故事的矛盾冲突和包袱笑料。

大家最熟悉的传说莫过于豆腐西施了——传说豆腐坊的女掌柜是一个美貌无双的女子,每天豆腐坊开门营业,门口队伍都排成一条长龙。大家借买豆腐争相目睹美女芳容,她家也因此生意兴隆。看这个故事的文字读物时我有以下几点感受。首先，这又是一个以豆腐普遍代表社会底层的典型例子。人们渴望见到的是民间那种出淤泥而不染的、清新脱俗的美貌佳人，而不是上流社会的一些庸脂俗粉。更深一层，故事满足了人们，尤其是男人们那种猎艳的心态，他们幻想的是自己效仿正德皇帝游龙戏凤的美妙过程。究其根源，还是用一种俯视的视角来看待这个行业，想用一块豆腐就可以得到西施。当然，这也只是古代的传说故事而已。现在，甭说用豆腐换西施，你就是用西施都未见得能换到一块正儿八经的卤水豆腐了！

咸甜豆腐花之争

赵书兰

关于咸甜豆腐花到底哪个更好吃，这个争论由来已久，在我看来，其实纯属个人喜好，不会有定论。

我从小吃着咸豆腐花长大，其实我们那并不称作“豆腐花”，而是叫作“豆腐脑”，之所以叫“脑”，我猜是源自其形状吧。早餐时，来一碗豆腐脑，放入酱油、醋、虾皮、香菜、榨菜、辣椒等佐料，加一根油条，简直是绝配。即使现在在广州生活了十几年，我还是念念不忘上大学时学校旁边的那个小食街，那里的位置比较低洼，我们戏称为“大坑”。周末时，经常和室友一起，去“大坑”买上一碗豆腐脑，再来两条炸年糕，或者一份炒酿皮，偷偷带回宿舍解馋。

毕业后两年，我来到广州，这里是美食天堂，广州人不仅爱吃，更会吃。广东的豆腐花似乎与山有不解之缘，无论哪座山，山腰或山顶的小卖部，都能看到“山水豆腐花”的招牌，吃法很简单，选择热的或者凉的豆腐花，放上蜜糖就可以吃。第一次吃的时候觉得是黑暗料理，之后有四五年时间都没再碰过，后来有一次登山，不好意思拒绝别人的邀请，又尝了一次，不知道是因为在广州待久了口味改变，还是当时口渴，居然觉得还不错，浓浓的豆香味，之后再登山的时候都会吃上一碗。

时间磨不去记忆中的味道，现在我仍然怀念家乡的咸豆腐脑，但是，我也接受了甜豆腐花，世间之事大抵都如此吧，没有绝对的好与坏。

不屑的豆腐

汪骁远

从黄豆制成豆腐一共5步，逐渐将两样看着怎么都不相关的事物联系到一起，极坚硬的变得极绵软，想想都觉得不可思议。

豆腐无味。那也意味着它可有千百味，随着佐料和做法而变。

豆腐撑起八大菜系多少道菜：鲁菜的锅塌豆腐，

粤菜的酿豆腐，浙菜的蟹粉豆腐，闽菜的炣豆腐蛎……这些菜名光听就足以令人口齿生津。更有国宴上的文思豆腐，一块切作千万丝，如莲般，盛开在高汤里，那代表着刀工的最高境界。

不提这些上厅堂的大菜，家常的炒豆腐、拌豆腐、焖豆腐做得好，大概也足够诱人。任大星写过一篇《三个铜板豆腐》：“我很小的时候，听人说，豆腐三个铜板一摊。谁家来了难得的远客，谁家才到山外去买一小摊豆腐请客。老豆腐一摊两块，嫩豆腐一摊三块另添一小角，倒进山海碗，铺上咸菜，像模像样一碗……便挑起整块的豆腐，大胆地放进了嘴里。才一嚼动，我舌尖立即遇上了一种从来没有接触过的鲜美的滋味，把我本来已经相当旺盛的食欲，引得又增添了七八分。”看得人食指大动。在某些时刻，某些地区，普通一块豆腐扮演着一个仪式化的角色，是唯有请客吃饭才会购买的珍贵物什，而且滋味足称鲜美。这令可随意食肉的我难以想象。

对于豆腐我从未有过大快朵颐的味觉体验。少有的几次接触，都是陌生而难忘。

小时候一次，是下午4点在乡下，饿极，看着一篮黄豆口齿生津，鬼使神差抓了一把放嘴里，一口下去，嚼了一半直接吐了出来。那黄豆泛着涩，里面夹杂着诡异的甜味，还有浓郁的豆腥和泥土气息。那之后没有再尝试过生吃黄豆，而且连带着讨厌一切豆子。

家里几乎不烧豆腐，我可数的食豆腐经验全在学校。可学校那食堂烧得出什么美妙的豆腐宴？一是浮着红油的麻婆豆腐，一是寡淡的咸菜豆腐汤。

前者是奔着里面的肉末和爽辣的豆豉去，后者只是打着免费名号糊弄学生的。这和豆腐有什么关系？

另再有关于豆腐的印象就只来自书页字里行间之中。下午午睡刚醒的语文考试，大家昏昏沉沉做着试卷，忽然见一篇阅读理解的小说里分明地写着："……他把用生石灰点过的卤水和豆浆搅和在一起，制着豆腐……"，我立刻想到林则徐虎门销烟，那不是也用的生石灰么？胃里忽然一紧，中午刚吃过的麻辣豆腐像翻涌了上来，我赶紧打了个嗝儿闻了一下，没闻到豆腐味，也没有烧灼感，心里放心了些。

豆腐也许是有些人的旧情怀，有些人的好味道，有些人的白莲花，而我，悄悄地对豆腐不屑。我一个如狼似虎、渴望着肉的少年啊，面对猪羊鱼牛鸡，吃豆腐干什么？

我爱吃豆腐

朱学东

豆腐是我最爱吃的非荤食品，没有之一。

我自小就爱吃豆腐，生的熟的都爱。

我隔壁堂爷爷过去做豆腐，每年过春节前，乡下人都要到堂爷爷家做豆腐。不管是自己家，还是村里其他人家，只要年底做豆腐，我们总是去抢着帮磨豆子或烧火，无非就是盼着，一锅豆腐做好，堂爷爷能赏一块热气腾腾的豆腐，盛碗里，倒上些许酱油，将青蒜洗净切末，拌了即食，类似北方的小葱拌豆腐，但是，味道却比小葱拌豆腐鲜香不知多少。

不只是我们小孩喜欢，大人也喜欢。过年做豆腐排队，有时会很晚，一块豆腐拌青蒜末酱油，就是最好的宵夜。当年场景，至今想来，历历在目，口舌生津矣。

汪曾祺老是公认的美食家，很遗憾他没有这样吃过，他不知道新出锅的热豆腐拌青蒜末酱油之鲜美，他只好小葱拌豆腐，对青蒜拌豆腐的吃法很有些不以为然。这是名人的局限。小葱拌豆腐固然也是一方名吃，但岂能跟我喜欢的热豆腐拌青蒜酱油相比！

小时候家里人从街上买了豆腐回来，没到做饭时候，通常放在竹橱里。虽然冷了，我也会偷偷摸摸地将豆腐有些不规则的边沿弄下一丝一条解馋，而不让家人发现。

那时穷，肉只能偶尔才吃，倒是豆腐，可以用自家种的黄豆换，所以吃得稍多。好豆腐赛过肉啊。

我后来写江南旧闻系列写到做豆腐，一位家里过去一直做豆腐的科学家师弟读了文章之后，感慨地跟我说：师兄啊，这么多年过去了，就是做豆腐人家也很难写得如你这般具体细致啊。

我对豆腐的爱，可见一斑。

故乡的豆腐，多白烧，不放酱油，至今犹是。无论是素烧豆腐、素烧豆腐百叶、萝卜炖豆腐、豆腐汤、青菜豆腐汤，或者冬至隔夜的胡葱笃豆腐，还是长肠煨豆腐、鱼头炖豆腐，等等，我无一不欢，至于故乡豆腐的变体，百叶、素鸡、豆腐干和豆腐花，我也是一样喜欢。

长大后离开故乡，走南闯北，我依然爱吃豆腐，无论是云南、四川、山西等地的豆腐，还是他乡的豆腐变体香干、腐竹，我也是见一个爱一个。至于做法，与小时候只喜欢故乡的做法不同，如今豆腐无论红烧、白烧、麻辣烧、火锅烧，甚至臭豆腐，于我皆属于“严嵩庆寿——照单全收”。我甚至非常不成功地在家实验过传说中泥鳅钻豆腐的做法。

当然我最爱吃的，还是故乡的豆腐。因为故乡的豆腐做法，最能激出豆腐的味道，而非靠外在调料。如今若在北京常州宾馆请客，不能让我点菜。我若点菜，豆制品系列碾压一切。

唯一的例外，我不喜欢国内市场上的日本豆腐。我总觉得那不是豆腐，没有一丝豆味。

“中国的豆腐也是很好吃的东西，世界第一。”

乡邑前辈瞿秋白在《多余的话》最后一句突出不羁之笔，这是对人世间美好的眷恋，也是向死的坦然。

而我要说，我故乡的豆腐，是中国最好吃的。

豆腐人生

马 RS

小时候最爱吃的凉菜，是小葱拌豆腐
看着一整块方方正正被切碎碾成渣
配着一粒粒小香葱和一点点盐巴
那遁入味蕾的和谐让我乐开了花

第一次参加军训夏令营，被子都要叠成豆腐块儿

豆腐块儿有棱有角的边

承载着无规矩不成方圆

谨记于心，背负理想前行

从乙酉年到辛丑年

还是那个满脸络腮胡的少年

以前一直不敢吃臭豆腐

后来出差吃了一次，真香

每一个卖臭豆腐的老板都说闻着臭吃着香

就像每一位“过来人”夸夸其谈的一样

克服困难，努力去闯，总会有回报

嗯呢，来日方长

0724

前些日子见到老舅，医生告诫他不要再吃豆腐
蛋白质含量丰富但嘌呤高
任何看似为好的东西都无法过量
要习惯在灰色地带中奔跑
在一切都是双刃剑的人生旅途中
唯独音符是非黑即白的美妙

豆腐

李中茂

豆腐，看上去老实巴交的样子，其实是很妖媚的，你都很难一下子说清楚豆腐到底是什么模样。嫩的时候似水似乳，稍加点化又如脂如玉，或娇弱孱孱、吹弹可破，或饱经风霜、坚韧挺拔。民间俗语说占人便宜叫吃豆腐，虽然有各种解释，但我以为，占便宜和吃豆腐产生关联，很可能与豆腐的妖媚多变有关。说豆腐还有一个关键词：白；两个字就是：白嫩。民间有句专说女子的话：一白遮百丑。因此，由豆腐想到美女，也很自然。就像有些食材，人们会联想到男性，都不是偶然的。

说到底，豆腐虽然千变万化，毕竟是要拿来吃的。作为一种食材，豆腐的烹饪方式多到几乎数不胜数。在哈尔滨双城，我见到一种凉拌豆腐，这道菜一上桌我就惊呆了：一个大平盘，底层呈品字形摆了三块约《新华字典》那么大的豆腐，上面又压了一块，这一道菜四块豆腐，上面浇的拌汁，豆腐是原封未动的，要现吃现拌。虽然这只是一道凉菜，但以当时席上我们几个人的食量，这顿饭，有这盘豆腐就足够了。最终结果，这道菜就是面上动了两筷子，几乎原样被端了下去。这样一道菜，别的不说，对于豆腐，是缺少了起码的尊重。

我还吃过一道苏州厨师做的豆腐汤，豆腐切成丝，纤细如发，荡在汤里，当得起气若游丝四个字，入口时豆腐丝一滑而过，若有若无。这是一道炫技的菜，炫的是刀工与火候，刀工不好固然切不出来，火候不好，切好也会煮断。在我看来，作为美食，这属于别类，难以置评。

我生活在四川成都，四川有两处豆腐，令我印象深刻，一处是剑门豆腐，在广元剑阁县，一处是西坝豆腐，在乐山。

二十世纪九十年代，曾在剑门吃过一餐豆腐宴，约十人吃一桌豆腐，桌上盘上重盘，几乎摆满了两层，结账只要了七十多元钱。剑门豆腐粗朴耿直，有棱有角，如一夫当关。剑门豆腐，佐酒下饭都好。

西坝豆腐吃过几次，最近一次吃时，随便一道菜基本上都抵得上剑门那一桌菜的价。西坝豆腐软嫩娇柔，如美人出浴，不成形状，用“侍儿扶起娇无力”这句来说也颇恰当。吃的时候最好用勺子舀着吃。吃西坝豆腐，不说下酒还是下饭，就单吃豆腐，最好，最能吃出味道筋骨。有时候，越是细腻柔软的东西也越是坚韧，豆腐也是如此。我想，苏州厨师那细如发丝的豆腐汤，一定是用西坝豆腐这种柔软无骨的豆腐做出来的，用剑门豆腐恐怕比较难，有些看似结实有形的东西反而不耐雕琢。

说豆腐妖媚，就是说豆腐的千姿百态，形色多变。且不说豆腐干、豆腐皮、豆腐乳，乃至千张、腐竹之类，就只说一块新鲜豆腐，也是随意赋形，变化无穷。

对于美食，我以为好的食材，最好尽量保留它的原味，不宜过度加工。要品尝豆腐的好，凉拌是最简单的方式。凉拌说起简单，但对豆腐的品质非常挑剔，一定要新鲜香嫩的好豆腐才行，普通豆腐还是红烧去吧。有句俗话说“小葱拌豆腐，一清二白”，说对了，就是这样。豆腐用刀或铲稍做碾压，撒上细盐、葱花，略加点香油，稍微拌一下就好了。入口的时候既有碎豆腐颗粒，也有豆腐泥，口感和味道都有变化，层次丰富。如果不嫌麻烦，把豆腐都碾成泥，口味反而单调了。

用凉拌豆腐的方式，进一步就可以做成豆腐圆子。豆腐碾碎后，加入蛋清、细盐、香菜末，加入淀粉拌匀，握成圆子，和小青菜煮成豆腐圆子汤，鲜嫩清爽。

说四川的豆腐，还有一处比较闻名的，就是富顺豆花，类似北方说的豆腐脑。北方的豆腐脑一般是用热卤来浇的，比如天津的老豆腐，是我最爱吃的早点。富顺豆花是用冷的蘸水来蘸着吃，在乡间馆子里往往当头菜来上。南北一个共同之处在于，豆腐都是差不多的，是以卤汁或蘸水的制作水平而分出高下。

我家附近有一家富顺豆花店，蘸水很独特，豆瓣酱中加入了切成细丝的藿香叶子，好吃。我经常在路过时，花 7 块钱打一盒外卖，带回家吃。其实我家小区门口也有卖豆花的，但蘸水调得不好，我买时一般只要豆花，回家自己做蘸料。

我爱吃豆腐，也会做豆腐，其中有一道可以当下酒菜的煎豆腐，简单好吃。豆腐切片成半张扑克牌大小，1 厘米厚，平底锅放少量油，把豆腐两面煎黄，摆盘，浇上一层酱汁即可上桌了。豆腐不要切得太薄，不然煎后太干，只脆不嫩。要有一定厚度，煎到适度，才能外焦里嫩。浇的酱汁是我自己做的，怎么做我就不说了。

不说不是舍不得说，而是个人口味不同，可以根据爱好随意发挥，比如前面说的那家豆花店，蘸水中加入了藿香，就非常提味。如果有人加入切碎的折耳根或香菜，也无不可。美食本来就没有定式，怕的就是亦步亦趋，唯恐不像。吃豆腐，尤其要有个性，贵在不拘一格。

最清白的豆腐炖最野的菜

王五四

中国男人特别是经常疲软的中年男子往往迷恋以形补形，所以他们普遍不太爱豆腐，“关老爷卖豆腐——人硬货不硬”这句话经常响彻田间炕头。

日本作家安冈秀夫说过：“这好色的民族，便在寻求食物的原料时，也大概以所想象的性欲的效能为目的……彼国人的嗜笋，可谓在日本人以上。虽然是可笑的话，也许是因为那挺然翘然的姿势，引起想象来的吧。”

春天也是个令中年男子着迷的季节，植物发芽，动物发情，中年男子作为动物的一种，往往认为春天里的植物是壮阳之物，所以他们非常热爱两道菜，一道是春韭炒春笋，另一道是春笋炒春韭。对外在形式的粗浅痴迷，却忽略了内在价值的重要，正如他们忽略了那在砂锅里跟春笋、咸肉、鲜肉一起久炖不散、吸取各物精华于一身的豆腐，春笋负责生机勃发，而豆腐则代表历久弥坚。

春天有春笋，也有其他野菜，人们吃春笋炖豆腐，人们也吃野菜炖豆腐，但文人墨客笔下，写春笋的诗很多，写野菜的却不多，因为在他们眼里笋除了味美，还有诸多高风亮节的寓意，或许野菜在他们眼中过于普通，上不了大雅之堂，文艺气息不够浓郁，再爱也只能永远活在他们心里，就像春天墙头上那呼之欲出的几枝红杏，情随春风暗撩人，但却不可说破，明媒正娶的是春笋炖豆腐，暗通款曲的还是野菜炖豆腐，这正是应了那句话，“世间无趣的正人君子太多，缺的是训练有素的流氓”。我们也可以说，世间无趣的大鱼大肉太多，缺的是训练有素的野菜炖豆腐，这才是生活的本来滋味。

《金瓶梅》里西门庆初会潘金莲时吃的是肥鹅、烧鸭、熟肉，而不是豆腐，大鱼大肉往往与情欲勾结在一起，而豆腐好像只适合出现在青灯古佛的素场里。《西游记》里唐僧吃了一路青菜豆腐，唐僧肉却是一路的妖怪最惦记的食物，而真正把他当作美食的只有大鹏怪，别的妖怪只知道吃唐僧肉可以长生不老，只有大鹏怪提出了正确的吃法：不能惊吓到唐僧，否则肉会发酸，必须在阴天吃，洗净切片，用蒸的方式。这是对食物最大的尊重。

大鹏怪对唐僧肉的了解，就像金圣叹对豆腐的了解一样。因为哭庙、反腐、反政府，金圣叹要被斩首，人之将死，总得留点话，李斯死前想的是跟儿子带上大黄狗去上蔡的郊野追逐野兔，嵇康死的时候要求再弹一曲《广陵散》，而金圣叹，临死之际说的是“花生米与豆腐干同嚼有火腿味”，当然也有一个版本说是胡桃味。这是自风流的真名士，这是热爱生活的人，这是用最清白的豆腐炖最野的菜，滋养人间，好吃不贵。

豆腐建筑学

野城

豆腐，在我的留学生涯中具有非凡的意义。它让我的中国胃得以保全，让我的刀法炉火纯青，更让我的精气神一直保持着高贵的东方气质。

我在南大本科读的是地球科学，经常去中文系蹭课。那时候看了很多法国新浪潮的电影，一发不可收拾。于是就这么收拾了一个行李箱去了法国。跟很

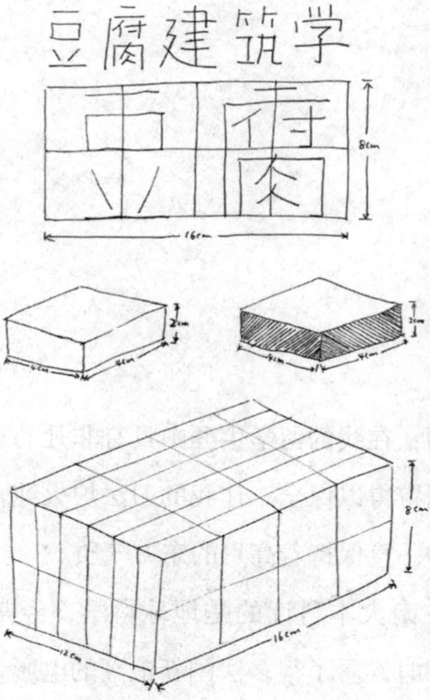
豆腐建筑学
8cm
16cm
2cm
4cm
4cm
2cm
4cm
4cm
8cm
12cm
16cm

多留学生一样，在国外学会了买菜做饭。不是富二代，天天吃法餐也吃不起。关键是西餐天天吃真的会吃到吐。还好我自小天资聪慧，动手能力也强，无师自通练就了一套野式私房菜。有空的时候请中国朋友法国同学到家里聚餐，厨艺广受好评，尤其说我豆腐烧得好。

我是南京人，最爱家乡的菊花脑鸭蛋汤。这菜法国肯定是没有的，我曾带了点菊花脑的种子种在花盆里，但长出来愣是没那味儿。我是真明白橘生淮南淮北的差别了。好在法国超市的菜品还是很多的。买不到中国蔬菜不要紧，你可以用生菜代替小青菜，用羽叶甘蓝代替水芹菜，用罗勒代替香菜。作料也有很多替代品，什么日本醋、泰国酱油、越南辣酱，料酒也可以买瓶便宜的红酒代替。肉类更是非常丰富，什么牛排猪排鸡胸肉，什么鱼虾海鲜大牡蛎，应有尽有。

除了猪头猪脚、鸡头鸡脚、鸭头鸭脚这些法国人觉得恶心的头和脚之外，切得四四方方放在盒里看着像块正经肉的肉你都可以买到，我甚至看到过盒装的马肉和猪下水。

但是，在法超有一样你死活买不到，那就是豆腐。

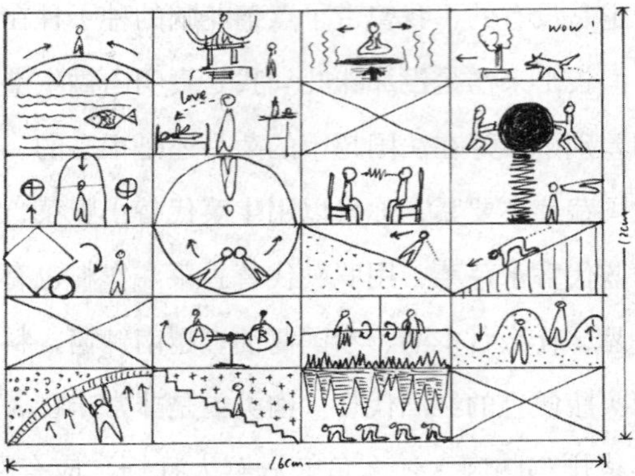

法国人真的是不吃豆腐，他们很难理解豆腐这种很有智慧的传统食品。豆腐只能用中式的作料和做法，以柔克刚，他们自然不晓得怎么吃。我也常常和法国朋友解释，豆腐你可以看做是中国奶酪嘛。一个是用奶做的，一个是用豆做的。一个是动物蛋白，一个是植物蛋白。法国朋友说豆腐有什么好吃的，奶酪天天吃一年365天都有不重样的。我想还是不给法国人推荐臭豆腐的吃法了，估计他们要疯。

大一点的法超采购的物料也可以凑合做一顿中餐。但如果桌上没有豆腐，那一定是没有灵魂的一顿饭。况且有了豆腐，曾经有段时间吃纯素的我，可以完全不用吃肉。于是买豆腐成了我每周去一趟中国城温州小超市的唯一动力。去一趟中超坐地铁来回得一个多小时，每次拎着中超特有的粉红色不透明塑料袋，都会在地铁引来异样的眼光。你们懂什么，袋子是丑了点，但这里面有豆腐。

刚来法国的时候，也没有菜刀。好在我来法国读了建筑，美工刀管够。于是有一把美工刀是用来做菜的，当然也会拿来切切建筑模型材料。凭良心讲，我的刀工是做模型练出来的，也是做菜练出来的。也不知道什么时候开始，我就可以轻松自如地闭着眼睛切菜了。

模型板子很硬，豆腐很软。用美工刀切起来完全是两种不同的刀法。切板子需要用到钢尺，在板子上也要先量好切割线。然后刀尖靠在钢尺边缘，屏住呼吸，手指握紧刀柄，调节到一个合适的角度，一刀下去。手腕用力，刀顺着钢尺均匀地向下推移，力道适中，感受到刀尖突破板子触及桌面的剐蹭感。是不是

模型高手，就看板子边缘切割的是不是横平竖直，干净利落，还不伤桌子 。

切豆腐就不一样了。切豆腐自然用不到钢尺，更不需要丈量，可以说是一种随心所欲，自由而又有章法的状态。做模型你有很强的企图心，力求准确。切豆腐你没有什么企图心，只要切到合适大小，方便做菜就可以了。但作为建筑师我还是有自我要求的。豆腐虽软，但也不要欺它的软。行云流水的刀法可以让豆腐切出来光亮整洁，不破不糜，做出来的菜也很有调性。

我在中超买的豆腐，通常是长16厘米、宽12厘米、厚8厘米的尺寸。一把全新的美工刀推到底，正好有8厘米。我站在砧板前面，身不动，气下沉，保持刀柄垂直，手腕弯曲到接近90°。只要水平地移动大臂，纵向切拉5下，横向切拉3下，再水平横剖一下，就可把豆腐切成4×4×2厘米大小的均匀块体。我发现这个模数很好切，这个切块大小也很适合做菜。就这样把标准模数的豆腐一块块平摊在锅里，煎炒炖炸都可。配合不同的菜，当然也可以改变不同的模数，切出不同的大小。在切之前我会下意识地在脑中很快地推演一下，然后下刀，一气呵成。说起来容易，做起来难，这当然要归功于我切模型板子的功力。我想我是把建筑学的方法用到了切豆腐上。豆腐虽小，模数无穷。美工刀虽短，刀法万千。

切豆腐练气，切模型练功，建筑师需要内外兼修。如果开一门建筑学基础课，我觉得可以开门课，就叫“豆腐建筑学”。

“我都行”

庄雅婷

据说适合商务宴请的餐厅，菜品往往在一个临界点，那就是:既谈不上难吃，也谈不上好吃，刚刚好。

这样才不会分散“商务”的注意力。否则刚刚谈到具体数目，上来一道特别好吃的菜，所有人都趁热沉醉了，或者上来一道特别好看的菜，大家纷纷掏出了手机拍照，只剩下埋单人暗暗着急。

往往为了表示请客的诚意，这样的餐厅还不能太便宜。可有时候客户山珍海味吃腻了，就想吃点朴素的东西。这……就提出了一个难题。

所以看看菜单，就能体会到大厨们的良苦用心，如何用朴素的食材做出上得去台面的菜还不能太便宜，那就要看豆腐大显身手了。波士顿龙虾烩豆腐、蟹粉豆腐、海胆老豆腐、鱼籽烧豆腐……哦，甚至还有脑花豆腐……日常味道的豪华升级版。用更昂贵的材料来衬托一块朴实无华的豆腐，就好像用我全部的真心去为你做一件微不足道的小事，于是大家皆大欢喜了。

如果你只想吃一盘简简单单的小葱烧豆腐，除了在家里，就只能去那种私人会所了，硬起心肠卖你一份八十八块的原乡味家常味，返璞归真的大佬往往拍着腿感动，顺便再加一份炝锅面完美收场。

但豆腐本人无所谓。它如果能说话，那就是：“我都行。”

无论你用多么昂贵的食材去搭配它，它依然努力去中和那种尖锐。靠着独特的豆腥气，或者嫩滑，或者千疮百孔却能存留真味的构造，甚至哪怕就是靠着那股子烫劲儿，去刷着存在感。

和龙虾、蟹粉和杂鱼，和红烧肉，和小葱、卤汁、郫县豆瓣，都能勾兑到一起，无非是看你的状态，再决定我摆什么样的姿态：有时是嫩的，有时比较韧；有时穿马尾不掉，有时根本无法捡拾；有时冻过，有时需要现场点卤水……反正我都行，我尽量配合。

如此平凡廉价的食物，却颇有几分坦然。那就是：我觉得我跟谁在一起都不掉价，甚至大家还要帮我抬价。如果做人能如此顺滑不拧巴，那就太 nice 了。

有一个笑话是这么说的：种豆子是最不亏的生意，因为从豆浆开始，你可以走完一整条人生路：从豆浆到豆花，到嫩豆腐到老豆腐，到豆腐干到豆腐乳，反正我都行。

这中间还没算上豆腐泡、霉豆腐之类的变异群体呢。但没所谓，感觉人人都逃不掉对其中一种的喜欢。

所以这是豆腐的另一种"我都行"。它如果能唱歌，可能就是："你要如何，我们就如何。"

有人不禁要问，这么没有个性在当今社会怎么混啊。我倒觉得这是既朴实又奢侈的做法：只要我还有选择和改变的余地，我就会是个慷慨的人，并不吝于改变形状或密度。你非要我形容的话，就还是那句：这也太不拧巴了。

食物天生也分高低档，有些珍稀难得，有些便宜接地气。豆腐代表了另一种，就是本来平实廉价，但通过不同的复杂工序，让自己也能配得上很多名贵食材。你说这算不算另一种逆袭啊。不过看人要看内核，看食物也一样，人家虽然是豆子出身，但也妥妥的是植物蛋白呢。

但人的一生确实是要经历一个返璞归真的过程，从年轻时的庞大梦想，到中年时的去芜存菁，到老年时的平淡从容，就像搭配过波龙或海胆的豆腐一样，最后还是小葱一把，酱油几滴，简简单单烧一下，才是真味。

但豆腐本人是没所谓的啦。

下面的豆腐为什么好吃？

地主陆

南浔的丝绸大户张家最近不太平，大公子惹上了风流债。

恋上青楼女子也就罢了，无非是多花些银两；若是沾手了寻常人家的闺女，要么纳作小妾，要么花钱打发。可这张大公子在红粉里滚得太熟，着迷的就是“妻不如妾、妾不如妓、妓不如偷”的滋味，和镖局林总镖头新娶的姨太太一来二去就上了船……对，不是上床，是上船。江南水乡大户人家的后门都有私家码头，划着自家小船到另一家的码头接上人，在船上私会既方便又隐秘，而且这船儿一晃一晃的平添不少情趣，古称船震，北方旱人体会不到。

俗话说得好，没有不透风的船，这水波如此荡漾，明眼人一看就懂了，只是不响。林总镖头长年在外，凑巧有趟镖银半道被劫，垂头丧气提前回家，推开门就想找姨太太消消火，老妈子说她早早就出门了。天黑透时姨太太才回家，林总镖头拧亮灯火，一看这衣鬓歪斜、眼角带花的样子，就晓得自己戴了绿帽子。姨太太嘴严，死活不肯说外面的男人是谁，因为心底早就恋上了张大公子，巴望着林总镖头把她休了，她好直接嫁到张家去。

张大公子和所有偷腥的男人一样，偷的时候智勇双全，一旦败露就如丧家之犬，能躲多远就躲多远。张少奶奶见男人几天没出门，在家发呆不吭声，就晓得他在外闯了祸，但少奶奶是读书人家出来的，既不会揪男人耳朵盘问，更不会一哭二闹三上吊，只冷眼看着。

平日里大少爷极少在家吃饭，这下倒挺好，一日三餐都和少奶奶举案齐眉。见大少爷胃口不好，少奶奶亲自下厨做了一桌菜，大少爷本不想吃，但不得不举起了筷子。

第一道清炖鸡，鸡皮油亮、鸡肉鲜嫩，大公子吃了一块，好吃，喊丫鬟烫了壶酒端上来，边喝边吃，又吃了三块，发现鸡下面铺了一层豆腐。少奶奶说：

"鸡汁浸到豆腐里，豆腐就鲜美了，是不是比店里的鸡汁百叶包还香？"大少爷连连点头，吃了几块豆腐。

第二道栗子烧鸭，鸭子烧得入味，栗子香气四溢，大公子是懂吃的，连吃几口，大赞好手艺。吃了几口筷子往下一伸，发现鸭子下面也铺着一层豆腐。少奶奶说：鸭子和栗子的滋味有点重，用豆腐来中和下，就不会太腻。大少爷连连点头，吃了几块豆腐。

第三道黄鳝河虾烧昂刺鱼，是水乡才有的美味河鲜，汤汁略宽，浓香鲜美，是下酒好菜。大少爷剥了两只河虾后直接用筷子探到碗底，果然，下面还是铺着一层豆腐。没等少奶奶开口，大少爷就说："我猜是鲜味都到了豆腐里，豆腐更好吃？"少奶奶点头说是。

第四道红烧羊肉刚端上来，大少爷就从碗底夹出一块豆腐问少奶奶:“我就知道你们识文断字的女人心思多，你就直说了吧，为什么每道菜下面都是豆腐？莫非你想告诉我，我再在外面风流，你就要满大街给人吃豆腐？”

少奶奶也不恼，轻声说:“无论上面是鸡是鸭是栗子，还是黄鳝河虾或者昂刺鱼，或者红烧羊肉，下面都是豆腐。”

大少爷:“对啊，我知道，什么意思？”

少奶奶:“上面再换花样，下面还是豆腐。”

大少爷:“所以你想告诉我什么？”

少奶奶:“你到处拈花惹草，高矮胖瘦各不同，但上了船女人不都是一样的吗？你还没吃腻吗？”

大少爷放下酒杯，愣愣地盯着少奶奶看，仿佛洞房花烛夜第一次见到她时那样看得目不转睛。短短几年，少奶奶的眼角已经有了细纹，大概是长期睡不好的缘故，眼圈周围灰扑扑的。再看她的手，原先娇滴滴的大小姐，嫁过来后操持家务，手也粗糙了许多。

少奶奶见他看得出神，不禁低下了头……

大少爷清了清嗓子，一字一句地大声说："下面确实都是豆腐，但上面都不一样！鸡是鸡，鸭是鸭，河鲜有河鲜的滋味，羊肉有羊肉的香！每块豆腐都因为上面的不同而不同，各有各的美味，下面的豆腐之所以好吃，还不就是因为上面的各有不同？"

少奶奶呆坐在那里，感觉身体在船上摇晃。恍惚间瞥见大少爷还在吃吃喝喝，男人这种生物，在这种时候怎么还有胃口？

京都汤豆腐

洁尘

我第一次去日本是在2008年的夏天。一拨儿人参加一个活动，同时也旅行，在本州各地兜了一大圈。到了京都，组织方安排我们去吃了京都著名的“汤豆腐”。在五颜六色的各种小菜之后，小炉小锅端上桌来。揭开锅盖，几块白白的豆腐在咕嘟咕嘟翻滚的清水里，稳稳当当呼吸着，像疾走之后的调息。

至于味道，我忘了，因为有其他场面占据了我的记忆。当时我们一行团友从成都出发，到了京都已是七八天之后的行程后半段。一路的清淡日食让有些成都人不堪忍受了，京都的这锅汤豆腐成了压倒骆驼的最后一根稻草。坐我旁边的那位男士，和我同时把自己面前的小锅揭开探看，然后他猛地往榻榻米上仰翻过去，嚎了起来，“哎呀，咋个又是这种东西啊！这是要弄死人啊！”

平时我总是为成都骄傲。但好多次出门在外，我还是很为成都人顽固的味蕾习性感到惭愧。出门就开始忍受，很多成都人在外的饮食都是这样，最后落荒而逃，逃回成都后赶紧吃一顿麻辣火锅还魂。幸好我不是这样的成都人。

2008 年那次的京都汤豆腐，因为就餐场面很喜剧，所以我连是哪家餐馆都没有记住。只记得是一家考究的餐馆，窗外有着美丽精致的庭院。后来我凭着依稀的记忆去网上搜看京都的豆腐名店，似乎岚山的“OKINA”和“嵯峨豆腐 稻（本店）”的可能性比较大。

从 2008 到 2016 年，我又去过几次京都，没有吃汤豆腐。2016 年初冬，我再一次吃到汤豆腐。那次是和熊燕、艳宁还有几位同行女友到京都，艳宁负责行程安排，熊燕负责餐饮安排。在龙安寺被红叶之绚美弄得近乎啜泣之后，进入龙安寺的汤豆腐店。一客 1500 日元（约合人民币 90 元），一人一锅汤豆腐，里面加了白菜、香菇、蒟蒻。还可以点特色的般若汤（僧人隐语，指的就是酒），我们没点。

京都水质好，大豆好，一般来说这样的地方豆腐就非常好，所以自古以来豆腐料理就是京都的代表性菜肴。突出食材本身滋味的这个理念，是日式料理的基本原则，在豆腐料理中更是贯彻了个彻底。所谓汤豆腐，只用清水加昆布吊汤，不加任何佐料，然后放入豆腐，文火慢煮，边煮边吃。可以就这样直接吃豆腐，也可以在蘸碟里裹一裹再吃。蘸碟一般是日式甜酱油，加入葱花、萝卜泥、柚子泥。那次的龙安寺汤豆腐，记忆深刻。我盯着豆腐看，然后慢慢地仔细地吃。雪白的豆腐凝脂如玉，口感非常纯正，无法描述，就是豆腐本尊。

那次的龙安寺汤豆腐于我来说，成为了一种具有形式感的就餐体验。餐前，得穿过龙安寺庭院的密林，初冬时节，红叶缤纷。我想起了我熟读的《源氏物语》第七回“红叶贺”的“青海波之舞”的那段文字。

“高高的红叶林荫下，四十名乐人绕成圆阵。嘹亮的笛声响彻云霄，美不可言。和着松风之声，宛如深山中狂飙的咆哮。红叶缤纷，随风飞舞。《青海波》舞人源氏中将的辉煌姿态出现于其间，美丽之极，令人惊恐！插在源氏中将冠上的红叶，尽行散落了，仿佛是比不过源氏中将的美貌而退避三舍的。左大将便在御前庭中采些菊花，替他插在冠上。其时日色渐暮，天公仿佛体会人意，洒下一阵极细的微雨来。源氏中将的秀丽的姿态中，添了经霜增艳的各色菊花的美饰，今天大显身手，于舞罢退出时重又折回，另演新姿，使观者感动得不寒而栗，几疑此非人世间现象。”（丰子恺译本）

在龙安寺的林子里，在辉煌且柔和的冬日阳光中，大片的红叶和黄叶，还有些许的绿叶，各自发出玉润的光芒，交织缠绕，静默迫人。偶尔有风，红叶随之飘飞，翩然落下。我抬头仰望良久。绚丽如彼，璀璨如此，令人晕眩欲泣。

走过这样的一个“参道”，唯有清白原味的豆腐，才能把辉煌的视觉记忆通过简素的味觉体验做一个平衡吧。

2016 年之后，我又去过几次京都。汤豆腐又吃过几次，其中包括东山南禅寺旁边著名的“顺正豆腐”。后面的滋味就正常多了，边吃边和同伴们探讨京都豆腐和成都豆花各自的特点。有过之前参见“本尊”的经历，于是，京都豆腐也撤退下来，回到它应有的家常位置上去了。

云南夜宵摊吃豆腐的浪漫

神婆

吃过云南烧烤后，我突然良心发现，不敢说夜宵摊 low 了。见云南夜里火塘里的豆腐，我仿佛遇见那种不被修剪的自由。一吃起来，心里那头山林里的兽，在青草香和虫鸣声中睁开眼睛，感到自己在烟火中活着。

我跟大多数人一样，城市里的白天，过得太紧了。

多数云南人夜宵一定是烧烤，云南随处是火塘。几百万人孤芳自赏的地方，你我在泥石流般匆忙时间的夹缝里探出头来，赏花、赏月，赏自己一口气。同僚、玩伴与闺蜜们，从不同的写字楼抑或是别的笼子里出来，某个小胡同拿一个塑料板凳围着坐下来，闻着“老地方”的镬气，吃串烤肉。五花八门的高级蘑菇、豆腐、水瓜，一般是正襟危坐的晚餐，夜宵时间边角料才是鲜透的宝。

烧烤的大爷手持一根香烟，手边一瓶啤酒，飒爽地站在那里烧烤。人潮人海中，有你有我，仍然带着稳定的节奏感。我的第一感觉是，好吃。

小肉串的摊子里，云南昭通已经成了夜空中最亮的星。在滇东北，在云、贵、川三省接合处。做肉串的 90% 都是回族，壮肉和精肉是分开烤的，这是对牛鲜美生命的敬意。

辣可以挡，香是不可抵挡的。烧烤中美拉德反应后的神奇焦香，是人类从山顶洞人开始的口腹欲望之源。那种带着热腾腾致意的火燎味，用不可名状的吸引力把所有午夜的精神都收拢来，男人们吹着约会的牛逼，女人们骂着男人，半真半假间再借由一杯四川白酒，再摊出去。这之中，当然少不了吃豆腐！

因精细而得名的云南建水烧烤桌上，养生朋克们就多了杯山茶水，那是一种叫东紫苏的凉茶，听说不但开胃，还能降火。那里的汽锅鸡也有名，正宗的云南汽锅鸡，鸡一定要用阉割过的武定雌性壮鸡，器皿要用建水的紫陶不可，因为铁锅熬汤发腥，铜锅保温能力不够。汪曾祺写过不少昆明美食的文字：汽锅是建水的，壮鸡是武定的，火腿是宣威的，乳饼是路南的，乳扇是大理的。但在烧烤摊上叫这么讲究的东西是要遭白眼的。

但烧烤摊上的跑龙套主角也从不示弱。建水在滇南，那种豆腐，在云南是比西施家的还有名的。建水的好餐馆，等位时老板们总会用建水豆腐做免费“开胃菜”，考虑到上菜即食温度的苛刻要求，还得支个豆腐摊子现烤。

建水包浆豆腐在清代就享有盛名，工艺源自离建水很近的石屏，四方大块的石屏豆腐炙烤后也是外表火辣、内心温柔的极品。那里从明代开始，以古城里方圆 0.75 平方公里内的天然地下水作为凝固剂。古书记载，中国的围炉烧烤文化也来自明朝。

我更偏爱建水包浆豆腐，那须由西门大板井的清甜井水做，而且烧烤后比石屏的外壳更焦脆，内部又幼嫩如奶油夹心。将栗炭放入火盆烧燃，架上铁条网架，架热后抹上菜油，摆上豆腐，边烘边翻动。随着炉火冉冉，其貌不扬的包浆豆腐开始膨胀变身，方正的棱角软润优美起来，袒露金色的傲人身材。老饕会眼疾手快地把瞬间挺立的包浆豆腐码到远离炉火的边缘，用余温稳住呼呼热气，煽动着吃心一片片。

豆腐制作只用大而圆的白皮黄豆，只能用手工，做成麻将见方的小块，把豆腐块整齐堆放在筛子里，用洁白的纱布和土布包裹严实，放在通风地带，如果是冷天的话还得盖上新鲜稻草，天热则盖上纱网。包浆豆腐在正常制豆腐程序中要经过“捂”的工序，就是稍高温度下的快速发酵，所以细品有妙不可言的臭味，微生物的友情加入增加了味觉复杂度。2到4天的黄金时间中，老师傅要随时关注变化，生了就酸硬，过了就太软，烤制时候内外都要软硬得宜。

包浆豆腐要趁热一分为二，蘸潮料或干料。云南美食家胡乱老师告诉我，这云南几乎每个烧烤店都必备的独特蘸料文化就是从烧豆腐开始的，老饕喜欢干的，年轻人大部分喜欢潮的。

每家烧烤摊都有干潮大法的武林秘技。典型潮料里有卤腐汁（腐乳汁），小米辣，鱼腥草，甜、咸酱油，花椒油，香菜，薄荷，糊辣子兑成汁，特别的会加百香果。干料比较像印度的咖喱，各种香料杂陈，花椒盐与辣子面不可少。我遇到最特别的蘸水是把一头牛杀了，胃里面还没消化的那些草药类的掏出来，放在碗里面，掺上香料籽，当芝麻使用，香气低调又宜人。

很早以前还没有电灯，水火油就是煤油灯，有照明才有夜里烧烤。滇南白天奇热无比，晚上才可以坐下来。找到照明灯具就是烧烤的起点，深夜烧烤之美是随着水火油进来中国的，就在云南红河。

云南烧烤摊是一场场致敬茹毛饮血后初尝熟食的狂欢，带着人类的原始渴望，萌发对自然物产的欣赏与感恩。这确凿就是浪漫了。

泥鳅钻豆腐

王祖民

那还是插队下农村时的事儿。

20 世纪 60 年代末 70 年代初，我在南通市海门农场插场做赤脚医生。场里的一位老人，患有肝炎病。当年没什么吃的，营养不良，极易得肝炎病。他的孩子都在外地打工，没法照顾他。20 世纪 70 年代，农村医疗条件很差，赤脚医生也基本上只用中草药、针灸等治病。

看着老人很痛苦的样子，我作为赤脚医生，得想法子给他治治。我找到一个偏方——活泥鳅和豆腐在一起吃有作用。我一看这可以试试，一来不花什么钱，二来当年的河沟里泥鳅有的是，豆腐更是不值钱，好多人家都自己磨的。

那一天，约了几个知青，堵了一小段泥鳅多的水沟，用盆把沟里的水泼了。沟底泥里净是泥鳅、小鱼、小虾什么的。泥鳅放进干净的水里养起来。晚上，大家把小鱼、小虾煮了一大盆，喝酒，吃菜，喝鱼汤。那鱼汤鲜得了不得。后来似乎再也没喝过那么鲜的鱼汤了。

因为要活泥鳅，故用清水把泥鳅养了两天，让它们吐掉泥污，变干净。到做豆腐的那天，弄了几块早上刚做的嫩豆腐，豆腐越大块越好。把豆腐放在大灶上的铁锅里，放上清水，再把泥鳅放进锅里。什么辅料都不放，绝对不能放盐，泥鳅之类活着时一放盐，皮肤上的黏液会被去掉。这个偏方主要是泥鳅体表的黏液与豆腐结合，才会有效果。

这时锅下烧火有讲究，要小火慢慢烧。水温慢慢升高，泥鳅感到烫了，就会往阴凉的地方钻。由于大块豆腐里的温度比锅里的水温低，泥鳅纷纷往豆腐里乱钻乱躲，皮肤上的黏液在乱钻豆腐时，全部和豆腐混合在了一起。

熟了以后，稍稍冷却后就给病人吃。当然因为什么作料都没放，又淡又腥。为了治病，病人还是吃得下的。一是作药吃的，二是当年根本没荤菜吃，算是补营养了。这两样东西都是农村不稀罕的物品，容易弄来吃。病人吃了很长一段时间，康复了。

也不知道是不是这偏方起了作用。

这么多年过去了，这个“泥鳅钻豆腐”的故事我还清晰地记得。

生豆腐拌咸蛋

潘城

生豆腐拌咸蛋是一道经典的夏日菜，小时候家家户户无不受用，而现在似乎少有人知。

蝉声一起，奶奶马上做这个菜，因为简单易行，食材廉价，味道好。一块嫩豆腐，一个咸鸭蛋，用筷子夹碎、拌匀，成糊状，下饭、下粥、下酒都好。挑剔的小孩也不拒绝。

在没有超市的年代，整条斜西街连报忠埭的人家吃的豆腐都来自我家门口一棵老槐树下常年早晨停着的一辆三轮车。“四只眼”女人的眼镜片非常厚，精瘦，专卖豆制品。她老公在对面“跷脚老板”那里点一碗羊肉面，坐在边上吃早酒。豆制品利薄，几厘几分的赚头，那时候大家都用分币，后来变成“铅角子”。三轮车消失后，“定个小目标，先赚一个亿”的时代接踵而至。

谈钱就俗，还是谈豆腐。“四只眼”女人不是“豆腐西施”，但是她卖的豆腐质量好，分成老豆腐和嫩豆腐。拌咸蛋当然要买嫩豆腐，而每天豆腐的情况还不一样，要受到老太太们的点评。不久，出现了盒装豆腐。

咸鸭蛋过去得自己做。买来新鲜的灰壳鸭蛋，从酿造厂讨来的封存黄酒坛的“甏头泥”捣成的泥浆最好，加入大量盐，糊在鸭蛋上，一层层码放入坛。但至少我家腌的鸭蛋，蛋黄出不出油，要碰运气。咸鸭蛋最负盛名的自然是江苏高邮的，在没读过汪曾祺以前就听奶奶宣传过。

现在超市里真空包装的咸鸭蛋，个个流油，好比买西瓜，不红不甜的还真买不到。当年可得看运气，拿起咸蛋对光照，看到哪里透明有洞，就对准磕下去。洞浅说明腌制不到位，淡；洞深（有时甚至空了半个）说明腌制过头，咸。为这个腌咸蛋的事，清华大学的刘晓峰教授还专门到嘉兴做田野调查，细细写了篇论文。

饭店里的冷菜常常有生豆腐拌皮蛋：皮蛋捣碎放在切块的豆腐上，淋上鲜酱油，有时还撒上青红的生辣椒圈。这也好吃，不过没有酱油调味就不行。论境界，生豆腐拌咸蛋才是浑然天成，西洋菜大概只有土豆泥或薯泥混合芝士可以略比。咸蛋的咸味以及蛋黄橙色的油汁混入豆腐之中，无需任何辅料，二白合一，从此你中有我、我中有你。又有星星点点的金黄色点缀其间，并宣告，无论多般配，这毕竟是一场新的结合。

豆腐

陆可桐

豆腐对自己的外表一直很自信：白白嫩嫩，方方正正，实在是标致极了。

这天，豆腐走在市场。他左躲右闪，小心不被踩着。突然，前面出现“豆腐区”三个大字，他好奇地走上前去。

一进门，豆腐看见酱豆干和盐豆干这对龙凤胎。

“哥哥！哥哥！”他们热情地招呼他。傲慢的豆腐可不认为他们是自己的弟弟。“去！”他说，“我没这么干巴巴的弟弟！”

豆腐走着走着，遇见了百叶和千张结。“表兄，你啥时候冒出来的呀？”他们问道。“去！我表弟才不会是扁扁的一片，也不会是花里胡哨的蝴蝶结！”

豆腐吼道。

一坨豆腐脑正在碗里躺着休息，看见豆腐连忙打招呼："老弟，来啦？"豆腐说："哼！我的哥哥怎么可能是烂兮兮的一摊！"

这时，旁边杯中的豆浆也声称是他大哥。"拜托！你可是液体！"豆腐皱皱眉头，"看看我，模样多么周正。"

不远处骨碌碌滚来一颗黄色的小豆子，对他叫着:“儿子！你来啦！”豆腐百思不得其解，为什么自己的父亲是一颗小小的黄豆？

忽然，他看见电视上的图像。爸爸黄豆被磨成哥哥豆浆后，用卤水点一下，就成了二哥豆腐脑。二哥包着纱布压一个小时，竟成了豆腐自己。自己包上纱布，再压上一个小时，成了豆干……

豆腐半张着嘴，看得目瞪口呆。兄弟们见他那样子，都笑了。

Be white

胖虎安娜

电影《亲切的金子》结尾处，复仇完毕手刃仇人的金子，做了一块雪白的豆腐状蛋糕送给失而复得的女儿，告诉她："Be white。And live white。"

然后一头扎进豆腐里。她想要的是，用眼泪、豆腐的无瑕和女儿的谅解，洗脱过去10年来漫长的复仇之旅，身上溅的血吧。

复仇成功了，她得到了想要的。后续的修罗场或许是，给原初那个清洁无玷的自己一个交代。

经典支持仁义之前先是正义："以眼还眼，以牙还牙。"以暴制暴是可行的，然而暴力是无法被驯服的。

该是多么幸运的人，才能生活得像一块豆腐：柔嫩，无瑕，洁白，方正，如初生婴儿的皮肤。

可智者不是这样描述世界的。"然因有情数量众多，行为恶暴，学处难行，多无边际经劫无量……"（《广论》）暴力和作恶的链条环环相扣，层层网罗；经历无数恶暴众生，良好意愿的那块嫩豆腐表面太容易、太容易瞬间破溃。

这些典籍探讨了一个问题：身在暴力的世界，人究竟该如何存在？

友人赠我一言：

“如果只是一块豆腐，当然容易破溃。你得是卤水，那样就能源源不断点出豆腐。”

我们需要怎样的精纯猛力才能维持住柔软、赤诚、感知力啊。

我今天也活得不及一块豆腐吧。Be white。And live white。

不吃豆腐也操心

曹亚瑟

早年在深圳弘法寺的素斋馆吃过一餐斋饭，点了几个菜，素鱼、素鸡、素鸭，实际上都是豆制品，豆腐、豆皮之类所制。当然吃饭的我们几个都是俗人，但吃素都要“像”鱼、“像”鸡、“像”鸭，说明我们俗念很深、尘根未净，而这种以模仿荤菜为招徕的素斋模式也未免过于世俗。

豆腐，据说给茹素的和尚们提供了必要的油脂和营养，也给信奉佛教戒杀生的善男信女们提供了一种很好的替代营养品，这倒是其发明人所意想不到的。相传豆腐是淮南王刘安所造，但翻遍《淮南子》一书，未见记载。苏平有诗："传得淮南术最佳，皮肤褪尽见精华。一轮磨上流琼液，百沸汤中滚雪花。瓦缶浸来蟾有影，金刀剖破玉无瑕。个中滋味谁知得，多在僧家与道家。"其后北魏贾思勰的传世农书《齐民要术》里，专门有"大豆"一节，但也没有关于豆腐的记载。所以，豆腐到底是何人发明，还是个悬念。

相传朱熹不吃豆腐，是因为他搞不明白，当初做豆腐时，用豆若干、水若干、杂料若干，用秤一称总重若干，待做成豆腐后，怎么会凭空多出几斤？

老先生是搞理学的，这事儿完全不合道理啊，所以，“格其理而不得，故不食”。

电视纪录片《舌尖上的中国》里形象地展示过，经过水磨过的豆浆煮沸后加入盐卤或石膏，竟然发生了那么奇妙的变化，原来流动的豆浆凝固成为雪白的豆腐，不复是粒状的大豆，而变得绵软可口，可切块可切丝，可油煎可清炖，成为人间罕有的美味。

宋人林洪《山家清供》里记载的“东坡豆腐”，是先用葱油煎，再用研榧子一二十枚，与酱料一起煮制。查东坡文集和诗集，只有“煮豆作乳脂为酥，高烧油烛斟蜜酒”一句差可相仿，但这也不是豆腐，而是煮豆羹。陆游则以此入诗，“拭盘堆连展，洗鬴煮黎祁”，“新春稆秜滑如珠，旋压黎祁软胜酥”，并自注“蜀人名豆腐为黎祁”。元代贾铭《饮食须知》

说豆腐“味甘咸，性寒，多食动气作泻……夏月少食,恐人汗入内”。到明末清初朱彝尊作《食宪鸿秘》,里面冻豆腐、酱油豆腐、煎豆腐、豆腐汤等名目繁多,吃法讲究，显然与现在已经大致不差了。

袁枚《随园食单》里有关豆腐的条目就有十则，其他还有豆腐皮、豆腐丝。印象最深的，莫过于对几款豆腐的描述，一款是程立万豆腐：乾隆廿三年，袁枚与金农在扬州程立万家吃煎豆腐，谓之精绝无双。“其腐两面黄干，无丝毫卤汁，微有车螯鲜味，然盘中并无车螯及他杂物也。次日告查宣门，查曰：‘我能之！我当特请。’已而，同杭堇浦同食于查家，则上箸大笑：乃纯是鸡、雀脑为之，并非真豆腐，肥腻难耐矣。其费十倍于程，而味远不及也。”

再一款是蒋侍郎豆腐。《随园诗话》里有一条记载："蒋戟门观察招饮，珍羞罗列，忽问余：'曾吃我手制豆腐乎？'曰：'未也。'公即着犊鼻裙，亲赴厨下，良久擎出，果一切盘飧尽废。因求公赐烹饪法，公命向上三揖。如其言，始口授方。归家试作，宾客咸夸矣。"在《随园食单》中记录了蒋侍郎豆腐的做法："豆腐两面去皮，每块切成十六片，晾干，用猪油熬，清烟起才下豆腐，略洒盐花一撮，翻身后，用好甜酒一茶杯，大虾米一百二十个；如无大虾米，用小虾米三百个；先将虾米滚泡一个时辰，秋油一小杯，再滚一回，加糖一撮，再滚一回，用细葱半寸许长，一百二十段，缓缓起锅。"

这秘诀一公布，震煞布衣百姓：原来豆腐好吃的秘诀就在于把一百二十个大虾米的精华吸收入豆腐中。百姓若有这一百二十个大虾米，绝对不会再去吃豆腐了。还有一款“杨中丞豆腐”的秘诀也是要把鸡汤和鳆鱼的味道浸入豆腐中；另一款“王太守八宝豆腐”则是要用香蕈屑、蘑菇屑、松子仁屑、瓜子仁屑、鸡屑、火腿屑，同豆腐一起在浓鸡汁中煨制。那些鸡鱼虾屑的精华和鲜味被豆腐吸收后，是要被丢掉的，相当于“药渣”。你想，这么多美味食材如彩云追月般烘托着豆腐，那豆腐能不好吃么？

所以，经过精心烹饪的豆腐是不会让你吃出豆腐味的，就像《红楼梦》的“茄鲞”根本就吃不出是茄子一样。梁章钜在《归田琐记》中记述他与几个高官同饮于大明湖之薛荔馆，“食半，忽各进一小碟，每碟二方块，食之，极佳，众皆愕然，不辨为何物。理亭曰：‘此豆腐耳。’方拟于饤饾会，次第仿其法，而余旋升任以去，匆匆忘之。此后此味则遂如《广陵散》，杳不可追矣”。

磨豆腐的两个条件，一是有好水，一是有好磨。最好的水是山泉，明代高濂在《遵生八笺》中说“山厚者泉厚，山奇者泉奇，山清者泉清，山幽者泉幽，皆佳品也”。明代李日华在《篷栊夜话》中说用歙州的石磨才能做出最好的豆腐，因为歙州出砚台，其磨臼与砚台同质，所以磨出的豆浆很细，做出的豆腐才细嫩好吃。

老年人牙齿松坏，豆腐是最适宜的食品。清人宋牧仲《筠廊随笔》记载，康熙皇帝吝惜老臣，南巡至苏州，专门向巡抚宋荦颁赐食品，并传旨说：“朕有日用豆腐一品，与寻常不同，因巡抚是有年纪的人，可令御厨太监传授与巡抚厨子，为后半世受用。”据说，此或与前面记述的“王太守八宝豆腐”配方相仿，断不是百姓能吃得的。

而“吃豆腐”现今已错讹成一种说法，尤专指占女人的便宜。不知何故，或由女人的肌肤软嫩似豆腐而来，或由卖豆腐的“豆腐西施”而来？

我们下酒时常吃的以“一清二白”著称的小葱拌豆腐，魅力经久不衰。这不仅是指颜色爽目，亦是指味道清爽，以此明志，教人做“一清二白”之人。

四川的车辐老先生在《川菜杂谈》一书中就念念不忘成都北门外陈麻婆老店里掌勺的薛祥顺师傅，他做的麻婆豆腐那才叫正宗：先将清油倒入锅内煎熟（不是熟透），然后下牛肉，待到干烂酥时，下豆豉，放入辣椒面；再把豆腐摊在手上切成方块，倒入热气腾腾的炒锅内铲匀，掺少许汤水，最后用那个油浸气熏的竹编锅盖盖着，在岚炭烈火下督熟后，揭开锅盖铲几下就出锅，一份四远驰名的麻婆豆腐就端上桌子了。

这个“督”，原写作“火”加“督”，字典里都没有，是四川菜一种独特的烹饪手法。所谓“软督”，据说是源自烹饪时“咕嘟咕嘟”的声音，现在的大师傅只会说“软烧”二字，“督”字快失传了。但古人所说的烧豆腐最忌者二事，是“用铜铁刀切及合锅盖烹”，上面的例子中用竹编锅盖可能就是一种折中，因为半透气也；但不用铜铁刀，恐怕是没几个人遵守了。

由豆腐还衍生出两种产品，亦为人所好，一是豆腐脑，一是臭豆腐。豆腐脑就是加工豆腐时掌握好分寸，使之处于半凝固状态，就像煎鸡蛋时蛋黄处于半流动状态一样；而臭豆腐则是以合适的温度、湿度使豆腐长毛产生霉菌，这种表面臭臭的豆腐实则饱含各种益生菌。街头多炸臭豆腐的小摊，把颜色灰绿的臭豆腐炸至金黄，蘸着麻辣酱或芝麻酱等佐料，据说极美，但我对这东西实在是过敏。所谓“闻着臭吃着香”，恶者极恶，闻之要躲八丈远；好者极好，过一阵没吃就要千方百计寻来大快朵颐。

豆腐最能治中国人的乡愁、思乡病。褚人获在《坚瓠集》里说豆腐“水土不服，食之则愈”；先贤瞿秋白在就义前写的《多余的话》中说“中国的豆腐也是很好吃的东西，世界第一”，遂使豆腐成为绝唱。不知远在海外的华人，勾起乡愁时所啖的豆腐产自何方？

豆腐，豆腐

张佳玮

无锡人擅做豆腐。我小时候爸妈爱把各行业分类，譬如卖手表的必来自上海，卖生姜的常是山东人，卖扇子的苏州人居多。说起豆腐，就大方承认是无锡人自己。菜市场木板上一方方摆满豆腐的摊位之后，一张口都是当地话，交流既捷，手脚又麻利。

豆腐端方白净温淡，有古君子之风，便宜，又很适合读书人清寒素节的调子。反正豆腐是穷读书人和平头百姓的挚爱，从品格到味道都很符合。

做人如果像豆腐，平淡无害，但容易挨欺负，是叫天不应叫地不灵的可怜君子；做食材像豆腐，就妙得多。

本来，要吃下肚的东西，还讲啥人权？重要的是好收拾好调理。豆腐、米饭、面一样，一张白纸，任君调弄。冰火交加、甜辣俱下，也只有豆腐百变千幻地好把弄。

我爷爷曾经找了块不那么嫩的豆腐，往上撒盐，然后使筷子拌；拌完了，我们刚想举筷子，他叫停，“要等一等”。等什么呢？道理他也说不清。但等了会儿吃，盐跟豆腐渗融了，也让豆腐脱水了，吃起来别有味道，格外下饭。

哪家奢侈一点儿，把皮蛋切了，拌嫩豆腐，下一点酱油和麻油，算得席上珍品了。

北豆腐经得起煎熬。将北豆腐放平底锅里，少加油煎，成了虎皮就行。

虎皮豆腐再随便下点葱姜盐炝个锅，烧一烧，怎么都好吃。干蘸酱，也好吃。再加点肉末，可以上酒席了！

麻婆豆腐是重味配豆腐的神品之作。据考证是同治中才有此物，下锅辣椒粉、出锅花椒粉，外加小叶蒜苗，据说最初创此菜的陈老师的目的，在于味重麻辣，好让吃饭的挑夫多下几碗饭吃。

以我所见，麻婆豆腐麻辣烫香，重味云集，也只有豆腐温白亲切，可以承当这些。大概其他热菜以豆腐为主料的，都是这个路数：对着白净温柔的豆腐一通浓妆，化得她云山雾罩认不出来。一落口，重重麻辣交织，才发现：咦？这么香辣撩人的妖媚外表下，藏着这么个温柔内心哩！

豆腐好调弄，不只是可以坐着挨无数飞流直下的重味不动声色，还在于被四处拉郎配，乖乖儿任君把弄。

客家菜里酿豆腐，把豆腐搅完了去包丸子，这干戈不算大。豆腐味道上确实淡，但质地变化之华丽，真是上穷碧落下黄泉。

老一点的是老豆腐，《骆驼祥子》里有精彩的描述：祥子从城外逃回，九死一生，却被一碗老豆腐治愈了。醋、酱油、花椒油、韭菜末，热豆腐一烫，加辣椒油，豆腐烫得蒜、韭菜末都有香味了，再加了辣，让他身上烫出一条路来，吃出一身汗——所谓幸福，就是吃出一身汗。

嫩一点是豆腐脑，江南有地方叫豆腐花。我小时候的吃法，豆花配榨菜、木耳、虾皮、酱、香菜末，拿来当早餐喝。

我小时候，家长带孩子去菜市场，总把孩子扔在豆腐花铺上，"你在这里吃一碗"，自己去逛菜市场。买完菜回来，付了账，跟老板道声谢谢，带着小孩回家去。那会儿，豆腐花是顿好点心；如果再配个烧饼或萝卜丝饼，可以顶一顿饭了。

后来入了川，看见那里的豆花鸡，惊觉豆花还能这么固态？四川重庆的豆花本身浓香，另配酱碟；豆花饭，蹄花汤。棒棒军许多都吃这个。

豆腐到豆腐脑这一线，嫩基本已到极限，再要柔化就只好变豆浆了。可是往固态方向，还有变招。

江南人把豆腐一压一炸，就是生腐。徽菜里也见过，配蘑菇一类山珍红烧，口感佳妙，素斋桌上常见。

豆腐脱水，就是豆腐干。淮扬之地历史上，有所谓茶干。我猜测是因为近代安徽扬州商人们，茶局颇多，需要聊天谈生意，喝茶，吃茶干。

茶干是豆腐干与其他卤料一起熬的，入味，耐嚼，可以慢慢吃。

豆腐干切丝，是所谓干丝。在无锡和苏州，馄饨汤如果寡淡，不好看，就下干丝或紫菜。下干丝的店都比较老，也显得肯下功夫。烫干丝，茶馆里也供应：是干丝用热水烫过，加三合油——酱油、麻油、高醋，是为三合油。煮干丝就华丽了：干丝、火腿、干贝，但太奢靡，而且以贵配贱，总觉得不太合适。

日本人爱吃豆腐的时间也挺久了。现在日本的冷奴豆腐，做法也简单。嫩豆腐控干水分，待凉，放葱花和木鱼花，倒日本酱油在上头。冷奴豆腐配冷清酒，会让人吃着，忍不住牙缝里“咝咝”出声。

江户时期，有本食谱叫《豆腐百珍》，里面有几道很有趣，也不麻烦，我喜欢的两个家常版：

一个是酥豆腐。豆腐磨碎，拌了鸡蛋，煎一煎，用汤头（古法是昆布和木鱼花）煮一下,加酱油出锅。其实就是鸡蛋豆腐。

一个是八杯豆腐。六杯水，一杯酱油，一杯味霖，煮豆腐。煮完了，下萝卜泥和海苔碎吃——这个做起来，简直不用动脑子，味道也凑合。蘸了葱叶可以吃。只是那时候日本人食材少，这些很难凑齐。

当然也有复杂的。有所谓“半片豆腐”，是将芋头磨成泥，豆腐过筛子，糅在一起，蒸透，等于芋

勾芡;出锅时撒葱花。这些调味料,到处都买得到的。

豆腐就是这么好脾气，有时就跟爸妈似的，温和平淡但泽被苍生，你常以为自己躲开了，一回头才发现一辈子都在吃这东西。

南北豆腐

梵七七

海外旅行时特别馋豆腐，接连几个月的咖喱奶豆腐，吃倒了我的胃口，却在当地一间中国寺院的斋堂里，被梅干菜炖腐竹养回了精气神，勾出思乡的眼泪滚滚。洋人所谓“奶豆腐”，徒有其表，其实完全是奶制品；越吃越香的炸臭豆腐，更是让他们退避三舍，连呼可怕。

据说，这种美妙而古老的食材，起初还是道家炼丹的副产品。白色的方块（豆腐）、咖啡色的扁块（豆干）、鹅黄色的蝉翼（豆腐皮）、乳白的纸（千张），丝滑的奶浆（豆浆），在此基础上，变化出万千美食。

所以外国朋友时常感叹中餐的艺术，介乎“似”与“非”之间：把一种食材做得像另一种食材，或者，把一种食材做得完全看不出来是什么做的。豆腐正是承前启后的一个典型，无论大江南北，选择它来作为中国食材的代表，想来是没有异议的。

黄豆加水磨成浆，用盐卤或石膏去“点”，产生奇妙的化学反应，放入木模，隔着纱布，用重物耐心地挤压多余的水分，“老”与“嫩”，取决于含水量的多寡。从豆到豆腐，看似简单，其实很费功夫，如今豆腐厂批量生产，价廉物美，少有人自己去做。

北方冰天雪地的房顶上，一字排开的老豆腐，冻成白玉砖似的硬；滑入火锅中，又是海绵状疏松带孔的软；轻咬一口，埋伏其中滚烫的汤汁，就像年关一阵密似一阵的鞭炮声，叫人胆战心惊。祖辈的叮嘱不知不觉成了一句谚语："心急吃不了热豆腐。"

南方豆腐更是花样无穷。绍兴人爱吃的豆腐皮，是豆浆沸腾之后，凝结在表面的一层膜衣，用竹签轻挑出水晾干，厚的切丝和黄瓜凉拌，清爽；薄的下在米线汤中，丝滑。或是割成方块，包裹肉末野菜，用一根葱系住，制成石榴的模样，热油炸得酥脆，鲜美令人难忘——杭州的"炸响铃"也是此类。

僧道不食荤腥，更将豆腐的"仿真"推向神形皆备的高度。豆腐皮叠压红烧切块，形似鹅腿上最丰腴的部位，名为"素烧鹅"；油豆腐在酱汤中淬炼成深咖色，咸中带甜，名为“素牛肉”或“素小肠”。最绝的当属武当厨人的“东坡肉”：瘦肉（面筋与豆腐泥），肥脂（魔芋豆腐），猪皮（豆腐皮）蒸制成形，浇上秘制酱汁，口感和肉没什么两样。

扬州三把刀天下闻名，最出名的刀工，要拿“文思豆腐”来试练。一块含水量可达90%的南豆腐，吹弹可破，却靠舞动大拙似巧的扬州厨刀，削去老皮，切成千根细丝，沸水里焯过，依然缕缕分明，不碎不烂，犹如一颗全神贯注的禅心。这道菜由扬州天宁寺的文思和尚首创，却成为世俗的世界里，厨人进阶的一项修行。

千年以来，东方农耕民族磨豆吃豆腐，本是补充动物蛋白匮乏的一种生存智慧。一粒黄豆的衍生百态，像极了“道生一，一生二，二生三，三生万物”

的境界，足以令西方人叹为观止。读懂豆腐，或许就能读懂经世致用、身心清净、道法自然的中国哲学。

豆腐记

王语咒

（一）

福建多山，闽西更是。这从地名可以看出——不是带“凹”就是带“岭”，再不就是什么坑，什么坪。我家住科里村，附近是大山凹、湖洋凹、阿屎凹，如此看来，“科里”这个地名简直太有文化。科里村村民历来爱吃素、吃野（野果、野菜）、吃粗（粗粮）、吃杂（杂食、内脏），大抵因为山穷水恶，也没别的可吃，能填饱肚子的都不可辜负。

豆腐是素食里的宠儿。先时，三两条豆腐搭上一块猪肉就足够撑起招待客人的排面。哪怕拜佛祭祖，焯水猪肉旁也得放一条油豆腐。此处仙佛入乡随俗，吃得了荤腥，也对豆腐情有独钟。才溪镇人吃豆腐出名，也使这儿的豆腐比别处金贵。若说吃豆腐的讲究，没人比他们挑剔。在他们看来，好的豆腐煮不烂还得吃起来嫩。若是好豆腐，刚炸出来，冒着酥香，撒点盐，抹点酱油，加点香葱就可以破开当饭吃。

说起做豆腐，我们家有极大的话语权。祖父、父亲、二叔都以做豆腐为生。到如今，父亲吃这碗饭，已近二十年。

撑船、打铁、卖豆腐是人世间三苦。古时做豆腐得三更睡五更起,干驴的活,得糊口的钱。按理说,做这买卖得膀大腰粗,但父亲没这形象。他生得瘦削,细竹竿样,看过去身上没几斤肉。年轻时他做裁缝,长得俊秀,不受日晒的苦,皮肤光白。连母亲也说,嫁给他就图他好看些。

从老照片上看,父亲颧骨高,眼窝深,一张钻石脸,煞是帅气。这样一副好皮囊,拿来做豆腐似乎浪费了。大抵他也觉得如此。刚开始做这生意时,他脸皮儿薄,没好意思张口吆喝,老躲母亲后头。母亲生得粗壮,力气大得吓人,一袋百来斤的大豆,抓起来就扛肩上走。生完我后,她越发粗壮,肚皮再没小下去,体重开始突飞猛进,最终将父亲给远远甩开了。母亲胆子肥,又能拉话,谁见着都觉得亲近，还常有人拿油炸糕、米果、包饺赠她。母亲挑着豆腐一户一户串门，一脚一脚才算把生意做开。到如今，许多老顾客只认得胖阿姨，认不得父亲。

父亲做的是酸浆豆腐，比起盐卤豆腐和石膏豆腐来，出花少，产量低，但口感却要好上几个档次。父亲没瞧得起石膏豆腐，说它吃起来硬，像是啃石头。墟市上，来人若问起卖的是什么豆腐，他准要提高半个分贝说：酸浆豆腐！说这话，他身子直，气量足，像是农奴翻身做主人。

父亲做豆腐，爱较真，一会说水太多了，一会又说水太少了，总有一处不顺心。豆腐这东西难伺候，水没烧开，烫不了浆；酸浆放多了，口感差也不利于保存；酸浆放少了，没法出花；就是豆腐布的新旧也会影响到豆腐的成形。父亲心急，又追求完美，嘴巴还不肯饶人。哪怕年前过来帮忙的舅妈，做错什么，他也劈头盖脸，常弄得别人哭丧着脸回去。帮父亲干活，极考验心理素质。他也不说脏话，但只三言两句便让人觉得犯了天大的错。在他眼中，豆腐极宝贵，是金钏子玉镯子。我和姐只恨都是他亲生的，脱不开，倒常劝我妈：回旧县去吧。妈只笑：我要是回去，你们吃啥。

父亲做豆腐比别人挑剔。豆腐做好了，常常先自己煮来吃几块。一边吃一边盯着我们看，问：好吃不？我和姐在吃豆腐这件事上颇有成就，或酸、或老、或软、或硬……舌头搭一下就知道，比把脉还准。有时没等豆腐上桌，闻着味儿就能说出个大概。母亲在这方面却显得迟钝：凡是自己家的豆腐，都好吃；别人家的豆腐则不一定。

若是去做客，桌上有豆腐，父亲便会夹两块起来，品评一番。他话不多，说两嘴就过，若是好吃，他也夸赞一番；若是不好吃，他话更少。只回来后，像聊新鲜似的和我们讲。

做豆腐这门手艺难学，是个经验活。手法、火候、水温、时机、材料，但凡有点差异，做出来的豆腐就会不同。哪怕母亲跟着做了近二十年，也没学到家，只能打打副手。祖父、父亲、二叔都做酸浆豆腐，但做出来的也一人一个样。祖父的豆腐好吃但老些，二叔的厚实但烟熏味重，唯独父亲的，软硬适中，有口皆碑。有时，父亲从二叔那儿回来，眼睛弯着，窃笑说："隔老远都嗅得着烟熏味儿。"

父亲没瞧得起二叔做的豆腐，总能挑出毛病来。他们两人的摊位紧挨着，难免要发生口角。二叔是个慢性子，做豆腐不徐不疾，操作也没那么讲究，似乎怎么都可以。也因此，他杀火常常不够及时，豆腐花在锅里窝久了，出花是多但烟熏味自然大。父亲却是个急性子，他做豆腐像是上战场，错不得一分一毫。滚浆或者杀火时，就算到了饭点，他也要守在灶前。年前，豆腐做得多，他睡得少，脸上煞气重，常对我和姐说：打屁的工夫都没！

为做豆腐，父亲常不让自己吃饱，理由是吃饱了肚子撑，容易反胃。做豆腐时，他吃小半碗就走。母亲则不然，得去缸里倒些米酒，再弄些零食下菜。母亲酒量向来不错，两三壶米酒醉不倒她。父亲却滴酒不沾，别人常说和他交往少点意思。父亲也不管，他这一辈子只把豆腐做好、把钱守好便是心满意足。他说话常把亲近的人给惹毛，话都不重，闲时，张口闭口钱、扎实干活，忙时，则火急火燎的，好像别人挡着了他的道。若是和他一桌吃饭，他便摆出上政治课的架势，古往今来地说开了去。去年，母亲摔伤，巴掌大的肉被竹片割开耷拉在小腿上，上头全是肉屑子。他见了只和母亲说："坏了啊，什么家财都要被你败光了。"母亲说他嘴硬、心硬，但她大抵也是如此。

做豆腐极讲究水质。我们家的豆腐比别家的好吃，有一大半功劳得归水质。家里的水，从高山上引来，清冽、洁净，经过几层过滤之后，才到家中水池。光是建水池，就耗了父亲不少工夫。山上只一条小路，砖头、水泥都是挑上去的。父亲一辈子勤俭，抓上我，一脚一脚地把水池建好，将水管埋严实。到冬天，水量小，做年豆腐时还得到别处引。

引水处常常是豆腐铺旁边的山窝，不过出水口地势低，得用抽水机抽。此处的水，与别处不同，冬暖夏凉，喝起来带着甜味，颇合他心意。

火候也是极讲究的。父亲做豆腐至今还用木柴烧火。他嫌用电做出来的豆腐不好吃。它热得慢，温度却降得快，不像柴火，鼓风机一吹，一下子就把水给热开了。把柴和木炭撤掉，没了热源就不会把豆花给烧老。但灶头没半个小时降不了温，锅坊里的豆腐就得让这余温煨着，点出来的豆腐才多。但烧柴却使整个豆腐铺子发烫，哪怕大冬天，也只能着一件汗衫。若是夏天，水汽又重，在豆腐铺子里待着，便只觉得整个人正被汗蒸着。

镇上的豆腐的就属父亲卖得多，一天八九板，逢墟市时，一天卖十板。早些年，豆腐用摩托车载。

车尾装一个架子，因为被豆腐水泡过，摩托车尾部积着一层污垢，怪恶心人。豆腐放上去后还得用木棍撑着才不至于倒下。若我在家，便在旁边帮他扶着。放上去后，豆腐水就顺势下流。平常是母亲同去，母亲和豆腐板之间只隔着一片蛇皮袋，到墟市时，裤脚、后背常常濡湿。豆腐水酸性大，碰多了皮肤容易腐蚀、开裂。母亲也因此落下点毛病。她常在我面前掀开裤腿，往下一按，说道："建古仔，你看。"她按完之后，得过很久，凹下去的肉，才会恢复原状。

母亲体重常年保持在一百五六，豆腐也有四五百斤，就这么个摩托车，摇摇晃晃地往镇上跑，好像一不小心就得翻倒。若是遇上大雨天，更是麻烦，雨雾中，那摩托车在群山之间摇摆，像是漂在急流上的小破船。

到2012年，父亲买了辆长安牌小汽车，有后斗，载豆腐方便。买了车，父亲更加得意。一遍一遍地和我说有了车之后多么多么好，完了还问我："你说呢？"我常把他晾在一边，不回答，心里不以为然，想着，这东西有啥好骄傲的。我背后管那辆车叫做四脚鸡。它用的时间也长了，坐垫上全是污垢，钻进去只让人怀疑会不会把裤子弄脏。父亲有了车之后，常常载老乡往返墟市，从不收钱，就图村里人说他能——科里村买车的人不多。

前年过年回家，我从县城下了高速，夜深了，没有班车回科里村，让父亲来接。父亲载着母亲一块下县城。回程时车行到一半，发出怪声，声音越来越大。父亲开了双闪，将车停在高速公路边上。我和母亲也下了车。父亲满头汗，检查这，检查那；

母亲则在一旁说风凉话，怪他往日里开车从不加水。母亲早先把副驾的门给弄坏了，后来又把副驾的安全带给扯成了摆设。我又想起她对待父亲洗车的态度——破开嗓子，嘲讽父亲找不着事干。那一刻，我感觉到，母亲和我一样，都希望这四脚鸡赶紧坏掉——我们可不希望身边有只高傲的公鸡。夜凉透了，星空下的高速公路直直地向两头扎去，暗影将父亲重重包围，我和母亲平静得像是看戏的。拖车过了一个多小时才赶过来，把那四脚鸡拉到了最近的修车店。一路上，父亲嘟囔着："过年豆腐呐，总得让大家吃上！"

父亲对四脚鸡很是珍视，虽然它换过发动机之后就没那么灵巧了，里头的音响也坏了，再也放不了卓依婷的歌；现在，就连空调也罢了工；后座坐垫上还有个大孔，被什么人挖来挖去，越来越大。但父亲时不时地还带它去保养。大年三十，看着他自己拿一根水管在车上射来射去。我和他说干脆再买一辆。他拍了拍车子，说:“我这车还能再开好几年呢。”

（二）

母亲很早便带我去卖豆腐。五六岁时跟她走家串户,也不知道哪儿来的脚力,竟能跟一天。更早些，家里还没做豆腐。父亲在广东打工，回到家时常常是半夜。一醒来，旁边多个男人，胡茬往我脸上蹭，推都推不开。他两三年没赚到钱，据说有一年好不容易赚了些，钱包在汽车站被人给顺走了。没处寻活路，他留在家中，学祖父的手艺。祖父常年往广东跑，用母亲的话说是:“一有半点钱，他俩公婆跳上车便溜到广东。”好像祖父到广东是去花天酒地而不是挣钱。祖父年轻时欠下的账，到去世前几年才算还清。他买大豆的钱也经常靠赊，没办法时，祖母腆着脸去求人家。贫穷，在他们那一代人中，留下不可磨灭的记忆。而我记得的，大部分是被锁在房间的片段。到父亲做豆腐时，双脚才算解放了。

七八岁时，我们家的豆腐开始在墟市定点卖，父亲母亲各一头。才溪镇于我像个大城市，一眼望去的不是山，不是雾，更不是土墙头。镇上孩子多，我在摊子上看他们跑过来，跑过去，没敢离开母亲的视线。母亲将一个大钱包挂我脖子上。钱包黑不溜秋，上头是刮也刮不掉的污垢。她手一伸过来，蜕了皮的布面又得添加一层油垢。她不厌其烦地和我说：“白豆腐 5 毛钱一块，油豆腐 7 毛钱一块。建古仔，你记着没？”

我点着头说:“记着了。”

没顾客时她开始考我:“买了两块白豆腐和一块油豆腐，得多少钱？”

“一块七啊。”

她接着又问:“那如果他给了五块钱,你要找多少？”

我顿了顿:“三块三啊。”

终于，她觉得放心了，拿一个白色塑料袋，装了不少零钱交给我，安排我到父亲摊子上去。父亲则骑着摩托车走人家。父亲摊子旁是卖猪肉的，对面则是卖蔬菜水产的。没什么人来买豆腐，所以我常常一上午都在数对面杀了多少条鱼，或者在算有多少人买了猪肉。卖猪肉的油光满面，顶着个大肚皮，又胖又壮。我想大概肥肉卖不出去，把猪油当成汤来喝造成的。他们嗓门大，爱开玩笑，常常说些荤话逗人。我有时也应两句，更多的时候当没听见。我守着豆腐摊子不挪步，好像孙猴子在那儿画了一个圈，出去了就不安全。

大概因为人小，也不像做生意的，没人愿意到我那儿买。所以大半天也卖不出一板（32 块）。母亲说做生意的，最重要的就是笑脸迎人。于是我见着个人就嘴角上扬，眼睛眯着，很认真地笑一阵。但并没有效果，生意还是一般烂。当然，有时撞了大运，可以卖掉两板。卖完后收拾好豆腐架子，拿着板和豆腐布跑到母亲的摊位。母亲见着了便会笑呵呵地说："建古仔，还厉害。"这种表扬大多数时候没多少含金量，是她惯用的伎俩，但凡需要小孩儿干活，就会拿出来用一用。有时候，演得尴尬，她自己也会笑一阵。但当时我也笑呵呵的，在心里对自己说：

“建古仔，还厉害。”

时间越往后走，父母卖豆腐这一件事便成了身上的负担——同学们开始以将它当做一件笑料。而我也打心底里对卖豆腐产生抗拒，只是这种抗拒被父母解读成了懒惰或者胆小。我坐在豆腐摊上，如坐针毡，时刻关注是否有同学在附近出现。若发现他们，便低下头或者别过脸。但，似乎班上所有同学都知道我在哪儿卖豆腐，老远见着了就跑过来问：“嘿，你在卖豆腐？”

“嗯，是……是吧。”接下来，我会很小声地问：“是要……买豆腐吗？”

绝大多数人都会回道：“哦，我不买，我只是过来看看。”有时候，他们会说：“我得问下大人。”之后他们便消失在人群中，再没回来过。

过传统节日时，卖的豆腐多，一天得做三十板。头天傍晚开始做，休息一阵后，再摸黑爬起来继续干。我得一大早起床，随母亲到墟上卖，姐则留在家中炸豆腐。父亲用摩托车一趟一趟地运着。过节时人多，我们把钱放在红色塑料桶里，我负责找钱，母亲负责起豆腐。早上七八点，人群像潮水般涌到镇上，到了十点钟才陆陆续续地退去。我与母亲手忙脚乱，恨不得有八只手脚。

等人群散去，母亲拿出一张十元钞票给我，让我去买些包子馒头填肚子。买完还剩下五六块，母亲不向我要，我也不会给她。钱拿来买些小玩意讨堂妹欢喜，或者拿去买麻花。父亲给我做了存钱罐：取一个竹筒，顶端破开一个够塞得下硬币的口子。存钱罐做得精巧，搁米缸里用大米磨过。父亲说等存钱罐塞不下了就用刀给破开。它被放在了楼梯间的油桶上。姐常趁着我不在，带一群人来，把里头的硬币摇出来，拿去买零食。

到高一时，省吃俭用再加上自己捡废铁、卖破烂得来的，有了七百多块钱，再积攒些准备买台手机。我把钱全放在书页里夹着。五一时，父亲说手头紧没法给我生活费，问我有多少私房钱。我说三百。于是，这笔钱又当成了生活费。结果不久家里进了贼。铁栅栏被钳断后，贼们将家里翻了个遍。父母不喜欢穿金戴银，钱财也藏得严实，一分没少，唯独我那笔钱，全被偷光了。

过年的豆腐，只有做不出来，没有卖不出去的。九岁那年，我随母亲到街上卖过年豆腐，因为慌乱给一个老大爷数错了数，少放了十块豆腐。没多久，他儿子提着桶走过来，将豆腐摆在我面前。老大爷站在背后没说话，精神上有些糊涂了。他儿子脸上肌肉横着，说我们欺负他爸年老不识数。母亲又是赔礼又是道歉,把豆腐补齐了才把人请走。等人走了，母亲回过头来对我说:“长这么大了，数个数还能弄错。”我好长一段时间没缓过来，对豆腐的个数和钱数反复确认，顾客走了还觉得不安。

到六月双抢期间，父亲将豆腐和我载到墟上，摆好架子和太阳伞后，将豆腐送去饭店，之后他便回去割稻子。我一个人坐在摊子上，旁边是一位卖葡萄糖内酯豆腐的大叔。做内酯豆腐轻松些，做出来的平滑、厚实，价钱也比我们家的便宜。但内酯豆腐太软，镇上人不太爱吃，所以平常时卖不过我们家。但若是我在卖，他的生意便好很多。那时不喜欢他，他长得胖，脸也是，私下觉得他像猪八戒。他会吆喝：豆腐嘞，便宜的豆腐。声音抑扬顿挫，颇有节奏感。我则只会微笑，扬起嘴角，眯着眼睛。生意冷淡。

三伏天，烈日当空。豆腐日晒之后容易变味，太阳伞的位置得随着时间推移做相应的变化。石墩子过重，得叫旁边的大叔帮忙。他倒是乐意，只是我嫌他抢了我生意，对他没好脸色。我和他基本上一坐就是一天，到晚上父亲会来接我。有时卖得好，便拿了豆腐布，坐中巴车回家。碰上运气好，有人请客做酒，豆腐也卖得快。有一回，十一点钟便到了家中。跑到田里，见父母和姐坐在背阴处吃西瓜，心里气愤。父亲见了我，将西瓜递过来。我心里只想着要比姐吃得多，胡乱啃了起来，嘴角、胸腔全是西瓜汁、西瓜籽。吃完后，母亲让我回家将猪肉给切了，这样我摸着肚皮，心满意足地回了家。

六月，天黑得慢，新闻联播结束后，天色还是灰蒙蒙的。回村的中巴车五点钟便是最后一班。母亲方法多，常常站公路中间，把大卡车拦下来，哪怕夜铺车，她也常常搭乘。我脸皮薄，没这本事，只能等父亲来接。有一回，墟市散了，连旁边的大叔也撤了，父亲还没过来。天色一黑，凉风就起。路灯一连串地亮了起来。我头已经朝向马路那端，等着那辆带铁架子的摩托车出现。我在摊子旁踱步，越等越焦急，最终缩在了竹椅上。

镇上的阿婆（母亲同年她妈）吃完饭出来散步，见着我，走过来问：建古仔？我抬头一看，泪眼哗啦啦地滚下来。她安慰了我好一阵，去商店买了奶油面包。我没吃，喉咙哽着，心里只想回家。阿婆到商店打了通电话给爸，训斥了他好一顿。十几分钟后，父亲才在灯影里出现。他向阿婆解释了一通，载着我回家。我坐在他身后，舔着面包上的奶油，到家时已经是晚上八点。

上初中后，别人给我取了“豆腐”的外号。好像那能代表我的一切。那时，正经历校园暴力，整个人更加沉默，心里逐渐滋生出对父母的恨意。我一句话不说，期待他们能发现什么。恰好遇上青春期，任何不良行为都可以简单粗暴地解释成“青春期叛逆”。父母心肠都硬，而我和姐都过于乖巧，还没学会如何拒绝他们的安排。整个周末，我们要么在山里忙着砍柴，要么在田里料理水稻、大豆、花生或者其他什么。

我们是村子里最忙碌的两个小孩。光是堆柴火就够我们忙一整天。我也因此常常成为别人父母眼中的“隔壁家的小孩”。上初中后，我和姐像个大人般从山上扛木头下来。父母负责砍，我和姐负责来回扛。村里人说，我们一家子长了八只手，钻进山没多久，乔木就都倒了，比火烧火燎还快。在山林里，话更加稀疏，我可以轻松躲开父母的目光。在将木柴往山下抛时，带着某种恨意，像是在发泄。有时候，扛着木头，走在布满青苔的窄道上，想起已经和母亲说了肩膀上木头扛不动，她非要说你可以的，就想干脆打个趔趄，摔下山去，死掉算了。

关于校园暴力，我没和爸妈说。怕他们到学校来，父亲会开那辆装豆腐的摩托车；母亲则挎一个脏得不能再脏的钱包。到初三时，后背被木棍砸坏了，忍了一周，回到家仍旧生疼。放下笔，再没忍住，和母亲说被人打了。我叫他们别去，但周一上午，父亲母亲还是来到班里。我竟只感觉羞耻，好像所有人都在笑：豆腐她妈妈多胖呐！母亲将那根棍子找出来，问那人，这么粗的棍子砸下去还能好？他们永远不会知道，为了在学校待下去，我要经历些什么。那人将棍子扔了，说：“我只是和他玩。以后再不会这样了。”不到一个月，那人又变成原来的模样。

（三）

年豆腐做得多，得用拖拉机运。价钱涨了，销路又好，累到趴下父母也觉得划算。到过年时，恰好也是鱼塘放水的时候。家门前那鱼塘是村中最大的一口。因为水面宽，鸭子爱在里头戏水。有一年夏天，水鸭子没人赶回家，到夜晚时，常聚在水浅处的横木上休息。第二天早上，淌水下去，便能看到水下隐着三两个鸭蛋。如此，我白白享用了一个暑假的鸭蛋。过年放水时，鱼仔们纷纷往龙口处涌。龙口外第一道篓子属于主家，再往后漏掉的鱼，不过一斤的全归网到的人。

因年岁小，玩性大，我常跑到下面去和同伴一块捞鱼。姐总要一遍又一遍下来把我拽回去。豆腐做起来，没一下闲工夫。姐声音尖，做事粗暴，爱用蛮力，常常把好东西给弄坏。她小时候待我严厉，好像我是她的某个工具。母亲和我叨往事时常说，小时候收谷子，姐非要图快，让我配合举起谷箪将谷子倒进箩筐里。但我没那个力气，常被她骂作木头人。没嫁人前，姐年前都得哭一场，搬石头，搬豆腐，重得要命，手腕子受不住，酸胀得厉害。母亲不管，一个劲地泡大豆，常把姐给气哭。

过年时，豆腐板子和豆腐布常常不够用。我得坐拖拉机跟母亲到镇上。等卖出五板豆腐时，将板子和布送回家。有一年寒冬，天空灰蒙蒙的，远处的高山上积了一层白雪。母亲将我放在路边，她和开拖拉机的师傅继续往前走。她走后没多久就下起了大雨，我躲在别人家屋檐下。白色中巴车在大雨里冒出影子后，我跑出去拦下来，接着跑回去抬那五块豆腐板。因为抬不动，只能分两次抬，等我抬过去时，售票员一脸嫌弃招呼司机将车门给关上去了。接着，中巴车溅起水花，隐匿在了朦胧的水汽中。我站在那儿，觉得自己灰头土脸，像个小丑。几次拦车之后，全身已经湿透。后来，干脆站在马路上，有任何车经过都无力地招手。终于一辆面包车停了下来问我要去哪儿。我回答后，他招招手让我上车。车上走下一个女高中生，帮我将板子放上去。我挑了个塑料凳子坐，身上的雨水一滴一滴地往下落。我时不时朝那女生脸上看，心里已谢过她好几回。她撑着伞，从雨水里出来的画面，一直存在我脑子里。那像一点星光，照耀着茫茫的黑夜。师傅将我送到了家门口，下车后，我朝他认真笑了笑，扬起嘴角，眯着眼睛。

豆腐做得多，豆腐渣也多。过年时，处理豆腐渣成了我们恼心的事。过年前后，转南风，湿气重，豆渣放不久就开始长毛，整一片黑色与绿色相间的霉斑。不仅长霉，还发出一股恶臭味。先前家里养猪，豆渣是绝好的饲料。母亲会将豆腐渣给堆到墙角，压结实。大年三十到正月初八都不再做豆腐。猪得靠年前的豆腐渣过活。到要用时，母亲将上面一层霉斑除去，刮出好的，混着饲料喂给猪吃。但就算如此，豆腐渣的气味仍旧齁人。亲戚朋友来往，让他们闻到这味儿总不是意思。我和姐只盼着来些人将豆渣拉去喂鸡喂鸭。

后来父亲再没养猪，沼气池也荒废掉了。他嫌猪肉价不稳定，像是过山车，也没什么挣头。这样，豆腐渣唯一的用途就是喂鸡，鸡不爱吃这东西，还得用谷子混着。它们胃口小，豆渣也用不了多少。等豆腐渣堆得差不多了，我和母亲便用板车拉着豆渣往水沟里面倒。好几蛇皮袋一往下倾，水沟里的水便被截断了，得过好久才能冲开那些豆腐渣。倒真有人来买豆腐渣的，父亲给的价钱便宜，一大袋豆渣才五块钱。那位大叔要了一年多，钱不肯给，说是养猪亏了本。父亲气得肺裂，去要了好几回，差点没打起来。

豆渣若是晒干了，不但没有臭味，甚至还有股豆香味。到要用时，取出些，混着水，豆渣便膨胀起来，像是面包发酵。或许正因为这些豆渣，母亲养的鸡总比别家的大一圈。剖开鸡肚子，鸡油一片橙黄色，挑出来足足一整碗。

做完豆腐，剩的木炭也不少。烧豆腐的锅极大，灶也得大，杀火时，整个灶下都是木炭，温度高得连砖也红得透明。杀火后，灶下还得塞些生木柴，把灶的温度降下来，顺便也把生木柴给烘干。倒常出现生木柴起火的事。一起火，豆腐就老了。杀火得用钩耙，连簸箕也得特制。先时是用厚铁皮，光是那块铁就能把人给累坏。铁皮生锈得厉害，后来改成了不锈钢，但仍旧沉甸甸的，没几斤力气，使唤不得。木炭有打铁的来收，得拿来晒，还得过滤掉碎碳。干这活，常弄出一身黑来，我和姐都干得不乐意。

六年级时，搬到新家。父亲自己设计了豆腐铺子。他颇得意，滤豆腐花处加了挡板，酸浆水不会往身上流，烟囱也颇大，火能烧得旺。但使用起来便发现，炸豆腐处昏暗得要命，铺子通风也不太好，烟一个劲往楼板上冒，因为排不出去，一直飘到厨房、客厅。到如今我们整个家一楼都已是灰黑色了。当年的房子盖的是承重墙结构，也动不了墙的主意。父亲从不讲自己设计的缺陷，只说是就这么个构造，好像自然而然就这样了。

刚搬到新房子时，过池塘的路没铺好，经常坍塌，赶上过年，便是麻烦。冬季，冷暖空气在福建山区交锋，常常落雨。有一年，路坍塌了一半。父亲从山上砍下几根大木，铺着让拖拉机过去。雨水一打，路滑，得全家人跑过来推拖拉机，心里只念着那些土得结实些，不然，连车带人，都得滑下去。过了年，父亲便开始筹谋修路。运了几大车的石头过来，请了一个靠谱的师父，他和母亲也当起小工，一块一块地搬着。父亲也叫上我，当个小小工。

路铺好了，结实得要命，他便觉得应该买辆车。之后倒再没有受过道路坍塌的苦。过年了，父亲不再请拖拉机，让小叔帮忙载豆腐，也给工资，但毕竟是亲戚，能省下不少钱。

他省钱省了一辈子，不浪费一分劳力，就是盖房子也自己上阵。母亲更是，常买些或者奇形怪状或者烂了不少的水果回来，吃不得又费了钱。但她有一套理论，逻辑严密，不可动摇。

几年前，母亲脚跟骨上长了骨刺，一踩上去，肉便像是被针扎了。寻了很多方子，原先想着做手术磨掉它，但一想到那东西还能再长回来，父母亲便觉得做了手术也不划算，于是就这么让它疼着。母亲疼急了，还故意把脚给踩实了，嘴里嘟囔着：“把你给磨平咯。”过了个一年半载，倒真没先前疼了。她便拿出颇大的口气，说自己来科里后受了多大的苦，为了这个家什么都忍着。一番说辞之后，把自己给感动了。那时，我和姐也长大了，在对待父母方面，也学他们，心硬得很，没多大感觉。

一开始做豆腐时，父亲用老方法，过浆时，一脸盆豆浆一脸盆豆浆地端来端去。上五十后，身体越发不行，常说牙齿疼、上火、头晕……他便把事情改了，用耐高温的抽水机来抽豆浆。没两年，他又觉得把豆渣太重，累死个人，便去买了个分渣机。一口出豆浆，一口出豆渣，轻松了不少。分渣机刚买来时，父亲不太会用，请了老师傅过来。调试了半天，总觉得不对，做出来的豆腐薄。他想着用热水把豆渣烫一遍，再用分渣机给过一遍八成行。出来的豆腐果真厚实起来。

父亲对豆腐的厚薄非常敏感，做得薄了些，便觉得欠了别人什么。豆腐价涨得厉害，父亲豆腐的分量却是有增无减。往年豆腐花可从来不会满框，现在不但满了，还来回把水过滤掉，再装些豆腐花才算心满意足。

年岁一大，毛病便多。父亲常年熬夜，还做苦力，铁打的身子也扛不住。先时，胰腺出了毛病，血压忽高忽低，整个人混乱得紧。医好了后，说是有男科病。他没经验，听了那广告，自己偷摸着跑龙岩去了莆田系。病没医好，钱袋子被掏了不少，他心里面像长了个大窟窿，半年没缓过来。后来，去正规医院，没检查出大的毛病，只说前列腺肿大。用了不少药，没效果，他思量了老久，觉得人老了都是这样，治不治的差不了多少。

去年，母亲被竹片割伤，肉就是不长回去而且越来越烂，不得不转院到漳州。父亲也有了难得的休闲时光。他在医院里安静得厉害。干什么事都懒，躺床上便睡着。一家子待医院里，闲着聊这聊那，倒有些像家人了。我能看出，父亲心里欢喜，他啥也不用干，母亲也有姐操心着，况且他也没习惯操这种心。

如今，才溪镇大部分人都往外跑了，平日里生意越发难做。父亲倒寻思过到外头干活。有一阵，他跟着姐夫去了南平，说是管工地。工地在山林里，穷乡僻壤的，去小镇都得半天，人像是被山林给困住了。他受不住那寂寥，没过三天便回来了，打定主意做一辈子豆腐。祖父去世后三五年，二叔见市场越来越不景气，把这手艺给抛了，去学了挖掘机。紧接着，二婶也到了县城，也把开挖掘机的手艺给学会了，日子过得越发长进了。至于以前那群做豆腐的伙计，老的老，残的残，父亲在里头竟算是年轻的。

过年时，人一蜂窝回来，做豆腐的压力一下子猛增。前年，心疼他老两口子劳累，我自己一个人吭哧吭哧地把重活给干了，结果腰板儿落下病根，腰椎间盘突出。去年，学乖了，没干太多重活，只可惜，腰本身没好全，干一点坏一点。倒发现父亲头顶开始秃了，再没先前帅气；母亲则又胖了十来斤，衣服越来越难买，五个X带一个L都不够使。

先时，和父亲打电话多数时候不会超过一分钟，只不过问下家里有事没，都没事便挂了。这两年，和家里通话多了些。有一日，父亲打电话过来。问他，他说家里没什么事，只是很久没通话了。我心里面想，好啊，终于也学会想我了。往后，母亲话也多起来，事情来来回回讲，老想着要教我写作，给我提供写作素材。父亲，人似乎淡然了些，说话不那么冲了，搞了个花圃，种这种那，好像做好了不卖豆腐的准备，安心养老似的。

重庆豆花

司马青衫

重庆豆花，和火锅的相同处在于，当初都是穷人的伙食团，但是，几百年过去了，豆花还在底层打滚，六元、十元一套豆花饭是常态，而火锅早就鸟枪换炮，混得相当高大上。

看看品牌就知道，重庆豆花就没有一家在国内拿得出手的品牌，而火锅的品牌之多，多到我都懒得举例了，连小面现在都混得比豆花好。所以，重庆的火锅、小面和豆花这三兄弟，豆花目前混得最差。

重庆豆花数得出来的品牌，以前据说有四大家：高豆花、永远长、白家馆，还有个泉外楼的北泉豆花（一说是临江豆花）。八一路的高豆花是其中代表。当年，高豆花可是声名远播，了不得！至少在清末民初就在重庆府小有名气。有案可查的，高豆花就有三代，而且是从 1949 年往上算的三代。创办人高和清，第二代高白亮，第三代高先佐，三代人伺候一碗豆花，怎么也有七八十年的历史。

老重庆的豆花，除了高豆花，还有储奇门的白家馆、较场口的永远长，以及北泉的泉外楼等几家。重庆的这些豆花馆，除了豆花，都有其他拿手菜。不然，只靠豆花一样，是挣不到钱的。高豆花的蒸菜、白家馆的烧白、永远长的蒜泥白肉以及泉外楼的干煸鲫鱼、半汤鱼和兼善汤更是名噪一时。

而重庆现在的豆花，具有全市知名度的，好像就是人和水上漂，还有黄桷坪的梯坎豆花略有知名度，北碚张豆花则只在北碚吃货中颇有名气，过去，木洞豆花也在沿江一线扬名立万。但是，这些豆花店，似乎除了水上漂的江湖地位达到了市一级，其他的最多算区县级。

不幸的是，连富顺豆花、垫江豆花的知名度都比这些豆花店强。比如，在重庆很多地方都看得到富顺豆花、垫江石磨豆花的店招，你何曾看到水上漂和梯坎豆花、张豆花也有这么高的曝光率？

事实上，重庆好吃的豆花小店非常多。几乎每个区县的朋友和我一聊到豆花，都会对其他地方不屑一顾,往往以“豆花还是我们那里好吃”一句开头，然后劈里啪啦开始细数家乡豆花如何如何好。

确实，我在南川、合川、万州、黔江等地，都吃到非常不错的豆花。作为固执的豆花爱好者，几乎每到一地必须吃一顿当地最知名的豆花，前前后后到底吃过多少家，我已经记不起了，只知道一边吃一边琢磨，重庆豆花到底问题出在哪里？吃着吃着，忽然一日，鄙人端坐苍蝇馆子的破桌之旁，手拈豆花嫣然一笑，忽然顿悟！

顿悟的结果是：做好一个豆花馆，必须具备三个要素——豆花、蘸水和家常菜。

豆花本身是第一位的。不过，豆花要做好，并不是高科技，在下就多次在家里自己点豆花。一定用土黄豆，泡够时间，豆浆机磨出豆浆，再过滤。

过滤这个环节很重要，过滤得越细，豆花会越细嫩。然后慢慢加胆巴水，边加边轻轻用勺子把胆巴水在豆浆里面刨开，待肉眼可见豆腐花出现后即可。稍候片刻，豆腐花会沉淀，这时，再用微火小煮一下（不要煮开），帮助凝固。

不过，现在做豆花很方便了，可以选择用胆巴、石膏甚至内酯粉。

很多重庆人迷信胆巴，也就是盐卤，认为石膏点豆花吃了不好。这是个误区。在中国，北方点豆花多用胆巴，南方多用石膏，没有听说谁谁吃了石膏豆花就怎么样了。二者的区别是，胆巴点的豆花，窖水有甜味，豆花比较香，而石膏点的豆花，则更加细嫩，比如豆腐脑，就不太可能用胆巴点。重庆街上卖的豆腐脑，我可以肯定 100% 都是用的石膏，现在也有用内酯的。用内酯粉最简单，豆浆磨好后，倒入内脂粉泡的温水，静置十来分钟，豆花就成了。

透露一个秘方，打豆浆的时候，加上一把糯米（泡三四个小时再用），口感会更好。

还有更时尚的做法，用吉利丁粉，其实就是食用明胶。豆浆烧开，加入吉利丁粉，彻底融化后，关火，放凉，放进冰箱，五六个小时后，豆花就成功了——这个招数更简单，可以叫做傻瓜豆花。而且，用这个办法，可以自制豆花甜品，比如在放吉利丁粉的同时，加入巧克力、抹茶粉……最后再加各种蜜饯、芋圆什么的，一碗西式豆花就漂漂亮亮地出现在面前——其实，这种做法，更该叫做豆花布丁。

重庆的水上漂，直接在碗里点豆花，这个噱头很好，不过个人觉得意义不大，这种小碗点出来的豆花，不如大锅绵扎。

然后就是蘸水。据说，高豆花的蘸水是糍粑海椒，把干海椒煸干煸香，在擂钵里面舂细，加上磨碎的永川豆豉（不能用老干妈），用酱油泡制成红酱油，最后吃的时候，再加红油、麻油、芝麻酱、花椒面、炒盐等，那时没有花生碎，就把炒得焦香的黄豆，舂成米粒大小放在蘸水里面。高豆花还有款不辣的蘸水，用甜面酱炒制，加上豆豉和姜蒜水制成，很受怕辣的下江人喜欢。

我吃豆花不喜欢放酱油。油辣子、盐巴和味精，就这三味足矣，这样才能吃出豆花的本味来，否则满口都是各种调料味道，好吃倒是好吃，但是，豆花自身的香却迷失在复杂的调料之中。

一些豆花馆是自助式调料，我建议可选以下佐料：油辣子、盐巴（最好不要酱油）、豆豉、榨菜、花生碎、麻油、葱花。在泸州很多地方，豆花调料里面要放木姜油，还有木姜叶，口感非常特别——现在，木姜油在做鱼和凉菜时也得到广泛运用，说实话，我是很喜欢的。

川南一带，比如富顺、泸州一带，吃豆花时，不像重庆这样，用豆花去蘸水碟里面蘸调料，而是把豆花拈到碗里，再从蘸水碟里面夹一点调料放在豆花上——我觉得这很科学，用重庆方式，蘸水碟子里面很快就汤汤水水的了。

豆花调料，现在有两大流派，红油和青椒。红油是大城市的传统流派，青椒则是乡村风格。我问过当年下乡的知青大哥，他们回忆，20 世纪的 60、70 年代，在农村吃豆花，基本上是用青椒做的糍粑海椒——青椒火烤，或者下锅煸至焦香，再擂成茸，加盐巴即可。

除非像我这种热衷豆花本味的人，大部分吃货都还是更看重豆花调料。对的，吃豆花就是吃调料。其实，豆花调料并不难，难的是香料油配制。我吃过的豆花馆上百家，发现他们的共同弱点就是：没有好的秘制香料油。豆花调料，本质上就是凉菜调料，所以，香料油是非常关键的一个环节。用哪些香料？里面哪些是泡制、哪些是熬制、比例如何？这才是考大师傅手艺的地方。解决了这个问题，加上其他的佐料，这碗豆花就臻于大成。

豆花做好了，不等于豆花馆就能火。所有成功的豆花馆，都不仅仅有一碗好豆花，还在于，他们的家常菜也配得相当出彩，要么是红烧肥肠、要么是蒜泥白肉、要么是口水鸡、要么是卤菜……总之，要有一些颇有特色的小型家常菜，以烧菜、凉菜为主。豆花馆火不火，除了豆花好、佐料好，就看有没有这几碗拿得出手的下饭菜。

最后我要强调的，是豆花饭的饭。豆花馆，往往都不是酒馆，而是饭馆，所以，饭也很重要。民国时期，重庆和成都的豆花馆，在饭这个问题上就有鲜明的地域特征：重庆豆花馆坚持用甑子饭，成都豆花馆则是提供焖锅饭，四川话又叫孔饭。重庆甑子饭，给食客端出来就是一大碗“帽儿头”，成都则是香喷喷的四季豆、洋芋孔饭，二者对比鲜明，绝不妥协。

豆花，是重庆吃货必须经过的历程。

没有吃过十七八家豆花饭，最好不要自称重庆吃货。同样，不为重庆豆花饭现状捉急的吃货，也不算是好吃货。

身为重庆资深好吃货，我给重庆豆花馆冲出重庆、走向中国开出的方子，就是三味药：好豆花、特色佐料加上几碗富有重庆特色的下饭菜。如果能做到，则我重庆豆花必定大杀四方，无往不利、万寿无疆，从此和火锅、小面一起，鼎足三立！

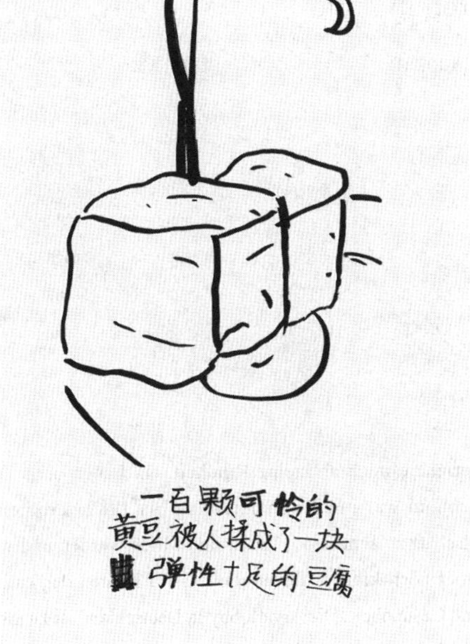
一百颗可怜的
黄豆被人揉成了一块
弹性十足的豆腐

豆腐　　绘画　李小奂

Verloren in Tofu

Rainer Granzin

Ich erinnere mich an meine Kindheit, ein Leben ohne Tofu, denn in Deutschland war die Tofuherstellung bis 1989 verboten, um die Milchwirtschaft zu schützen, Fleisch und Milch wurden und werden bis heute immer noch kräftig subventioniert, auf Kosten der kulinarischen Vielfalt und Gesundheit. Die Agrarlobby in Deutschland ist zu mächtig.

Bis Anfang der 90er Jahre war Tofu, „der weiße Block" wie man ihn scherzhaft nannte, nur in chinesischen Restaurants oder als Importprodukt in Asia-Läden erhältlich, und kaum jemand wusste, wie man diesen schmackhaft zubereiten sollte.

陶醉在豆腐里

[德] 海纳·格兰钦

回想我的童年，那是一个生活中没有豆腐的时代。因为直至1989年，豆腐生产是被禁止的，为的是保护奶制品产业。无论是过去还是今天，国家对肉类和奶产品的补贴力度一直很大。其代价就是，饮食的多样性和健康被忽视。在德国，农业利益团体的势力太强大了。

Zum Glück hatten wir eine Großtante in Holland, die uns bei jedem Besuch bei ihr in das naheliegende China-Restaurant einlud, wo wir als Kinder begeistert die exotischen Gerichte, darunter auch Tofu zum ersten Mal kosten durften oder mussten.

Dann, nahezu mit dem deutschen Mauerfall 1990, die Wende, spät aber dennoch, Vegetarismus machte sich immer mehr breit, die Deutschen wollten mehr als immer nur totes Tier auf ihren Tellern. Ich erinnere mich, wie viele eingeschworene Fleischesser die Tofuesser belächelten und jegliche Tofugerichte ablehnten. So mussten die Hersteller die neuen Tofuspeisen als Fleisch- und Milchimitate anpreisen, in Form von Tofu-Würsten, Tofu-Steaks, Tofu-Käse usw., um eine Akzeptanz in der breiten Bevölkerung zu schaffen.

Heute ist selbst in Deutschland Tofu nicht mehr wegzudenken, auch wenn es noch viele Menschen gibt, die dieses hochwertige Produkt als minderwertig betrachten und ignorieren, die armen, denn sie wissen nicht, was ihnen entgeht.

Schade, dass die Deutschen immer so lange brauchen, von anderen Kulturen zu lernen, und ein paar wenige, nur weil sie Macht und Einfluss haben, Innovation, Vielseitigkeit und Glück für die Gesellschaft mit aller Gewalt verhindern oder verzögern. Denn eines bleibt festzustellen: Mit Tofu ist das Leben in Deutschland besser, reicher, nachhaltiger und schmackhafter geworden, ohne dass ein einziger Milchbauer verhungern musste.

直至20世纪90年代初，豆腐（人们戏称其为“白块儿”）只有在中餐馆能吃到，或者在“亚洲百货店”里被当作进口商品售卖。也没有几个人知道，怎么样才能把豆腐烹饪得有滋有味。

幸好我们有一位姨婆，每次我们去荷兰看望她的时候，她都会请我们去离家不远的中餐馆吃饭，我们这些孩子可兴奋了，能够（有时候也不得不）品尝各色充满异域风情的菜肴，其中也包括第一次品尝豆腐。

接下来，几乎在1990年柏林墙倒塌的前后，素食主义在德国流行开来，方兴未艾。很多德国人不再愿意在餐盘里见到死去的动物。我还清楚地记得，当年那些坚定的肉食者对吃豆腐的人是如何嗤之以鼻的，他们对用豆腐做的菜一概拒绝。于是那

些豆腐作坊不得不把豆制品做成仿肉菜肴，比如豆腐香肠、豆腐牛排、豆腐奶酪等，为的是让大众能接受。

时至今日，即便是在德国，豆腐已经不稀奇了。但仍有不少人觉得这种营养价值很高的食物品质不高而忽视它，这些可怜的人，他们不知道自己错过的是什么。

德国人从别的文化里学习，总是要花费漫长的时间。总有少数那么一些人，只因为他们掌握了权力并具有影响力，就千方百计地阻挠或延缓创新、多样性和社会的福祉。这难道不可悲么？可确定无疑的是：德国人的生活因豆腐变得更好、更丰富，也更加可持续、更加有滋有味，也没有一个奶农会因此而失业饿死。

豆腐のぐちゃぐちゃ

才津博之

小さい頃「炒り豆腐」という料理名が覚えられず「豆腐のぐちゃぐちゃ」と呼んでいた。作り方はとても簡単で、豚肉と野菜を炒めたあとに豆腐と醤油などの調味料をいれ、最後に少し出汁を加えフライパンの上で「ぐちゃぐちゃ」にすればすぐ完成する。子どもの頃は「ぐちゃぐちゃ」という響きもこの料理の味も気に入っていて

乱糟糟的豆腐

[日]才津博之

在我小的时候，有一道菜是炒豆腐，因为年纪太小了，记不住什么正式的名字，所以每次都叫它“乱糟糟的豆腐”。这道菜的做法很简单：先炒五花肉和一些蔬菜，然后放豆腐，再加上酱油等调料，最后留少量的汤汁，在平底锅上弄得“乱七八糟”就可以了。这是我童年时最喜欢的菜之一，名字听起来好物のひとつだった。

　実家は九州の田舎で小さな青果店をやっており、お隣さんは精肉店だった。もうすぐ晩ご飯という時間にはいつもお互いに店先をのぞきその日の売れ残りは何かをみて、たまには無料で交換しそこでメニューが決まることもあった。そんなときに炒り豆腐に決まることもよくあった。決める流れも、作る過程もとても簡単だった。

　実家を離れてすでに30年以上が経ち、現在は海外の大都市で仕事をしている。生活の中で時には複雑でぐちゃぐちゃなことが起こることもあり、解決するのも大変だったりする。そんなときに子どもの頃に食べた「豆腐のぐちゃぐちゃ」のことを思うと、その面倒なこともこの料理のように過程はぐちゃぐちゃだったとしても最後には美味しい味にしあがるといいなと思う。

好玩，味道也很棒！

我幼时的家在日本九州的农村，家里经营着一间蔬菜店，隔壁邻居开了一家肉店。每天快要准备晚饭的时候，两家就会相互看看彼此那天卖不完的东西是什么，有时候免费交换一下剩余的食物，就确定了晚饭的菜单。在这种情况下，大家经常会选择“炒豆腐”。决定的过程、做菜的过程都很简单。

离开老家已经有三十多年了，现在我在异国他乡的一个大城市里上班。生活中有时也会遇到些比较复杂的、乱七八糟的事情，解决过程也没那么简单。这时我会想起童年时那道“乱糟糟的豆腐”，希望这些难办的事情也会像这道菜一样——哪怕做的过程可能是乱乱的，但最后还是会烧出一道特别好吃的菜肴。

　思えば母親が作るこの「豆腐のぐちゃぐちゃ」も長い間食べていない。今度帰省するときにはぐちゃぐちゃだけどほっとする味のこの料理を久しぶりにリクエストしようと思う。

话说起来，我好久没有吃过妈妈做的“乱糟糟的豆腐”了。下次回老家的时候，我一定要再吃一次这道乱乱的但是很温馨的童年美味。

Tofu

Красноперова Настя

Что если бы вам нужно было сравнить человека с каким-либо продуктом? Что бы это было? Я, пожалуй, выберу тофу.

Мы говорим: молодой тофу и старый тофу. Уже эти названия заставляют меня подумать о человеке. Давайте посмотрим на это сравнение более подробно.

Молодой тофу, или как его еще называют, нежный, обладает красивым белым цветом, он гладкий и мягкий, его текстура совсем нежная, не твердая, он очень податливый

豆腐

[俄] 娜斯佳

如果你需要把人与任何一种食品进行比较，你会选择什么食品呢？我可能会选择豆腐。

豆腐有嫩豆腐和老豆腐。连这些名称也让我联想到人。我们来更详细地看看这个比较。

嫩豆腐的颜色洁白，细腻滑嫩，质地很嫩，不硬，很柔软，容易碎。嫩豆腐没有明显的鲜味，你把它

и легко ломается на кусочки. У молодого тофу нет ярко выраженного вкуса, он приобретает вкус того блюда, в которое его добавляют. Молодой тофу словно ребенок, еще совсем хрупкий и неопытный, он с вниманием слушает окружающих и делает что ему говорят, его легко сломить или обидеть.

Давайте теперь посмотрим на старый тофу. Текстура у него довольна твердая, в нем мало воды, он сложнее ломается. Он не такой гладкий, как молодой тофу, наоборот, более шероховатый. Старый тофу не обладает тем прекрасным белоснежным оттенком, его цвет отдает желтизной. Ему характерен яркий и сильный вкус, и в независимости от того, какое блюдо вы из него готовите, он сохраняет свой оригинальный вкус. В старом тофу содержится больше полезных веществ, чем в молодом. Старый тофу словно старик, кожа которого уже изменила цвет и перестала быть нежной и гладкой, он обладает сформировавшимся взглядом на вещи, он опытен, и не важно в какую среду он попадет, его мнение и жизненные взгляды от этого не изменятся.

加到哪一种菜里，它就有这种菜的味道。嫩豆腐就像个孩子，还很脆弱，没有经验，很专心地听周围的人说什么，按照别人说的话去做事情，很容易受伤或感到委屈。

现在我们来看看老豆腐。它的质地比较扎实，水分少,不容易碎。它并不像嫩豆腐那样滑嫩,相反，质地较粗糙。老豆腐没有那么美丽的雪白色调，它的颜色发黄。本身味道比较浓，无论做什么菜，它都能保持自己的原味。老豆腐的营养成分的含量比嫩豆腐要高。老豆腐就像一个老人，皮肤已经变色，不再细腻光滑，对事物的看法很成熟，经验丰富，无论进入什么环境，都能够根据自己的看法和观点去做。

每个人的人生阶段状态是不一样的。有时候，

Каждый человек в своей жизни пребывает в разных состояниях. Иногда мы, подобно, молодому тофу, ранимы и мягки, поддаемся слабости, меняемся ради определенных обстоятельств. А иногда жизнь учить нас быть «старым тофу», в независимости от «соуса», в который попадаем, всегда оставаться верными себе.

我们就像嫩豆腐一样，内心脆弱又柔软，为了某些环境而改变。而有时候，生活教我们做“老豆腐”，无论落入什么“酱料”，始终保持对自己的忠诚。

豆腐

赵昭仪

豆腐嘛，做好了是豆腐，做坏了是臭豆腐，做稀了是豆浆，做干了是干豆腐皮，豆腐冻起来是冻豆腐，豆浆晒干了是油豆皮……还有香干、腐竹、腐乳等。有两种豆腐，一种叫南豆腐，一种叫北豆腐。我总感觉这南北豆腐就好像南北方人一样。

南豆腐，细腻滑嫩，口感温和，入口即化，常见于南方地区。仔细想了想，南方有一道菜叫文思豆腐，如此细软绵密的豆腐，可以在刀工下如丝线般，若不是南方人的温柔细腻，如何能研究出如此考验心性的一道菜品呢？豆腐切成丝线后、如菊花绽放开来也好入味、随着汤一起入口，温润爽滑！

北豆腐呢，相比之下弹牙有韧性、口感略显粗糙，常见于北方地区。你想啊，北方的豆腐烹饪方法：大多是炖菜，煮菜。逢年过节，许多东北人家一架大铁锅，甭管什么七七八八的食材一股脑儿地丢进去，一开盖满屋子飘香，北豆腐才禁得住炖煮！且北豆腐质地比较粗糙，当汤汁挂在豆腐上，一起入口，豪爽过瘾！

阿婆的豆腐乳

龚小橙

我不敢吃辣。可是，如果是吃阿婆做的豆腐乳，那就不一样啦！

那可是阿婆亲手做的豆腐乳！虽然有点辣，可别提多好吃了。每次吃面条，我都求着妈妈，给我挑一点阿婆做的豆腐乳。外面一层辣椒粉裹着的地方剥掉，里面就是白白嫩嫩的了。有点咸，有点辣，特别香！

豆腐乳会慢慢融化在面条汤里，喝一口汤，一股淡淡的酒味在我的舌尖与喉咙之间回荡，真带劲！

今年快过年的时候，阿婆说天冷了，又可以做今年的豆腐乳了，我太激动了，吵着闹着要和阿婆一起做。

阿婆把一大块老豆腐切成好多小小的方块，放在一个铺满稻草的泡沫箱子里。她盖上盖子，把箱子放到阳台上，说："等着吧！"

过了一个多星期，我总觉得闻到阳台上有臭味。我去问阿婆，阿婆笑眯眯地说："你打开箱子去看看呀！"一开箱，一股更浓的臭味扑鼻而来。天呀！白白的豆腐块变成了黄褐色，上面还长上了白白的绒毛！我捂着鼻子大叫："豆腐坏啦！快扔掉！"阿婆却说，豆腐乳就是这样做的，所以它还有一个名字，叫做“霉豆腐”。豆腐在发酵呢，这种白白的菌是可以吃的。

又过了几天，白毛长得更厚了，阿婆拿好白酒、辣椒粉，开始“装瓶”啦。我也申请动手装瓶。我学着阿婆的样子，用筷子夹起一块“白毛豆腐”，在白酒中洗了又洗，在辣椒粉中裹了又裹，然后，端端正正放到瓶子里。放满一瓶，在里面倒上香油，盖上盖子，放进冰箱。阿婆说：“好啦小馋猫，等一个月，就可以吃啦！”

我舔着嘴唇，满心期待。我和阿婆一起做的豆腐乳，一定更好吃！

看着女儿和阿婆一起激动地做着豆腐乳，看着女儿每次吃豆腐乳时那陶醉的小表情，总会想到我的小时候。

我的阿婆也每年都会做豆腐乳。

小小的我和女儿现在一样,不敢吃辣。所以每次,我的阿婆都会特地做一瓶不辣的豆腐乳，属我专享。我还记得那个小小的玻璃瓶，阿婆总会一遍一遍地说:这瓶不辣的是给峭峭(我的小名)的。那时的我，总也是满心期盼，等着装瓶，等着那一筷豆腐乳吃到嘴里时的咸香。

豆腐乳，也是爱的传承呢。

——龚小橙的妈妈 有感

豆腐

李筱晓

豆豆城里刚出生了一个小娃娃，胖乎乎，雪白雪白，好像透明的一样，身体四四方方，大伙儿说，就叫豆腐吧！

豆爸豆妈乐坏了，红豆姐、绿豆哥，还有黄豆哥，都来看他。

在大家的精心照料下，豆腐一天天长大了，开始上学了。

豆腐特别喜欢豆学园，只是不爱体育课。豆学园两年一度的小豆豆体艺节即将开幕，这可把豆腐愁坏了。我跑也不行，跳也不行，连滚也不行，我真差劲儿。豆腐心里想。

小豆豆们都滚着去报名，只有小豆腐慢吞吞地爬着，一路唉声叹气……

报名台前，小豆豆们散了一波又一波，总算轮到豆腐了。老师说："只有滑行了，你就报这个项目吧，加油！"豆腐头也不抬地回答："好吧。"

"滑行，滑行……"路上，豆腐轻声念叨着，突然大叫起来："滑行！"他低头看看自己平整光滑的身体，眼里冒出了光。回到家，他就开始刻苦地练习。

比赛的日子到了，四条滑道分外显眼：1 号红豆姐，2 号黄豆哥，3 号绿豆哥，4 号就是豆腐啦！

“砰”，发令枪一响，绿豆哥滚得飞快，第一个冲了出去，一下子就翻了。黄豆哥聪明，看到这个情况，蹦了起来，不想，滑到了隔壁滑道，撞上了东张西望走路的红豆姐，双双出局。豆腐呢，不急不慢，调整呼吸，踩准节奏，一二、一二，稳稳地滑到了终点。

豆腐获得了豆学园滑行大赛冠军，照片被登上了校报。

从此，豆豆城传开了一句话：“是豆腐终究会发光的。”

豆腐

许铠麟

白豆腐觉得自己的皮肤雪白细嫩、光滑透亮，有美女的气质，所以总看不起人。一旁的臭豆腐皮肤乌黑粗糙、色泽不均，身上还散发出臭臭的味道。

一天，白豆腐去逛街，她看到一家店门口排着长队，走近一看，原来是油炸臭豆腐，炸好的臭豆腐金黄油亮，再配上葱花香菜，香气扑鼻而来，原来臭豆腐闻起来臭，吃起来香，怪不得人气火爆。白豆腐不甘示弱，想：哼！臭豆腐居然这么引人注目，我这么美，味道肯定比他好！

她跳进酱油里泡了一会儿，然后在油里面滚一滚，就变成了“臭豆腐”。人们以为又开了一家好吃的臭豆腐店，都挤了过来，可大家一尝，失望至极，这味道差之千里。人们这才发现，原来是冒牌臭豆腐，都吐槽道：“真是东施效颦。”

很快白豆腐的店就关门歇业了。盲目地模仿别人，结果适得其反。

豆腐星球

伍子琪

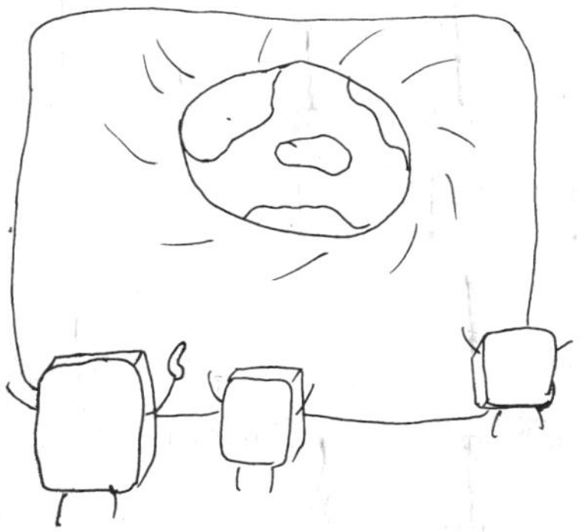

在很久很久以前，有一个神奇的豆腐星球。这个星球由无数的方块豆腐组成，星球上的一切都是方形的，独特而奇妙。然而，一个传说在豆腐人之间流传了数亿年，据说他们是由一种圆形的豆子制作而成的，但这种神秘的豆子早已消失在时间的长河中。

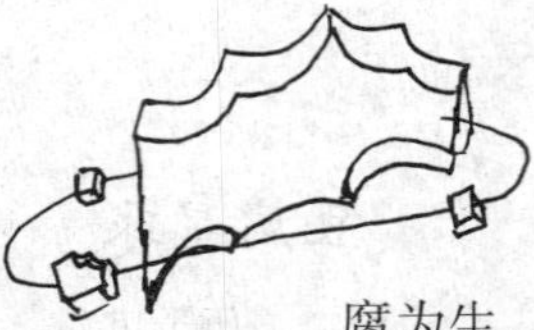

豆腐星球上的居民们以吃豆腐为生，但由于找不到制作豆腐的原料豆子，他们面临着严峻的困境。随着时间的推移，他们只能每天吃着自己的星球，眼看着豆腐星球越来越小。为了拯救他们的家园，豆腐人迫切地需要寻找到传说中的豆子和那个蓝色的有阳光和水的星球。

于是，他们用剩下的星球本体原料制作了一艘豆腐飞船，飞船的燃料是高纯度的豆浆。勇敢的豆腐先行者们踏上了这段充满未知的寻豆之旅，飞船穿梭在浩瀚的宇宙中。

他们首先到达了爆爆珠星球，这里的居民身体都是透明的，像一颗颗晶莹剔透的爆爆珠。豆腐人与爆爆珠人进行了交流，得知他们也从未听说过传说中的豆子。尽管有些失望，但豆腐人并没有放弃，他们继续前行，来到了糯米丸子星球。

糯米丸子星球上的居民圆润可爱，他们的生活充满了欢乐和甜蜜。豆腐人向糯米丸子们打听豆子的下落，但他们也只是摇摇头，表示一无所知。然而，糯米丸子人热情地邀请豆腐人品尝他们特色的糯米丸子，这让豆腐人感受到了友谊的温暖。

接着，豆腐飞船又抵达了红豆星球。这个星球上长满了红色的豆子，然而，这些豆子并不是豆腐人所寻找的黄豆。红豆星球的居民告诉他们，曾经有一些旅行者提到过关于神奇豆子的传说，但具体的信息却无从知晓。

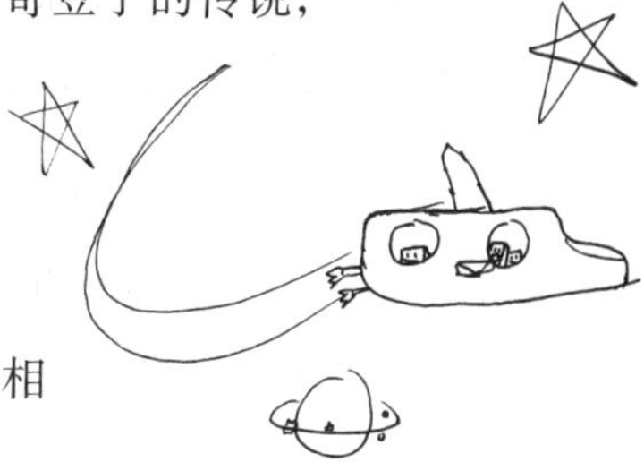

尽管一次次的失望让豆腐人感到沮丧，但他们内心的信念却愈发坚定。他们相

信，那个传说中神奇的黄豆一定存在，只要不放弃，就一定能找到它。

最后，他们来到了青团星球。青团星球的环境绿意盎然，充满了生机。在这里，豆腐人终于得到了一些重要的线索。一位年老的青团智者告诉他们，在遥远的星系中，有一个神秘的星球，据说那里可能藏着他们寻找的答案。

带着新的希望，豆腐先行者们再次启航，飞向那个神秘的星球。经过漫长的旅程，他们终于抵达了目的地。这个星球上有一片茂密的豆田，里面生长着各种各样的豆子。

豆腐人兴奋地在豆田中寻找着，经过一番努力，终于发现了传说中的黄豆。他们如获至宝，将这些黄豆带回了豆腐星球。

回到家乡后，豆腐人用黄豆制作出了美味的豆花，然后提炼出了新鲜的豆腐。他们的努力终于得到了回报，豆腐星球重新焕发生机。

然而，这次冒险也让豆腐人明白了宇宙的广阔和神秘。他们决定继续探索其他星球，与更多的外星种族交流，共同探索宇宙的奥秘。于是，豆腐飞船再次启航，带着对未来的期待，飞向了新的未知之旅。

豆腐人的冒险还将继续，他们的故事也将在宇宙中传颂下去。

我的豆腐心

陆蓉之

我有一颗豆腐心，一颗雪白柔软的嫩豆腐心。

我有一个豆腐胃，一个渴望各种各样豆腐餐的胃。

于是，有豆浆、豆花、豆腐脑、豆腐衣、豆腐皮；

还有豆腐乳、豆腐干、油豆腐、臭豆腐、豆腐渣；

还有豆筋、云丝、素鸡、素鸭、素鹅、素肠和干丝。

一颗一颗的黄豆，可以生豆芽，粉身碎骨成豆浆；
一路变身、变脸、变模样，哪怕最后成渣也是粮。

我爱豆腐，我吃豆腐，豆腐饱我、长我、滋养我；
我的身体，咋就从那嫩豆腐，一路变成了老豆干？
我不，我不甘心……我那怦怦的嫩豆腐心。

豆腐啊

何邕邕

第一次见识乡下的大集是在腊月里，露天的商贩满满排了县城的一条主街，赶集的人摩肩接踵。想走快些都难，我们只得被人群簇着缓缓地一一检阅两旁的摊位。瓜果蔬菜、鸡鸭鱼鹅自不必说，都是附近村民家里产的，膘肥四指的年猪也有的见了。北地寒冷的空气里，一切的色彩都更加鲜亮，日头在上明晃晃地照着，下面是一地烈烈的喧嚣，风涌到挤挤挨挨的人丛前也散了。人人面前一团云朵似的呼气，时隐时现地交接着。

被往前推行着，我这朵小云忽然被吸进一朵大云里去。四五拃宽的两个巨大的蒸笼似的屉盆豁然亮在路旁，腾腾冒着白气。

“喽，别的好说，这个你一定得尝尝！”朋友像锚一样拖着我在摊前站定，免得我再被人潮卷走。定睛一看，竟是豆腐。

并不怎样白，也未必多么齐整，顶面上甚至有层略显可疑的油黄色斑点，截面能看出来扎实，是手工那种挤匝的肌理，有偶尔随机分布的细细的不成形的孔洞在呼吸。一盆还剩一半；另一盆只剩三寸宽的一条，坦然地被托承在贴着盆湿润干净的一大幅棉纱布中央，献宝似的，在太阳下耀人眼目，像一垛布达拉宫的白墙。

朋友问定价格，拿手大略一比画，摊主提刀便从他手指处利落破开，就着另一只手上套着的塑料袋，一块豆腐顺势一滚，活了似的自己翻进袋里去。上秤却是乖墩墩的，很乐意似的。摊主是位四五十岁的大姐，眼睛被太阳刺得眯眯的，白色套袖，蓝色绒线手套外箍着一次性手套。她笼在氤氲豆香仙气里似有异能，听到了我心中偷赞的那句“好利索”，回手便又割了巴掌宽厚的一片，另套了一个小袋，将它递到我面前：“尝尝！尝尝嘛！”

我惊讶得有些窘。从不知豆腐诞生是这样热乎乎的，直接就可以入口——况且我们已经是主顾了，犯不着再这样招揽呀——那驾轻就熟的警惕又被调动了，但在这里是用不到的。我赶忙谢着接了，大姐旋即又转头行云流水般切了一片给另一边顾客哭闹的孩子。

“尝尝吧，新出锅的最鲜呢！这海盐卤点的。”朋友做先锋，继续带领我在人声人潮中开拔。人间烟火在我面前张开，在身后合拢。

我双手捧着那弹劲的一片豆腐左支右绌地跟着，终于放入牙关咬下一点。

我尝过这味道。我认识的。

我同父亲也曾隔着这样一团白气。那不是因为严寒，甚至不是在冬天，季节我忘记了——那是桌子中央陷下去的鸳鸯锅开锅的蒸汽。

您在说着。我慢慢细细地品着，口腔里满是这混着新葱香气的豆腐味道——豆感弹滑，质朴厚腻，一点烟气的卤水味，轻轻淡淡的咸鲜，到尽处才抬起的微苦被清亮的葱香助着更显醇郁。小葱拌豆腐——我是一向不吃葱蒜的，怎么会有那样的瞬间？

我们很少谈话，更不用说在饭馆里父女二人这样对吃对谈，那于我们都是很尴尬的事。哦对了，那时我大约十三岁，母亲离家南下工作已三四年，我们父女仍未走出独处的尴尬期。

您还在说着，几乎从没有哪次对我一股脑儿说过那么多的话。隐约记得“你爸爸我做不来那些事”“他们爱怎样是他们，我总要有所不为的”“咱们家的家风……”

我们之间的蒸汽像一层纱。回忆于是影影绰绰的，更不真实。还好有这一层纱，我想，您说的与我又有什么关系呢。然而我不敢在您这样说话时明目张胆地夹肉涮菜，我也做不出任何“应当”的举动。劝慰吗？附和吗？追问吗？我们之间的亲密程度不足以支持我完成其中的任何一项。与十三岁的少女大谈何为“正义”是多么尴尬的事！您不觉得吗？我觉得了。我还觉得很饿，那些遥远宏大的是非令我更深刻地感觉着自己当下的饿，但不敢大张旗鼓地夹任何一样菜吃——夹起，丢涮，捞出，放入酱料碗蘸蘸，再捞出放在小碟上凉凉，再送入口，咀嚼，咽下。这么复杂的行动，我没法不令您察觉，而您察觉了就会发现我在倾听的时候分心了。在那个时刻，作为唯一的听众，我的分心一定比您在讲述的事情本身更令您沮丧。

所以我忍着。只用最小幅度的动作，轻轻扤一勺我这一侧唯一的凉菜盘里的小葱拌豆腐到自己碟中，用筷子一点一点搛到口中，不动声色地抿着。

葱没有喧宾夺主，很乖巧地辅佐着。那豆腐就是这样，豆感弹滑，质朴厚腻，一点烟气的卤水味，轻轻淡淡的咸鲜，到尽处才抬起微微的很美妙的苦。

豆腐啊。

原来令我最终能理解彼时的父亲的，是时光。

并非我们共同累积的交错的时光（后来我们也实在没有怎样积累交错过），而是单纯叠加在我自己身上的时光。待我几乎到了您彼时的年纪，就忽然地理解了您。

体味是不能传授的。能传授的只有经验，又常被不足够大的手从指缝间轻易地漏掉。

然而我们之间永远还隔着时光。

那些味道，只能作为线索。是索引，是风筝线，看不见的，帮我们扯住一些痕迹。迎头闷飞时撞上，定睛看到早在那里的风筝。

多年以后，在寒冬爽利白亮的日光里，在北方大集喧沸的人潮中，我忽然看透了一些遥远的坚持和委屈。

一口一口的豆腐，唤醒了自己的一部分。这小小的一部分，在为她的十几年前饭馆火锅对坐着直抒胸臆的父亲，感到骄傲。

豆腐坊

史今

上小学每天要路过一个豆腐坊。

豆腐坊我没进去过，就见墙边有一个挺大的水泥池子，装豆腐渣的。清早路过，常常看到豆腐渣从豆腐坊的一个方孔里流出，好几人用大板锹招呼，装上乡下来的大马车。

马车四周围着厚厚的木板，豆腐渣热腾腾暄乎乎的，还有点白白嫩嫩的。人家拉回乡下应该是喂猪或喂骡马。但即使是夏天，回到村里也不会是热乎乎的了。不过那些四条腿的食客也不会计较。

我的姨姥爷年轻时候是解放军——当年杀害刘胡兰的国民党军官，就是他们抓住枪毙的。

我姥爷走动的亲戚不多，感觉除了姨姥爷家就没谁了。因为他家庭成分是富农，一九六六年前后就从乡下跑到我家，陪他女儿女婿俩外孙子，一直住到去世。姥爷每年夏天和冬天回乡下一次，夏天背回一麻袋香瓜，冬天背回一麻袋鸡光子（就是全裸的鸡），每年如此。

一次我放学去姨姥家，遇到姨姥爷一边打麻将，一边埋汰我姥爷，姥爷也不跟他急，笑呵呵地靠在炕梢的被垛上，看他们打麻将。姨姥爷应该是脾气不好的人，舅舅小姨都快二十了，发起脾气照打。

姨姥家就在豆腐坊跟前。他跟豆腐坊的人熟，偶尔要一碗豆渣回家，拌了下酒。我那时常去他们家，却一次都没有尝到。

我几次站在装豆渣那地方看，盘算抓一把就跑，应该也没人会追。但我是个乖孩子，怕留个馋名，所以就什么都没抓，也就心里一直折个儿，直到今天。

关于变胖的狂想

格子

刘村总在由远及近的梆子响中苏醒，尤其是冬天。被窝好不容易暖了一夜，早上只露俩眼睛在外面，伸一只手指出来都觉得亏。家里女人如果懒点，早饭便省了。一到猫冬季节，人好像食欲都会降低。往往是梆子响，才勾着人慢慢起床。

爹妈的对话往往是这样——

“割块豆腐吃吧？”

“割。”

只要有人提议，记忆中从未有过反对意见。家里会派个代表——通常是我爹——穿上衣服出门，过不了一会儿就听见屋后传来清亮的大嗓门：“哎……”（鄗乡据说是礼仪发源地，但显然不包括打招呼。）

梆子先一顿，然后继续有节奏地敲起来，一直响到屋后才停下。有时我会跟着我爹出门，看着卖豆腐的“大胖子”骑着车晃悠悠来到面前。他很胖，在二十世纪九十年代的村子里，胖得鹤立鸡群，胖得木秀于林，胖得让人艳羡。我喜欢跟着大人去找他“割豆腐”，只是看到他就会十分开心。那年月，我只认识这么一个胖子，所以结论原本可以十分简单：豆腐能让人变胖。

那个年代的刘村还跟唐代一样，以胖为美。谁都不可以挑战这个价值观。我亲眼见奶奶跟三叔翻过一次脸。那天三叔见奶奶日子过得舒心，忍不住开了句玩笑："娘，你可真胖了。"奶奶一下坐起来，疾声厉色地问："我多吃你东西了吗？"从此无人敢提这茬。奶奶真饿怕了，开她玩笑的这个儿子，当年就差点被饿死。到了我成长的年月，虽然没人挨饿，但大家依然生活在贫穷的村子里，每天靠吃馒头、大饼和咸菜生活。肉吃得少，偶尔解馋就靠豆腐和鸡蛋。

我对肥胖最早的想象，要到很多年后才被现代营养学推翻。原来当年天天吃的馒头、大饼叫"碳水"，吃点就长肉。豆腐呢，则是高贵的植物蛋白，不但不长胖，还能帮人长出漂亮的肌肉。天啊，做一个农村人多不容易，不但小时候要穷，长大了还要被迫接受小时候的认知都是错的。

不过并非马后炮，当年我对此事其实有所怀疑。

周围几里地最会做豆腐的人其实不是“大胖子”，是我姥爷。他老人家是我认识的最后一个百科全书式的农村人。做豆腐、打火烧、摊煎饼、擀面条、盖房子、修家具……把视线在广袤的土地上扫射，根本找不出他不会的事。姥爷博学到了什么程度，九十岁高龄那年，县电视台追踪着一只鸟到了他们村，那只鸟长得特别好看，但没人叫得出名字，最后村里人一起推荐他接受采访，为全县观众答疑解惑（可惜故事结尾不甚完美：他居然在镜头里花时间作了一番分析，然后承认自己也没见过）。

正是这样的姥爷，先后教会了我小舅和大爷做豆腐、打火烧。在我这一代人之前，农村人默认继续生活在农村，学会这些技能就意味着以后总有碗饭吃。但这些活，他都不允许家里的女儿们学，太苦了。

我作证，小舅和大爷能吃这个苦。当年整个家族里我年龄最小，又生了一副热爱社交的模样，遇到出头露面的事情，总被推到台前。大爷做豆腐那几年，家里没有牛，他就推着“大车子”挨个村去叫卖。这种手推车是独轮的，中间垒个架子将两边一分为二。大爷把沉重的豆腐放到一边，车子就没法推，于是把我放到另一边，推着走街串巷。每到一个村，他也跟“大胖子”一样，拿出豆腐梆子敲，直到村里人越聚越多，一块一块地把豆腐“割”走，半个上午就能卖完。彼时我也只是幼崽，闻着豆腐香，吃不上豆腐，眼中满是饿意。一回村，大爷就带我到田里，变魔法一样地找到豆虫、地瓜，然后就地生火烤来吃。我还吃过更吓人的东西，此处不宜展开，但地里似乎有无穷无尽的食物。

问题在于，姥爷和大爷都不胖，记忆中姥爷甚至不到一百斤重。要到很多年以后我才听母亲说，其实“大胖子”也不舍得吃自己做的豆腐，他只是坚持不懈地每天喝点豆腐水、吃点豆腐渣。容我造个句子：真正的英雄主义，是生活给了你豆腐渣，你依然胖得像是很爱它。

我们农村人真的受不了瘦。直到今天，只要在亲人们身边生活半个月，我一定会胖个十斤八斤。吃饭时，母亲会像一名忠于职守的纪律委员，盯着我咽下去几张大饼卷肉，吃一大捧花生。在那样的凝视中，理想中的清瘦作家形象实难为继。一个农村人写作多不容易呀，条件一好就会胖得不像个好作家。（我总对城市作家朋友重复《了不起的盖茨比》那伟大的开头，“记住，这个世界上所有的人，并不是个个都有过你拥有的那些优越条件”，比如，你们的母亲不会顿顿盯着你吃撑。）

让我伤感至今的一幕，发生在大爷离开前那几个月。我在村西口一处老房子前见到，他跟几个老头窝在玉米秸堆里晒太阳。好像许久没见过他了，那天一遇到，我眼泪就下来了。他瘦得像玉米秸，皮肤也皱巴巴的。那个用独轮车推着我挨个村卖豆腐的人，记忆中高大有力，眼前却形容枯槁。村里人都说，人要得了病，一瘦就完了。那天是第一次感觉要失去他。我记得自己很不礼貌地冲他说了句："你怎么跟一群老头在一起？你跟我走大爷。"他听完跟老头们笑到一起，仿佛我说了全世界最好的笑话。十几年过去了，我还记得，那只是一句最伤心的挽留。

豆腐

老四

提到豆腐，想起来一群爱吃豆腐的东北老头，他们的长相一看就是爱吃豆腐的。

经常出现在早市，嘴唇咧合着（在听别人讲价的时候时不时伸一下舌头），手里拿着菜筐，背着手，一条腿弯着放松，一条腿站得笔直，盯着看买主和卖主讲价的热闹。

这个时候，卖主要是说：现在都啥样了，大姐，两块钱上都上不来了，嘿嘿。

人家顺势将目光放到豆腐老头脸上，想博得同情。老头就下意识将重心从一条腿换到另一条腿，马上观察身边有没有人能替他回应。

如果没有，憨憨一笑，往前走，走出十米远的距离，时不时回头观察刚才的买主在称重。

此时眼神空洞，原地徘徊，要不要过去也整一斤。

感觉还行，可这要是买贵了，媳妇整我两句犯不上，拉倒吧！先去前面喝完浆子，来两根大果子。

给我来两根刚炸好的。豆腐老头说。

摊主：这都是刚出锅的！

豆腐老头上手摸。

摊主：别摸呀，我还咋卖了，我现给你炸吧。

豆腐老头：来碗浆子，不加糖。

摊主：找座等着吧。

豆腐老头发现桌子上罐头瓶子里的咸菜见底，提醒摊主小咸菜加点，摊主忙着没听见，也有可能听见了装听不见。

豆腐老头无奈，看到别的桌有，把见底的罐头瓶子和别桌调换，边往自己座位走边夹起一条萝卜咸菜吃了一口，再嗦了一下筷子，吧嗒吧嗒嘴儿，端起豆浆转着圈吐噜一口。豆香味在嘴里爆发，按捺不住哈了一口小哈气。

吃完，滴拉两块豆腐，五个花卷，一捆发芽葱，几个青萝卜，两根茄子，干辣椒段，花椒大料若干就回家了。

媳妇一天不收拾他都难受，正所谓卤水点豆腐一物降一物。不能跟他好好说话，哪怕有外人也不能好好说。

有时候外人在的时候觉得很尴尬，媳妇跟外人会这么解释：我跟他好好说，他听不懂！你说可咋整！

卑微，渺小，好脸，心思缜密，只要你们好好的我咋的都行，都体现在豆腐老头身上，貌似他就是豆腐吃多了产生的豆腐性格。

豆腐可以变成臭豆腐、干豆腐、冻豆腐、腐竹、豆皮、豆腐渣。

身价虽低，可满足大量人群需求，没有任何怨言，只要你们高兴就行了。

臭豆腐

章宇

大概是 2002 年到 2004 年那三年中的某一回事。具体日期不记得，但我记得那场景，尤其记得那味道。

那时候我在贵阳市太慈桥念大学，没多少生活费，吃喝大多靠赊、靠蹭。有天是谁叫了一嘴，说去他出租房烤豆腐吃，他老家毕节大方县带过来的臭豆腐，他出豆腐和地儿，酒我们凑一凑。大方豆腐牛逼，哥几个搓着手凑了一箱绿棒子。

打开冰箱门的一刹，空气瞬间就稠了，整个屋子臭到令人致幻！那不是普通的臭豆腐，那是彻底腐臭的豆腐。豆腐上已经爬满了白蛆——一大包在动的，臭豆腐。

大方人率先定住了神："不要慌！都不要慌！这，就是它最好的时态！我们大方人吃臭豆腐，就是要吃最臭最腐的臭豆腐！豆腐是植物蛋白，生蛆的豆腐是动植物结合的蛋白，顶尖蛋白，真的！我听老一代大方人说，没生蛆的豆腐不配叫豆腐，没吃过蛆豆腐的人不配叫大方人！开酒吧，开烤吧，整吧朋友们，趁动物蛋白都还生动！"

……几个人具体怎么商议的也忘了，反正没人这么大方。大方人只好把蛆从一片一片的小豆腐上洗掉，豆腐铺铁网子上烤了。

第一筷子入口，那臭味儿难以言喻——直窜头皮，整个口鼻腔全被齁住，逼你大口喘吸，暂缓，回神，刚想咀嚼，发现豆腐片儿在口中已融成渣儿，便吞咽，一入喉……竟化了！是的没错，化了，那豆腐竟在咽喉处化为乌有，只余腐臭在你脖子以上萦绕不绝，像一团雾，乃至后来几十片入口竟全无入胃果腹之感。娘的第一回吃到气态的豆腐，震撼。一顿下来，胃里尽是酒，喉头空余臭。普鲁斯特记得最清晰的味道是他童年的那个什么小饼干的香甜，我记得最清晰的味道，是这个入喉即化的豆腐臭。这臭味有多强烈？它盖过我每天赊账的巧娘盖饭雄哥小炒；盖过藏在宿舍高低床铁柱子里的红河散烟；盖过小女生在情人节送的德芙巧克力；盖过太慈桥头免费续粉的羊肉粉；盖过烂醉后喷吐在枕边的呕吐物。它盖住时间，盖住地点，盖住人物，甚至盖住了最茂盛的性冲动。坚实的一坨夯在记忆里，像空心墙上夯实的一块水泥。

席间还记得一番话，是大方人酒中慷慨激昂的发言："我们大方人，讲究能屈能伸。但是今天我要说，你们这一个个穷得跟啥似的，还不能吃蛆。你们不行，你们，不！行！"

霉豆腐

陈创

奶奶把豆腐切成方寸之墩，整齐而有间距地码放在铺满稻草的木制抽屉中，关闭数日，再打开时，每块豆腐上长满了厚厚的白毛，凭空胖了一圈。失了韧性，却多了糯性。用筷子夹着在蘸料里打个滚，放入瓶瓶罐罐，再用好白酒和香油溜缝，没顶则止。所谓蘸料，无非是盐、辣椒面、干橘皮碎之类的。

如此又密封几日，开罐即食。辣、咸、鲜。用它吃粥咽饭抹馒头，一不小心能把舌头吞下去。各地的同学吃完后一致建议我奶奶开厂量产。

后来奶奶走了……再后来这东西好像真的量产了。我成为富三代的梦想也破灭了。

日本的豆腐

李长声

北京的菜馆里有一道菜叫日本豆腐。好奇这日本二字，要了一份尝试，原来并不是豆腐，像是用鸡蛋做的。不知意在老老实实标明其做法的出处，还是挂“洋”头卖高价。日本倒是有一种“玉子豆腐”跟它相仿佛，“玉子”也写作“卵”，鸡蛋也。

这里要说的是真豆腐，日本用大豆做的。

无须赘言，豆腐是中国人的发明。中国传到外国的东西，历千年而基本没变样的，大概豆腐是其一，不至像火箭之类，据说故乡也是在中国，但衣锦还乡，儿童相见不相识。日本有关豆腐的记载初见于1183年，写作“唐符”，那时中国是南宋，朱熹已写过豆腐诗。有个叫泉镜花的小说家有洁癖，笔下不用“腐”字，把豆腐写作“豆府”，类似中国某散文家不爱用“便”字，因为他一用，便联想大小便。也有写作“豆富”的——日本用汉字向来不定于一尊。若说与中国豆腐的不同之处，首先是日本豆腐水分大。十斤豆子，中国出二十多斤豆腐，而日本能多出一倍。水分大，豆腐软软的，这就有日本特色。

按制作方法分，日本豆腐基本有两种：一“木棉”，二“绢漉”。相对而言，前者比较硬，表面留有木棉织布的布纹，后者更软些，光滑如绢。前者若比作我们的北豆腐，后者则类似南豆腐。总的来说中国豆腐硬，主要是作为食材，硬才适于炒作，煎炒烹炸。司马辽太郎游走日本及世界各地，写历史文化随笔，自1971年开始在周刊上连载，直至1996年死而后已，写道：在与朝鲜半岛隔海相望的长崎县一歧岛看见小店卖的豆腐像奶酪一样，当晚给侨居日本的朝鲜人打电话问朝鲜豆腐的软硬，据说韩国豆腐店卖的软豆腐叫日本豆腐。司马还写过，高知县土佐的豆腐曾经是硬的，老师放学后买了用草绳拎回家。这种硬豆腐或许本来是朝鲜豆腐，丰臣秀吉发兵侵略朝鲜，土佐国主抓来朝鲜人，特许他们做豆腐为生。战后豆腐不硬了，司马感叹："不限于豆腐，日本文化战后被划一，后世这定是历史学家的好课题。"多年前有位烹饪研究家到中国品尝了豆腐，觉得硬度跟日本差不多。看来豆腐的软硬以地域分，跟国界无关。

中国豆腐类，软如豆花，硬如豆干，臭豆腐是极致，日本人叹为观止。1782 年刊行的《豆腐百珍》记载了一百种做法，翻阅一下，只觉得简单而单调，倘若让中国人料理，那可就复杂多多。日本人吃豆腐，最普遍的吃法是做大酱汤。最有名的中国式做法是麻婆豆腐，当然也变了味儿，是日本麻婆。冲绳的豆腐炒苦瓜在我们看来是家常菜，再普通不过了，他们下馆子吃，吃得别有风味。酒馆里必备豆腐，夏天冷豆腐，冬天汤豆腐。冷豆腐的吃法类似我们东北的小葱拌豆腐，汤豆腐是水煮豆腐，佐以葱姜。有位女歌人吟道：你像那汤豆腐一样靠不住，我就来个生姜似的稳坐不动。汤豆腐全靠了葱姜提味，以此形容男和女的奇妙关系，颇有点女人使男人成其为男人的意思。

京都的豆腐很出名。有一家叫森嘉的百余年老店，前辈掌门人曾入侵中国，打仗之余留意于豆腐，这才知道石膏(硫酸钙)凝固法。想来他去的是中国南方,因为北方也是用卤水点豆腐,所谓一物降一物。日本降不了中国，他活着回家继续做豆腐，学着用石膏点，做出了好吃的豆腐，名闻遐迩。南禅寺豆腐很有名，价格不菲，带朋友去吃，结论是“没味儿”。日语里没有“嫩”这个词，我们说嫩豆腐，他们译成软豆腐。有人说：豆腐实在是融通灵活，能自然地顺应一切，因为它不带有偏执的小我，已达到无我的境地。日本人对于豆腐的感觉以及感情简直也足以称“道”，像茶道、香道、剑道一样。

湯どうふ

春游龙安寺，纳闷了半天枯山水，顺路走到境内的西源院，蓝布帘上透白四个字“○天下一”（○为零，不是拼音o），仿佛有禅趣。木屋的檐廊铺着红毡，与满园的葱绿相映。一屁股坐在榻榻米上，肆意舒展走累的双腿，这可是老外的特权坐姿。圆桌当中一石炉，侍女端上来砂锅，热腾腾煮着一锅蔬菜豆腐，叫“七草汤豆腐”，清淡可口。品尝了日本文化，想起龙安寺有一个“蹲踞”（石制洗手盆），

状如铜钱，中间的口字兼顾四方各一字，便构成“唯吾知足”。

陈舜臣说：日本人淡泊，这“淡泊”二字正好是评价豆腐的。池波正太郎笔下的人物彦次郎是牙签匠，暗中却是个杀手。炉火红，汤水热，豆腐微微颤动是他的最爱。加上萝卜丝，味道就更好。对于他来说，杀人也这般淡泊。冬夜，和朋友钻进小酒馆，要一小锅无滋无味白云苍狗的白菜汤豆腐，喝两壶热酒，便忘记屋外的萧条。俳人久保田万太郎辞世前吟了一首俳句：

白气升腾呀

生命尽头的熹微

一锅汤豆腐

胶东往事

大冰

姥爷个子很高，白发，清瘦，手似钢钳力大无穷，他抓着我胳膊一捏我就老实，松开了一圈青。掖县把下地干活叫上坡，我不记得他带我赶过朱桥集，只记得他带我去上坡种苞米，让我扛着个锯短了的锄头，休息时抓个蚂蚱，烧了给我吃，我并不想吃，但不敢不吃，他以为我喜欢吃就老抓了给我吃！我最初的隐忍由他训练完成。……烧蚂蚱、烧知了猴、烧豆虫，尤其是豆虫，打倒豆虫！ × 了个 × 。

每天晚饭前后都有卖豆腐脑的担子路过门前，吆喝得那叫一个动听，我很想吃，但看看他脸色，又不敢去吃，他一直以为我不喜欢吃豆腐脑。

20世纪80年代初的胶东乡间，除了赶集，没地方可买零食，村里供销社的点心只是摆设，岁数可疑，貌似古董。没有孩子是不馋的，什么也阻挡不了一个孩子对糖类的渴求，我常干的事情是偷吃白砂糖和麦乳精。干吃，含一大口，让口水一点点浸湿润透，甜味源源不断往喉咙里流淌，人便升了仙，无以名状的对生命的满足和感动。

豆奶粉那时候还没有，牛奶粉那时候是极品，小方塑料袋包装，只偷吃过一回就被抓住了，刚含了一大口，背后就有了动静，回头一看是双大脚，噗嚓一口喷出来，白雾散去是姥爷，拄着铁锨，面无表情。后来就每天给我兜里装一把糖块，有奶糖也有黄冰糖，拇指大小那种，咬起来嘎嘣嘣。

我很爱吃冰糖，到今天都喜欢，但厌恶喝奶，不知他和我妈说了啥，导致回家后我妈开始给我订奶，羊奶，膻得人灵魂发抖，每天早上一输液瓶，这么贵的东西喝不完不行，剩一口我妈都心疼，我妈心疼我就头疼，所以那个送奶工是我最初仇恨的人，他自行车胎就是我扎的怎么地！他家种的丝瓜也是我祸祸的，还有火柴塞钥匙孔。

如果把订奶的钱都买成水利局的小灌汤包子给我吃多好哇，或者机场大面包。那时候每周都有个军用机场的老头骑着自行车来学校家属院卖大面包，是个退休老团长，秃顶，南方口音，他来三回我妈才给我买一回，每天掰一块给我吃，一周吃完要眼巴巴等两周。

大部分我的同龄人小时候只吃过发糕和糖三角，那时候小县城里罕有点心，月饼和桃酥算是最高级，生病了才会有钙奶饼干吃，所以，小时候吃过面包这么洋气的东西，一直是我的荣幸。那才是真正的面包，松软可口，焦皮褐红，大小约等于我的一个头，里面裹着甜红豆，忘了多少钱了，需要钱加粮票才行。老团长和我姥爷一个岁数，话也不多，也是扑克牌脸严肃表情，从他手里接过面包总感觉像是发枪仪式，不由自主地一立正。

我见了姥爷也不由自主地想立正，全家人都怕他瞪眼。他不会笑，皱川字眉头，日常不高兴。有一年他在村边国道旁开了个小吃部，卖点卤下水、豆腐干、豆腐皮和简单的炒菜、面条。白晃晃的日头下，知了叫得人昏昏欲睡，半天不见车过，他一坐就是一天，也是好耐心。

国道易扬尘，老远便能看见大卡车碾起的尘土，轰隆隆的，坦克一样驾临。生意却差得很，过路司机没几个人爱看严肃的表情，姥爷拿着苍蝇拍子正襟危坐，面前硕大编箩筐上盖着白纱布，像守着遗体。

路过的大车减速靠近，双方沉默不语对视片刻，复又提速加油。

指望他开口招揽生意是不可能的事情，这么不卑不亢的老头，最终只能依旧上坡种苞米去，戴着草帽，顶着日头。我最后一次跟他去上坡好像是上小学时的事，暑假，盛夏，路边有瓜摊，甜瓜、香瓜和大西瓜，那才叫西瓜，小猪那么大，皮绿得发黑，肉红似绸子，一看就是沙瓤的，该多么的好吃啊，我的妈呀。他买了两个甜瓜给我吃，他认为我喜欢吃甜瓜。

姥爷是不喜欢和人说话的，关于当八路的事情，他没主动和我聊过。我妈说和她也没怎么聊，感觉有点不配听似的。只知道当八路时,姥爷是政治教员，当八路前听说有不错的家境，有豆腐坊、毛笔作坊，他会做毛笔也会磨豆腐，虽也算是少东家，但少年时也曾走村串户卖过豆腐，卤水点的那种。

他父亲，也就是我太姥爷，是老辈子的习武人，花名四大个，在整个朱桥乃至大半个掖县都有名，听说下江南卖毛笔时，一条扁担打过通街。这点倒不稀罕，掖县人尚武，历史上就是习武之乡，许多人家都和姥爷家一样，有家传的拳。

我一直知道姥爷有功夫，能徒手抓苍蝇是他神奇的本领，拿着苍蝇拍子，但他不用，手凭空一抓就行，眼都不带认真看，把我佩服得不行。现在想想，小时候他给我抓知了，噌就上得了树。可惜，那时候我的注意力是放在如何表现出假装喜欢那吱吱叫唤的大虫子上面，而忽略了一个须发皆白的老头是怎么蹿上去的。

小舅说，都知道姥爷会拳，但没传他，他的那点花架子功夫是小时候在掖县京剧班学的武生，还是问问大舅去吧，大舅在北海舰队当过海军陆战队员，说不定姥爷悄悄传过他一些。

大舅说：没传没传，但我和你说，我 20 岁时也打不过你姥爷，他那个拳有透劲，是杀人用的……我记得他好像打鬼子的时候光三等功就得了四五个，还有两个二等功。

小舅就说，听村里老人说，姥爷不到15岁就当了八路，原因就是很会打拳。另外，姥爷从东北兵工厂回乡务农后，被选了当大队长，“文革”刚开始之前是和人动过手的，好像是因为他看不惯些什么，和人犟起来，急眼了，就见他打过那么一次，一个人打趴下了一圈，都看不清是怎么打的，被打的后来基本是造反派……所以姥爷和姥姥才被打成走资派，斗得那么惨，挨了那么多打。

大舅说：很多事你小舅太小不记得，他“三年困难时期”的最后一年才生，我和你妈妈可是看得够够的了，唉……你姥爷脖子上给挂了砖头，挂上去没一会儿就给勒出了血，头上戴的是大尖顶纸帽子，里面糊着瓦，一路走一路被打，那是天天打啊，那个背上，给打得烂糊的像豆腐渣……得亏你姥爷结实，扛揍，但凡换个人也就给打死了。

他说：……你姥姥也被一块儿批斗，大姐就领着我，俺两个也不敢靠近前，就在边边上远远跟着，一边走一边哭，还不敢大声。大姐给我擦鼻涕，擦脸，擦完了往自己身上曼曼（抹抹），走一会儿就倒回去给我找鞋……

“破四旧”你知道吗？他问我。不光打，他们还押着你姥爷去“破四旧”，挖坟，黑天半夜地挖，故意累垮他，××××的，什么造反派啊，一帮杂种，我和你说，都没有好下场！真的，有一个算一个，后来都没有好下场，基本鳏寡孤独。

我妈说：恁问俺这个干什么，想起来就想掉泪，俺是真不想回忆这些个……还是恁小舅小姨他们好，当时都不记事，也就不用一想起来就心里头遭罪。

后期，恁姥爷给打得走不动，他们就让俺去搀着游街，吐吐沫的也有，扔砖头的也有……

她说，如果不是那时候被作践得那么狠，恁姥爷那个体格还不得活到100岁？

她说姥爷走得早，主要是这个原因，里面打坏了，又伤了心。

不对啊……我问我妈：如果姥爷姥姥那么早就被打倒了，大舅后来是怎么当上的兵，你怎么可能被推荐当了工农兵大学生？

我妈把锅咣当一放，罕见地瞪眼，她一字一句说道：因为俺爹俺娘，那可是许世友的兵！

说是上面下来人保了，一来了就骂大街，放了！马上恢复党籍！反了天了，当老八路都死绝了吗？！敢动俺们老八路军的人！

我不清楚我妈说的上面是上到哪一个面，她也说不清。那时候她十三四岁的年纪，半夜噩梦中哭醒，正庆幸家里的厄运已经过去，看见姥爷独自坐在院子里的小马扎上，月亮晒着，蚊子叮着，一动不动。

就那么一动不动。

恁姥爷后来就不爱搭理人，我妈说，就光伺候庄稼，地种得比谁都认真。给他平反也好，俺去上大学也好，恁大舅舅当上了兵也好，都也没见着恁姥爷有多高兴。

我妈说，我刚出生的时候，她见姥爷大笑过一次，我尿过姥爷一身。

她说，姥爷很稀罕恁，我说嗯，我知道的，姥爷虽然也懒得和我说话，但对我算和气的了，对你们基本没好气。我记得姥爷有一年大寿的时候，掖县有大寿吃闺女一刀肉的习俗，你带我回去祝寿，姥爷原是不想办寿的，见我去了才答应支起棚子，还给我吃他留的橘子罐头。他一直以为我喜欢吃橘子罐头，其实我喜欢吃黄桃罐头……

六十大寿后过了几年，姥爷来莱阳治病，和我睡一个炕，半夜听到他哎哟，爬过去看看是睡着的，在梦里哎哟，也不知道具体是哪里疼，他蜷成一团，也没办法帮他揉。

我妈说是哪儿都疼，姥爷把去疼片吃了几十年。

因治疗的需要，那时姥爷每顿只能吃清水白菜、豆腐和杠子头，白水煮豆腐淡而无味，杠子头烧饼坚硬无比，他掰一块给我，正是换牙的年纪，我咬不动，咬了一会儿牙掉了一颗下来，这是我为数不多见他笑出了声。

问过我一次，就一次，想不想学拳，防身用，能扛揍。示范了一个招数，名字叫等三步，他站在房间那头，眼一花，人已经到了我面前，掌根也把我鼻头抵住，挟着风。最终还是没教，说等我大几岁再说吧，太早学会了怕去打架伤人，于是只教了一丁点儿用肚子喘气的方法，还有怎么咽吐沫，我不知其意，不感兴趣，没记住。

等我大了几岁，想学学不到了，姥爷过世。

直到写这篇文字时，才知道不是等三步，而是登山步。舅舅们说，拳名好像叫七步登山拳，家传的，但不确定是否独一份，总之是失传了。

姥爷叫李长彬，山东掖县苗家镇前李村人，抗日的老八路，种地的老农民，育有三女两子，孙辈八人，我用我的方式将他记住。

豆腐

兰晓龙

约我写豆腐的某死文青长得像吾老家的霉豆腐。

霉豆腐就是做豆腐残余的渣，略为加料，搓成团或块或球或坨，微发酵，微熏制，毛毛的黑黄相间的坨坨的瘪在豆腐摊的最角落——明白为啥像了吧？

吃时加剁椒、肉末、葱花，炒散……我是离开老家后才对这玩意产生了认知，为此把老北京都少有人吃的麻豆腐当作了替代品。其实这玩意回家都未必能吃到，因为它便宜到在 20 世纪 90 年代是这样一种售卖状态：顾客曰我囡（拿）一坨嘞。摊主曰囡嘞囡嘞——几乎不要钱的。

嘿，为证明某人像霉豆腐白瞎了好多字，其实本想写的是豆腐和文艺青年。

在牛仔裤加喇叭腿就很时尚的年代，吾老姐拉我去野炊。她那团伙都是画画的，我 get 不到把香蕉苹果瞪成果干的乐趣，通常保持安全距离，但吾姐忽然想尽一下做姐的责任。

我们野炊通常是去山里，摆上在哪都能摆的姿势，乐凯胶卷一通咔，化学反应掉带来的动植物尸体，然后扔下造的孽，蹬着快散架的自行车回城。但那回以为到地时，毫无预兆地从旁边江里摇出一舢板——嗯，就像牛仔裤得加喇叭腿，山民们这回想做渔民。

江心有个冲积洲，几百米直径的样子，生满了野生竹林——这才是美术佬们的目的地。

往下就好玩了，组织者赶早去城里菜市割了几斤肉，可他以为别人会备菜，而别人又以为他会备齐菜。纯吃肉在那时是无法想象的，而且僧多粥少。

组织者大人行动力很强，挎上穿越时光的帆布袋,边走边脱,蛤蟆入水,60+体重激起120+浪花——单位KG——泅渡买菜去也。

为啥不摇船？山民转职渔民才几小时，冲积区水文复杂，把个小破船搞过来，已经去了全体人均半条命了。

半小时后，他端了一板水豆腐，连放豆腐的包浆木板、防尘防蝇保持湿润的白盖布、连同偌大的竹织筐箩，全搬过来了。自然不能再蛤蟆入水，浸礼宗一般虔诚地先豆腐后自我地涉入水中，游吧。

三分之一段时开始挣命。他还有个帆布袋呢，帆布袋里装了半打啤酒。那时啤酒在老家还是个没人要碰的玩意，大学时我还有两瓶啤酒放翻三个老家人的壮举，以至人后来酒量涨到一斤白酒还认为我很能喝。我则安静地做黔之驴。

反正就是一板豆腐载沉载浮，一个美术佬频频露头。很有要顺流九里望之无际的意境。

我旁边的美术佬曰：卵嘞。真滴要呷豆腐饭。——豆腐饭在老家是白事的代称。

于是七手八脚去搞舢板。组织者大人很强悍，即使我们在下游与他会师时，也没扔了豆腐也没卸了啤酒，并言之凿凿，他是喊了不要，但是不要管他，而不是别的什么不要。

然后我们拔了竹笋，切了猪肉，炒了个竹笋，炒了个豆腐，端的是一青二白。所有人都说好呷好呷。

好呷个鬼。他没买辣椒也没带辣椒。

第 68 场　菜市场　夜

黄渤

市场里葱白叶绿，茄紫椒红。一块豆腐滑向柜台，留下一道水唧唧的白印，好像刚受了什么侮辱，嘴里发出滋滋啦啦的怪叫……

豆腐："咋着？柿子挑软乎的捏！？看我软和也好欺负是吧？想赶我出去？"

豆腐说着冲动地一把扯下身上那块湿漉漉的白

纱盖布，白白肥肥软软塌塌的身体还在因为刚才的激动颤着。

玻璃柜里的火腿翻了个白眼，嫌弃地回过头去，冬瓜捂着嘴差点噗嗤出声来。

豆腐："老子行不更名，坐不改姓，就是到了外国，洋人见了也得尊称我一声大名！今儿市场上都不是行外人，省嘴别吹牛，有多大能耐咱都就放到秤上掂量掂量。没错！两块五一块！可老子能煎、可炸，可蒸、可煮，可溜、可粑，可熏、可酱，可炒、可焖，可凉拌，可烧烤，冻上了耐百炖，晒干了嚼着香！就算是放臭了，都能把人的哈喇子勾出来！"

可能是嘶喊的幅度过大，豆腐背后已抖裂开一道口子。

四周一片安静，久久……

憋着这口气都没换，豆腐拉扯着嗓子喷出一句：

“——还！——有！——谁——！！！？”

鸡刨豆腐

董宝石

小时候，父亲经常要做一道“鸡刨豆腐”。用豆腐加鸡蛋翻炒，佐以小葱即成，成本极低，下饭却极香。

它是东北人的吃食，普通百姓家的吃食，出了东北，鲜见这道菜。这么多年过去，我再未吃过。每每回家，父亲问我想吃什么，我总忘却提起这道菜，许是不想当着他的面聊起那些饱和度低的日子。

“鸡刨豆腐”软塌塌的一堆，无形可言，“色香味”，香字顶飞两边。吃这菜时，总感觉自己是条小狗，饭和那豆腐糊到碗里，糊到嘴边，黏黏腻腻的。吃快了，难免发出“秃噜”声，吃香了，难免舔净碗沿儿，舔舔唇边儿。

我小时候从不把碗，只把头埋在碗间，父亲会说：“左手打狗去啦！？”可是我嘴被豆腐米饭的糊状物糊得死死的，来不及反驳。那是我少年时最多的吃食，与其说手打狗去了，不如说那小狗就是千千万万当时的东北小孩。那些曾经钢一样硬的汉子，用这道菜把养家“糊口”做实。

小时候，家里总会莫名其妙地出现一手拎兜豆腐，也不知道是他啥时候买回来的，对，还有干豆腐。

甚是不愿回忆当年的菜单了，也不愿再提什么“东北文艺复兴”。曾经总觉得自己比父亲硬，直到自己也当了爹，领着孩子过了两年苦日子，只不过我把鸡刨豆腐换成了蚝油香菇。

我和我爹话极少，更不愿和他喝酒，曾经以为是两个东北老爷们儿都太硬了，碰不到一起。殊不知，我们爷俩儿就是两块儿豆腐，坐到一起，软塌塌的。

以后我儿又会记些什么呢？豆腐啊，豆腐，他吃的却是比他爹少。

豆腐脑的“甜咸之争”

徐小鼎

大豆研磨成浆，添加石膏或内酯等使其凝固成膏状，静置片刻后再加入各种佐料，便成了我国南北饮食共有的，尤其是早餐中最受欢迎的品种——豆腐脑。

豆腐脑的一大特点是细腻柔软，入口即化，既可以慢慢品味，也可以一饮而尽，据说还颇具营养价值。另一个口味上的特点，就是原生的豆腐脑可以说是毫无特点，虽是滑软，但总觉索然无味。于是各地的人们便纷纷在豆腐脑中添加佐料，增加口感，北方多加卤味，里面添有酱油、麻酱、韭菜花、木耳、黄花菜等，南方一些地区加有砂糖、红糖，西南地区还有辣味豆腐脑。这一下，居然还成就了网络上著名的公案，即“豆腐脑的甜咸之争”。甜党言之凿凿：甜口豆腐脑才吃得惯；咸党也不遑多让，声称咸口才是真正的豆腐脑。一来一回，不免争得面红耳赤，最后也难分个高下。

我从小长在江汉平原的鱼米之乡，这里的豆腐脑多为加砂糖的甜口，在印象中，就没怎么见过豆腐脑上还添有其他颜色的佐料。因此，我还依旧清晰地记得第一次在北京吃豆腐脑时的震惊。师傅在碗里添上豆腐脑，又倒上不知用什么做成的黑乎乎的卤水，彼时我一下子傻了眼，竟不知如何下嘴，而身边的朋友早已将豆腐脑伴着油条大快朵颐。后来，走南闯北十余载，见识逐渐开阔，方知豆腐脑有这么多不同的讲究。

经我多年观察和分析，所谓“甜咸之争”实际上是个伪命题，可以休矣。因为在各自的早餐系统中，豆腐脑扮演的角色不同，自然口味各异。

比如在“甜区”的武汉人将早点称作“过早”，其品种多为碳水，热干面、豆皮、面窝、糯米包油条，不一而足，可以好多天换着花样吃不重样，据说这来源于码头城市人们早起务工，从事重体力劳动的生活作息。一大早吃多了米面，总得来点解腻的饮料，爽口、甜味的豆腐脑便应运而生。所以在这里，豆腐脑常常被装在封口的塑料杯中，作为饮料售卖，与之相应的“平替”还有豆浆、桂花米酒等。

北方则不同，早餐品种相较南方少了很多，豆腐脑便成了和包子、米粥等并列的主菜。本来北方菜系就多为咸鲜口味，加之一大早的主菜若是甜口，不免齁得慌，这样一来，咸口豆腐脑自然是人们的不二之选。

还有一点源于南北气候有别：南方天气多湿热，甜口的饮品可消夏解暑；北方多干冷，热热乎乎的一碗咸口豆腐脑，不仅味道适宜，还能暖身暖胃。这么一来，“甜”和“咸”便有了各自合理的解释。在此申明，以上皆为本人非专业性的评述，欢迎各位看官拍砖（网络流行语，意为批驳——编者注）。

不过从整体来看，甜口豆腐脑在北方几乎无处可觅，而咸口、辣口的豆腐脑在南方（江浙、川渝等地）确是比比皆是，仅在两湖地区较为少见。这样看来，咸党在地域上已是占了上风。实际上，无论是甜、咸还是辣，相异的口味皆来源于豆腐脑这种食材对于不同口味佐料的兼容并蓄。

客居北京十多年，吃惯了咸口豆腐脑，前段时间回家，特意点了杯甜口的，尝了后才发现，自己居然已不再适应这个口味，一方水土养一方人，此言不虚。

煎豆腐

魏小河

我喜欢豆腐,以及豆腐做成的一切。不管是豆干、豆泡，还是千张，抑或豆腐丝，每一种都各有滋味，可荤可素，既是绝好的辅助，亦可以担当主角。比如豆干炒辣椒就非常下饭，豆泡炖排骨也让人流口水，至于千张烧肉，更是令人回味无穷。

不过，要论最好吃的豆腐菜式，我还是会选煎豆腐。

煎豆腐太家常了，很少在外面的餐馆看到。餐馆里要么是江浙的蟹黄豆腐、四川的麻婆豆腐，要么是广东的酿豆腐，唯独没有简简单单的煎豆腐。

我并不算老饕，只会屈指可数的几个家常菜。其中最拿手的，就是煎豆腐。这可以说是我们家的独门菜谱，是只有我和妈妈才可以做出来的味道。

它做起来非常简单。首先把锅烧热，放油——如果没有平底锅，就用一般的炒锅——转小火，把豆腐切成半公分厚，一片一片下锅去煎。因为豆腐太软，不能放在菜板上，就把豆腐放在手心上切。看起来蛮吓人，但是根本不会切到手，不用担心。

很快，豆腐全部进入锅中，现在要做的就是等待。等到底部煎至金黄，就一一给豆腐翻面。到两面金黄，就可以把豆腐盛出备用。然后洗锅，再放油，把准备好的蒜瓣和干辣椒放入锅中爆香，再把煎好的豆腐投入锅中，一起翻炒。最后放入生抽，再加一些食盐，就可以起锅了。如果有葱，可以撒一些葱花，没有的话，也没有关系。

这道煎豆腐的精髓，除了火候，还在于全程不放水。这样炒出来的豆腐，干干脆脆的，特别香。如果要加水，也只在出锅前遛一点边即可，千万不能太多。

这么做，当然不属于什么“名门正派”，是我和妈妈一起研究出来的。

初三那年，妈妈从打工的城市回来，我也从奶奶家搬回荒废已久的房子。大概从记事起，父母所在的工厂倒闭，他们就出去打工。虽然这时爸爸仍在外面，但回到自己的家，和妈妈一起生活，已经是从未有过的事情。对我来说，这当然是非常喜悦，甚至是兴奋的。

妈妈在附近的工厂上班，时间很长。我下了课，就先买好菜做好饭，再去接她。那时候我常买的菜，总是黄瓜、茄子、包菜、豆腐、豆芽之类。因为这几个菜洗起来很方便，切一下就好了（豆芽都不需要切），不像芹菜之类，还需要摘叶子。

那时很少吃肉，也不记得是因为肉贵，还是因为我不会做。我和妈妈都很喜欢吃豆腐，所以餐桌上常常出现的，就是一道煎豆腐。以前我们也尝试过麻婆豆腐，但那实在麻烦，还需要特别的调料，虽然做过几次，但都不大成功。

煎豆腐做得多了，慢慢成为我们的拿手菜。

妈妈做菜，都是自己琢磨，怎么喜欢怎么来。

她的红烧肉也和别人家的做法不一样。因为我们都不喜欢吃肥肉，所以她就把肉炒得干干的，虽然样子不好看，却是很合我们的口味。大概，不论是红烧肉还是煎豆腐，每个人都有自己的配方。一旦吃习惯了，就成为独特的记忆。

后来，打工无以为继，爸爸也回到老家。这些年，每年过年回去，都是由他掌勺，他不仅会做，而且乐于钻研。不过，他的煎豆腐，则无法做出我们想要的效果，要么放了很多豆瓣酱，要么放了很多水。这时，我和妈妈就会对视一笑，想起只有我们两个才会做的煎豆腐。

如今，轮到我跑到外面的城市。虽然日常吃食全部交给外卖，但只要做饭，我还是会做一道煎豆腐。这是我的拿手菜。

豆腐

三蝶纪

我喜欢吃豆腐，我喜欢吃软饭。字面意思上的。

幸好我不是男性，可以大大方方说出这两句话，不会让人感觉油腻。

豆腐和软饭是有共性的，不挑人，老少皆宜，绵软易消化。豆腐和软饭本身都没有太多味道，一个带着豆腥，一个带着米香，大多数时候，都要靠别的食材来陪衬。

小时候物质贫乏，餐桌上的花样并没有那么多。在我的幼年，剩饭拿开水煮成泡饭我就可以吃得津津有味，豆腐红烧一下就是人间美味。那时候的味觉单纯得像一张白纸，很容易满足。

长大以后开始见识大千世界，见识到各个国家和地区的不同人们用的食材、做的美食，对于“美味”也开始变得挑剔。认真回顾这些食材，我惊讶地发现，唯有豆腐兼容度最高。豆腐可炸、可煎、可蒸、可煮，可以配素菜，也可以配荤腥，无论贫穷还是富贵，都可以轻易拥有，可以轻易用它来创造不同花样的菜式。

古人说，谦谦君子，温润如玉。我想做一个现代人，可以温润如豆腐，玉还是太珍稀、太坚硬了一些。做豆腐一样的平凡人，可以享受平凡带来的自由，包容不同的个体。像豆腐一样服软，看到自己的不足，看到别人的优点，百纳众长，转化为自己味道的一部分。

近些年流行“comfort food”的说法，大意就是无论什么时候吃都会感觉身心舒畅的食物。对我而言，我的 comfort food 有一道，就是荠菜肉丝豆腐羹。我人生的前半部分都在江南地区度过，在那里荠菜是随处可见的野菜，去市场也能买。荠菜洗净去头，焯水切碎备用。再将豆腐切块加水，加盐、少许糖、鸡精煮开，再放入用淀粉勾芡的肉丝与切碎的荠菜，最后加入一小碗冷水化开的淀粉浆，搅拌均匀，再加入少许芝麻油，这道荠菜肉丝豆腐羹就完成了。这道菜的好处在于做法简单，每道食材都能在其中发挥自己的作用，各有各的风味，口感鲜美清爽。十多年前来到华南地区居住至今，最不习惯的就是荠菜的缺席，荠菜肉丝豆腐羹也吃不到了。

2016年初，上海的朋友王音来出差，给我带了一大包新鲜带着土的荠菜，这可真是千里送荠菜，礼轻情意重。最后它们被做成了一顿美美的荠菜肉丝豆腐羹，安抚了我的心和胃。交友本身又何尝不像这道荠菜肉丝豆腐羹，大家都在其中保留着自己的原味和本真，互相提供着支持，不争不抢。

新故事新编·采薇

天冬

伯夷、叔齐跑到首阳山上，不食周粟，采薇度日。纵然菜单变换了许多花样，烤薇菜呀，薇汤呀，薇羹呀，还有什么薇酱、清炖薇、原汤焖薇芽、生晒嫩薇叶，但日子久了，到底吃腻。

那一天伯夷独自闷坐，想要打上一套太极拳，却又力不从心，正在自怨自艾的时候，忽而叔齐气喘吁吁地跑了回来。“刚刚在山里的那群人，”叔齐对兄长言道，“自称是什么植物科考队，见我采薇，便蹲下来研究了一番。唔，这薇菜嘛，植物科考队说，应当称作野豌豆。”

伯夷听罢，眼中放出了光辉。“可记得在养老堂的时候，是有烙饼和豆腐吃的？既然这薇菜叫作野豌豆，我等弟兄也是可以做豆腐了？”

二人忙去山脚下的首阳村，要去学那制豆腐的法子。岂料首阳村的第一等高人小丙君，却对他们冷嘲热讽起来：“昏蛋，都是昏蛋！学什么制豆腐？那豆腐也是你们制得出的？要制豆腐，总要选大豆才好，想拿什么野豌豆制豆腐，贪嘴呵！”

叔齐仍不甘心，问道：“莫非只能用大豆不可？”

“亏你问得出！”小丙君从鼻子里头发出嗤笑

声，“说到原料，寻常豆腐的原料乃是大豆；苦槠豆腐的原料，用的是苦槠果实；木莲豆腐用的木莲果，正式名字叫作薜荔；杏仁豆腐自然要用杏仁；翡翠豆腐嘛，那原料有人说是臭黄荆，有人说是豆腐柴，做出来的倒不像豆腐,更像凉粉了。至于野豌豆……”

未等小丙君说完，伯夷就拉上了叔齐，一步三摇地向着首阳山深处而去。“唉，唉，死罢，命里注定的晦气。”走着，他还在嘴里嘟囔着像是诗句的感慨。

豆腐

王昱珩

于我而言，豆腐是味道，是亲人，是乡愁。

小葱拌豆腐是妈妈的味道，这在儿时可是改善伙食的标准，也是这道菜让我分辨出了什么是老豆腐什么是嫩豆腐什么是石膏豆腐什么是卤水豆腐，妈妈每次都会把豆腐用筷子夹成小块，然后递给我，让我继续切分下去，直到都碎成末，妈妈会过来撒上一些切好的小葱，最后滴上两滴香油，我看着缓缓滴入的香油，口水充满嘴巴……

腐乳是爸爸的味道，记得爸爸第一次做扣肉的时候，是用一个小碗把肉整整齐齐地码好。在几个月偶尔能吃一顿五花肉的年代，那种仪式感一定要做足，尽量每一片切得薄厚差不多，尽量每一片都带皮带肥带瘦，最重要的是碗一定要小一些，这样堆叠起来才会显得肉多一点，最后倒入腐乳，在出蒸锅的时候，香气充满整个房间。爸爸用盘子盖在碗上，然后用抹布垫着碗，两只手瞬间翻转，原本碗底的腐乳变成了山头，红色汁液缓缓流淌下来覆盖了整个小肉山……

豆腐汤是奶奶的味道，小的时候每年过春节都要回老家，先是被人从绿皮火车的窗户塞进去，然后随着春运大军连滚带爬地去坐轮渡，那个时候我的眼前会是腿、编织袋、塑料袋、网兜、脸盆……那会儿还没有出现行李箱，能拿多少东西全看你有多大气力和捆绳打结的技术，这方面爸爸是高手中的高手，感觉每一次他都可以把整个家搬走。我们坐完轮渡还要坐汽车，最后再用双腿走田埂，回到有井有羊有鸡的老房子，尤其是那个和猪圈在一起的开放式厕所……一路奔波下来，穿的新衣服便也旧了破了，妈妈会给我缝上很好看的补丁，奶奶在灶台旁扇着火，我最喜欢做的事就是往里添柴，那是地里砍下的棉花干枝条。揭开比我人还大的木制大锅盖，里面是奶白色的豆腐汤，偶尔还会有两片腌肉，有几个蛤蜊，有两片笋干，腌肉的咸加上蛤蜊和笋的鲜，再混合井水的甘甜和豆腐卤水的味道，这汤一定要烫嘴地喝下去，一边吸溜着才能完全感受这美味……

现在奶奶已经百年了，老家的房子也都改成了小别墅，那种外立面贴满厕所瓷砖的风格，家家户户都一样了，路也通了，机场火车也都有了，但井边的辘轳却没了，炊烟没了，绕着房子的小河除了垃圾不再有鱼虾和菱角了，棉花地没有了，家家门堂内一箩箩一筐筐的蚕宝宝不见了，故乡不在了，乡愁里只剩下了愁……

吃豆腐

姜思达

我坐在马桶上看死去的果蝇，它们被风吹成一团。风先让它们的死变得整整齐齐，然后让我的头发断了一根。

我在这个阴天回想上一个阴天。昨天。路上，我用自己的脑门迎接灌进来的风。我看了司机的后视镜，确认他看不见你的手按在我的双腿中间。人们在大雾中确认了很久。大雾里面是一尊大佛，人们猜想。人们在海边集合，集体呼气，试图把大雾吹开，许多年以后终于得逞了，雾散了什么都没有。但人们觉得，这反而是里面有过大佛的证明。如今这股风在全世界流窜，灌进车窗，把飞机送上天，在马桶边把死去的果蝇尸体打包起来。我坐在马桶上，回想被你偷偷吃豆腐的一瞬，起身后和所有的其他一起冲走。

双脚很麻，我靠在墙边，对你说：早安。

豆腐风骨

陶勇

一想到豆腐，我就会脑补出一幅画面：昏暗的油灯，石磨，还有一头驴。

石磨中的豆，必须是干瘪不齐的黄豆。

但这并不意味着我嫌弃豆腐，恰恰相反，因着它是苦难后诞生的精华，会令我另眼相看。

大鱼大肉，太过庸俗，属于菜肴中的脂粉。

白菜萝卜，源于自然，不加修饰但也毫无内涵。

各种做法中，我独爱油煎豆腐，单独成肴，自成一道菜。不似海鲜那样富贵，却也不卑不亢不张扬；若是做了凉拌豆腐或者小葱拌豆腐之类的冷碟，又显得失了身份，只是成为陪衬。

生来不是宴席的主角，柔软无骨仍方方正正。

一桌菜有了豆腐，才有回家的感觉，否则就是再豪华昂贵，也是逢场作戏的饭局。

家有“西施”做豆腐

刘慧萍

和我先生谈恋爱那时候，他就跟我嘚瑟过，说他奶奶是当地有名的豆腐西施。我没有见过他奶奶，自然也没把这话放心里。后来，结婚到了他家，偶有翻看老照片，他会指着嵌在相册簿首页的照片说：“这就是我奶奶。”我看着照片里的人，男相，一脸英气，青布上衣，头发挽成一髻儿向后梳着，一丝不苟。倒是手上捏着的一块花手绢能显示出那么一点女人的柔和。我边看边思忖，把脑子里对西施的注解都倒腾出来，好像也和照片上这个人对不上号。

我先生的祖籍在江苏泰州。史料上说，七千多年前，那里是一片汪洋。随着时光流逝、沧海桑田，才从逐渐东去的大海中一点一点露出今天的泰州之地。所以说，亿亩淮域之水，是那里万物生灵的魂魄。

做豆腐，应该离不开好水。

我对豆腐的最原始印象是“石膏味”，从小就不太爱吃。但婆婆却烧得一手好豆腐，蒸、煮、煎、炸，怎么都好吃。想来，这一定跟家有豆腐西施有关。我和先生结婚后，就从老家调到南京工作。人生地不熟，婆婆的一碗神仙炖豆腐总能给我安慰，给我家的感觉。

从婆婆的口中得知，奶奶是1905年生人，姓李名爱华。大字不识几个却超级喜欢自己的名字。名字里的三个字，她一个都不认识，但组合在一起，便一定知道就是她自己。她打出生起，娘家就是做豆腐的，在邑庙街城隍庙旁边的一条街上有个很小的豆腐作坊，所以，日子还算过得安稳。可是六岁那年，她父亲去世，只剩下她和母亲。因此，从十几岁的时候，她就开始帮妈妈一起干活。起早贪黑捡豆子、泡豆子，磨豆腐、点豆腐，然后，天不亮就要推着小推车去街上叫卖。天气热的时候，豆腐不能放长时间，更是着急要赶紧卖掉。因为长得漂亮，渐渐人们就喊她豆腐西施。“tei fu 西施”的泰州口音我是不太容易听懂的，但我仿佛能听到遥远的街巷深处敲梆卖豆腐的声音，能看到一个吃苦耐劳的瘦弱身影。

做豆腐，应该是个体力活。

首先要挑选饱满、上好的黄豆，拣去杂物，淘洗干净，用清水浸泡，胀大胀胖后捞出。然后，放进石磨，拉出豆浆，再装入布袋，反复挤压。待纯浆筛好，倒入大铁锅，大火烧、小火煮，一点儿都不能偷懒。关键还有点豆腐，少了稀嫩，多了豆腐就老了。这一套工序做完，把黄豆变成豆腐，人，注定是很疲惫了。

在我们家的储物间里，有一只很破旧的木桶。桶身被铁皮反复箍扎过，表面很粗糙。如果离近看，似乎还能看到当年装豆浆时滋生出的微生物。想象得到，这，就是豆腐西施奶奶留下的遗物。虽然几经搬家，仍不舍得扔掉。每每看到，确实能感受到一桶一桶磨出的热腾腾的人生。

会做豆腐的女人，应该是勤劳的。

俗话说，心急吃不了热豆腐，足以证明做豆腐的复杂和艰辛。干这活儿，又苦又累，一环套一环，来不得半点虚假。听我先生介绍，他奶奶从十几岁做豆腐、卖豆腐。从推车外卖到有自己的简易豆腐作坊，前面门脸负责卖豆腐、中间场地负责做豆腐、后场就吃饭生活。在那样生产力匮乏的年代，靠自己的辛勤耕耘，守得方正、养育后代。

今天，西施，已经不再是女人最美的代言，但我宁愿相信，我家有西施，是做豆腐的。

豆腐西施奶奶，我从未谋面。如今，我也再吃不到婆婆做的各式好吃的豆腐了，但我愿意永远记住勤劳、善良的她。

豆腐史前史

向华

“有一块豆腐，又白，又方，又没味道。”这是我们现在对豆腐的印象。

豆腐本来没有那么方，在比“从前”更久远的漫长日子里，世界上每一块豆腐都是白胖白胖的样子，一点也不方，而且随随便便就能长得很大块。那时候胖乎乎、圆嘟嘟的豆腐们满世界都是，在广袤大地上颤巍巍地走来走去，翻山越岭找朋友玩。那时候空气好、水好，好脾气的豆腐们皮肤也好，脸庞在朝霞和晚晖的映照下粉嘟嘟的。

同样粉嘟嘟的还有倒映着霞光的豆浆田，东一池，西一洼，遍布寰宇。豆浆自地下涌出，汩汩流淌，涓流汇小溪，溪水入池沼。从岩隙中沁出的盐卤混入浆水中，大大小小的豆腐块自然生成。它们摇晃着站起身，伸展胖腰肢，打个豆腥味儿的哈欠，用一双豆眼打量世界。

据说地球的岩石层下面有一片广大的豆浆海，富含氨基酸，是所有生命的摇篮。豆腐们并不知道自己是地球上最早的有机生命体，它们也不在乎，只想简单地游走，简单地玩儿。小块的豆腐和小块的豆腐玩，玩撞撞游戏。“嘿”地喊一声，“噗”地撞一下。就算撞碎了也不怕，碎块掉到豆浆池里，又结成新的豆腐，摇摇晃晃地站起来接着玩。大块的豆腐像山那么大，就和山岳一块玩。它们聊豆浆里迷路的趣事，讲盐卤结晶时卡住的笑话，聊到很晚，星星月亮都凑过来听，笑得满天一闪一闪的。

豆腐们操着豆语，聊着无聊的腐话，从来不会觉得话题太少、谈资不够。它们白白净净的头脑里除了空白的团块就是飘逸的气泡，说过的话不记得，见过的谁转脸忘记了，再见时欢欣若狂宛如初见，把豆大点的事聊成白浆滔滔的模样，可甜可咸，无始无终。豆腐主宰地球的时代就是这样简单快乐、美好绵长，既有情有趣，又没心没肺。

后来有了刀，豆腐的好日子就结束了。

刀是从地里长出来的。一起长出来的还有人和小葱。人是第一个拥有利器和调味料的生物。他们细小孱弱，肚子很饿，只能埋伏在浑圆的石头山后面，等庞然大豆腐经过，手疾眼快地削一块下来，拌上葱和盐,哗哗吃了。豆腐们对这种偷袭浑然无感。原本陆地上没有锋利的东西，豆腐不必提防任何事，它们不知道自己的某一面被削平了，以至于坐着聊天却发现再也站不起来。人们胆气壮了，挥舞小菜刀一哄而上——很多年之后他们还用这种方法捕捉猛犸象。

这一切变故太快，豆腐没有跟上时代，被削方了就没法胖乎乎乱跑了。人还为此专门发明了盘子，把切得方方正正的豆腐牢牢困住。但是不会走路和聊天的豆腐情绪低落，失去了自我保鲜的能力，容易被真菌钻空子，放一天就长毛了。

绘画　满涛

星移斗转，沧海桑田，地壳里不再渗出豆浆，自由和快乐不再那么轻易就能得到。但是靠豆腐的营养繁衍起来的人类骨子里也浸润了豆腐的DNA，在充满艰辛的生存之路上偶尔会停下脚步，仰望天边白胖胖的云朵，俯瞰水中粉嘟嘟的霞光，也会莫名感动——这都是有原因的呀！

就这样，豆腐的时代结束了，吃豆腐的时代开始了。

豆腐脑

朱小风

蛙鱼不是鱼，豆腐脑也不是脑袋。

小的时候我就分不清。

只记得在春天遛弯的时间，路牙子边边上聚集三三两两坐在矮桌前的吃客，那是只有在傍晚才能见到的景象，卖豆腐脑的人，骑着三轮车走街串巷。

白日里见不到他们的人影，在学生们下学的时候，三轮车就不知从哪里的胡同里被推出来，卖豆腐脑的人把车上的小桌子、小板凳摆开来，放在路牙子边边上，小学生背着书包叽叽喳喳，坐在路边边小板凳上，叫唤着爸妈给买来吃，蛙鱼 5 角一碗，豆腐脑 1 元一碗。装豆腐的容器是个大铁缸子，足

绘画　朱小风

足比那时的我还要高，我总是好奇里面装的是什么。看着卖豆脑的人踩在小板凳上，从里面盛出一片一片白花花的豆腐，他们把白白的嫩嫩的豆腐铺在碗底，然后再浇上热腾腾的老母鸡汤。太阳正下山，柳树在空气里慢慢发芽，春风暖暖的，缓缓而过，满意地吃上一碗豆腐脑，满是市井里悠闲的味道。

等到天渐渐沉了，满足了自己的口腹之后，妇人们唠唠叨叨拎着孩童回家，卖豆腐脑的人哼着小曲，收拾了摊子，骑着三轮车消失在胡同的深巷里。有的时候放学见不到胡同角的豆腐摊，就知道是秋天来了，要等到来年春天，天气正宜人的时候，才能再见到他们，吃上一碗豆腐脑。

豆腐美术馆

文那　祁红艳　何志森

农林菜市场坐落于广州东山口竹丝岗社区。

2018 年 3 月，建筑师何志森发起了一个名为“菜市场美术馆”的 mapping 工作坊，带领学生来到农林菜市场，和 44 位摊主并肩工作，挖掘他们背后不为人知的故事，并与他们一起完成了一系列的艺术创作，其中包括豆腐摊祁红艳的“豆腐美术馆”。

豆腐美术馆

祁红艳今年46岁，安徽马鞍山人，在农林菜市场卖豆腐29年，大家都亲切地叫她“豆腐”。祁红艳自1992年来到广州后，再没有回过安徽老家，她想等生活状况变好一些再回去，这样才有脸面。她有两个孩子，女儿晓霞在广州一蛋糕店上班，儿子

晓鹏还在读书。她所有的焦点就是晓鹏的学习，希望儿子未来不要像自己一样在菜市场卖豆腐。祁红艳是菜市场里最会讲话、最爱笑的摊主。她喜欢与顾客聊天，与很多顾客都成为了朋友。祁红艳卖的豆腐种类多达50种，大大小小，在有限的空间里摆放得井然有序，不同豆腐的颜色、成分、味道、口感、营养，做法完全不一样，看起来就是一个活色生香的豆腐美术馆。2019年7月，何志森在祁红艳的豆腐摊上挂了一个写着“豆腐美术馆”的灯牌，“豆腐美术馆”5个字是祁红艳自己写的。

2020年7月，艺术家文那来到广州找何志森，机缘巧合受到豆腐祁红艳的热情款待，这让文那非常感动。作为回报，文那为祁红艳创作了一幅豆腐神仙图。对文那来说，这件作品最精妙的地方莫过

绘画　文那

于这个豆腐神仙长得就是祁红艳真实的样子。中国历来有将真人塑造成神仙的传统，但是，过往只有帝王将相才有机会把自己的长相发展成为神像，现在因为有了文那的创作，不起眼的菜市场豆腐摊主也能成为她自己的神。

2020 年 10 月，这个陪伴了竹丝岗社区居民 39 年的菜市场因违建被当地部门拆除，豆腐祁红艳失去了她在广州的唯一工作空间。

地方风物之潮汕豆腐

林贞标

中国人除了四大发明以外，我觉得最伟大的就是发明了豆腐。但豆腐究竟是谁发明的，是哪个朝代的，我因学识有限找了半天也找不出个所以然。有许多所谓的历史文献也是自相矛盾。所以最后只能取李时珍的《本草纲目》中卷二十五的“豆腐集解”中的论述：“豆腐之法，始于汉淮南王刘安。”

这段话只是众多的历史资料中一段，也是我自己觉得比较靠谱的记载而已。不过关于豆腐是怎么来的，谁是真正的发明者，其实这些对于我来说都不重要，重要的是豆腐从发明出来开始，它就很快地流行，并且进入千家万户，不论贫富贵贱，也没有地域、民族之分，到处都有各种不同的豆腐饮食文化，并

且影响了许多民俗文化和普通民众的语言文化，特别是关于豆腐一词演变至生活中的点滴，所以比较能代表孟子的“食色,性也”之论者,非豆腐莫属了。在民间俗语中，男人对女人有非分之想者，俗称“想吃你豆腐”，出轨者叫“偷吃豆腐”。种种生活中的豆腐文化不胜列举，并且每一个地方的豆腐文化又

不尽相同。比如在我们潮汕地区也分成许多流派与习俗。

潮汕人称“豆腐”为“豆干”，因豆干的“干”字在潮汕方言中同音“官”，又因豆腐的形状方方正正，中间微微凹进去的部分形似官印，于是豆干有着做“大官”的美好寓意。在我小的时候，入学第一天，母亲还会专门为我煎一块放糖的甜豆干，希望我可以学业有成，今后能当“大官”。豆腐对于潮汕人来说有着美好的象征意义，因此在潮汕地区，许多极具地方特色的习俗都可以见到豆腐的身影，如婚丧喜庆、过年祭祀等。毕竟豆腐已在潮汕地区流行了不知多少年。

在悠长的潮汕豆腐文化中，最具代表性的当属普宁豆干和凤凰浮豆干。

普宁豆干与常见的豆腐又略有不同，其独到之处在于在原料中加入了 20% 的薯粉。薯粉是普宁豆干的重头戏，其次才是黄豆，故而有“头粉二豆三师傅”之说。豆干尤为传统的吃法有三种：煎、焗、炸。其中最为流行的便是炸。将豆干在滚沸的油锅中炸得滋滋冒泡，待炸至色泽金黄便可捞起，拿筷子扯开豆干，露出雪白嫩滑的内芯，好一个色泽分明，香气诱人。蘸上特制的韭菜盐水，一口咬下去咔呲脆，鲜香酥脆，特色的韭菜盐水又可解油炸的腻味，让人一口接着一口，停不下筷子。可谓是视觉、味觉、听觉的盛宴。更有意思的是，普宁豆干不仅可以蘸韭菜盐水做成咸口的美食，还可以蘸上红糖粉，摇身一变，成为一份甜品——豆干蘸红糖。豆腐中心的细嫩配上红糖，外皮的酥脆焦香一瞬间让你感受到脆、嫩、甜、香、烫的各种口中变奏曲。

再说说凤凰浮豆干，潮汕凤凰依山傍水，水质甘甜，以盛产单枞茶而闻名。故而极易因茶的闻名而小瞧了这别有一番滋味的美食。仰赖于甘甜的水质，凤凰山做出来的豆腐品质自然也高。个人认为，好的食材只需经过简单的烹饪也能变成美味佳肴。凤凰山豆腐的做法非常简单，即浮豆干，简而言之便是炸豆干。浮豆干是潮汕方言的特色叫法。为什么叫“浮豆干”而不叫“炸豆干”呢？“浮”是一种非常生动形象的状态描述。生豆腐放进油锅时会沉在底部，但当豆腐熟了之后便会逐渐浮到油的表面。这种形象的叫法也是由地方生活语言的演变而来的。其独到之处在于，一般会加上“草仔”，也就是薄荷叶，就着辣椒酱油蒜香醋一起食用。炸豆干的油香味儿与薄荷叶的清凉在口腔中碰撞，两种看似对立的食材却出乎意料地和谐，刺激的清凉感可以解腻开胃，外脆里嫩的口感让每一口都是惊喜，吞下肚后口齿中仍留有淡淡的豆香。在茶山看着满

山葱绿，吃着浮豆干，品着单枞茶，颇有陶渊明“采菊东篱下，悠然见南山”的意境。

都说油炸的食物会让人上瘾，经过油炸“洗礼”过的食物散发出的油香味香气逼人，让人欲罢不能，直咽口水。可每每经过这些油炸摊位，看到不停翻滚着的黑乎乎的油锅时，便有点望而却步了。有时想解解馋，我只能自己提一桶油和老板商量，把油换了吧，这桶算我送给你的。不过这个也只是我个人原因，黑乎乎的油锅也不妨碍整个凤凰山到处都林立着各种浮豆干的招牌。

抛开以上的小小插曲，再说回豆腐吧。豆腐在中国可是有着多年的历史，有着极强的烹饪可塑性。豆腐何以流传千年，经久不衰，离不开它的无骨无渣，老少咸宜，千变万化。高可至国宴，低可至街头小吃。

可做成清清白白的小葱拌豆腐，也可炖成鲜美的豆腐汤，可盐又可甜。能随着时代的变化而不断地做出改进和创新，此乃是对传统的传承。而我自己最喜欢的食材原料就是各种豆腐和豆腐制品，因为它很便宜。自从我自己有了厨房工作室，我就不断地在演绎着豆腐的各种可能性，以简烹的方式让传统的食材焕发出新的生机。下面介绍几种我常做的豆腐家常菜。

五花肉酱油豆腐煲：五花肉切薄片备用，砂锅中放入酱油水姜片，几个蒜米，一个小米辣。豆腐切长条状，一起放入小火煮十分钟，再放入五花肉大火煮两分钟即可。舀上一大勺盖在白米饭上，豆腐煲的汤汁包裹着米粒。五花肉的肉香、豆腐的松软口感和酱油的鲜香在口腔中互相缠绕着，一口气干完三大碗米饭不在话下。

我也曾用豆腐做过一道甜品——花香豆腐，用60℃的茉莉花水浸泡豆腐，压干水分后，在豆腐里嵌入三五颗松仁，放入平底锅煎至六面金黄，再撒上白砂糖和玫瑰花。白砂糖嘎嘣嘎嘣的口感和豆腐的软嫩形成有趣的对比，豆腐的豆香和松仁的坚果香气又相辅相成。一口吃下去，好吃得要命。

还有一道不怎么甜的甜品，把豆腐放在八九十摄氏度的原味豆浆里煮热了凉，凉了煮热。反复三次，大概四十分钟吧。让豆腐吸满豆浆，使豆香气变得丰富，质地也会变得润滑饱满，豆腐里每个结构都因吸饱了豆浆而变得有弹性。再加上点睛之笔，即撒上切得细细小小的潮汕传统的冬瓜糖。这样，豆腐里虽没放糖，但当你不小心吃到一点冬瓜糖的时候，那种甜就会将你脑海里的“甜意”激发。

豆腐可以说是食材界的经典百搭款，但它的千变万化远不止于此。因此要把它做出新花样可不是件容易的事，得下一定的功夫。

豆丹和豆腐

颜瑞

豆丹是连云港的特产，也是我对家乡为数不多的记忆之一。早些年上学时打车，经常被司机师傅问老家是哪儿的，对方一听，就开始操着很甩的南京话韶起来："哎哟哟，你们那儿吃虫子哦，我还吃过，像豆腐又像鸡蛋。"我听完就沉默啦，不知道该反驳还是夸他。

绘画　谢弘嫣

绘画　谢弘嫣

对于不劳而获的乐趣，我从小就有很深的体验。在奶奶家的后院，秋天摘石榴、柿子，夏天摘桃子、樱桃、毛豆、西红柿。其中，我最爱摘毛豆。穿梭在和我差不多高的大豆丛里，仿佛进入了另一个世界。豆丹就生活在豆叶上，以豆叶为食。

豆丹又叫豆虫，分青豆丹和入土豆丹两种，口味不同。青豆丹是青绿色的，和螳螂一样是我小时候夏天的宠物，可以拿在手上玩，胖乎乎的，和蚕宝宝很像。入土豆丹是在秋天钻到土里冬眠的豆丹，浑身土黄色。它们被挖出来，清水一冲，擀面杖一擀，把头揪了……我没见过，特地让我妈给我说说具体的操作流程，听完之后又陷入沉默，她很淡然地说就是这样的。

我们那儿的家常做法是豆丹烧鸡毛菜，在白绿相间中，点缀几个红色的小米辣，是餐桌上的压轴菜。隔着热气，隔着巨大的圆桌，耳边的声音交叠，豆丹的味道萦绕在很多次团聚的记忆里。

家乡的豆腐通常搭配海鲜一起吃，豆腐卷小虾皮、海蛎子炖豆腐……去早餐店是一定要吃豆腐卷的。一大清早，小街小巷里烟火气蒸腾，刚煎好的豆腐卷最好吃，烫嘴也要咬上一口，咬开是玉白的碎豆腐和虾皮，葱绿在里面显得扎眼。不吃葱的人这时候也顾不上了，几口一个豆腐卷下肚。豆腐卷我喜欢蘸醋，我们那儿的汪恕有滴醋，在外地没见过。偶然和朋友聊起这事，他说他知道，在袁枚的《随园食单》里见过，大笑。吃完沿着山边小路回家，不远处山上一团白雾，吞掉了山尖，树上一团绿雾，悄悄长成了夏天。

到了中秋，豆丹便不在豆叶上了，毛豆长成了黄豆，黄豆被磨成了豆腐。它们又都出现在了同一个团圆的餐桌上，只是互相不知道。

爸爸与豆腐

谢其章

爸爸活了九十九年零两个月。

九十九年里，爸爸因为右被派往青海德令哈农场二十一年。爸爸想着身边有个儿子，所以我在青海待了五百八十六天。我没问过爸爸青海有豆腐吃吗，反正我待的日子里没有。爸爸出差回北京，偶尔做一回胖头鱼炖豆腐，那时候买豆腐凭副食证，一户一个月两块。这道菜要用南豆腐炖才好吃。买豆腐是我的任务。劈柴胡同副食店讲卫生爱干净，老粗的皮管子冲洗地，夏天还降温。清凉的副食店和泡在桶里的南豆腐我死也忘不了。没有南豆腐的时候只好用粉皮代之。爸爸生命最后的几年口味多变，后母对我讲泥爸（陕南话）要吃豆腐脑，楼下那家泥爸说味不好要吃鸿宾楼的我就倒两趟车早晨六点半去给买来。爸爸公开地对我说没有后母五十年如一日的可口烹饪他活不了这么久。这话我姐姐活着的时候爸爸才不敢说呢。

祖父的豆腐汤

田泽骏

祖父的秘方——丝瓜豆腐汤，只有每年开春祭拜山上观音像的时候才会去做。

这种日子是要赶早起来的，似乎晚去了便是没有诚意。这时候的太阳还没上来，林间弥漫着乳白的雾，山中的生灵都仍睡着，路上仅听到某处的赶路人呼唉呼唉的呵气声。等上到了山顶土台，被树冠遮蔽的视野就突然变开阔了，然而罩着的天仍然是乌蒙蒙的，唯有一尊青白的像，看得很分明。大人们会把探路的灯笼搁在像旁，开始着手安置炉碗。这时借着灯笼的昏光能看得更加仔细：一座观音像，不大，就一人手臂来高，雪白的瓷上五官和衣着都画得精致，似乎是刚刚被世人催醒，眉眼烦恼而又慵懒地半抬着。

等太阳出来了些，就是到了摆贡品的时候。祖父会将它们从随身篮子里抱出，小心得如抱出刚接生的婴儿一般，生怕轻微的抖动就会让它们磕碰着了。而既然是拜观音菩萨，便都是素食，其中有一碗豆腐：这是老爷子精细挑选的手工豆腐，且必定是当天凌晨虔诚地赶去豆腐摊要下的第一批，掀开布盖时，它还氤氲着腾腾的热气，迎着初阳让人看着醉得发昏，豆腐也白得温润，对于参拜者，是低缓的慰藉。待焚香烧纸毕，又要将供碗里的食物捡回篮子去，带回家里吃，意为接收福分。我是不太愿意捡的，因为此时它们上头大多都已落满了灰，很不干净。然而祖父不以为意，随手拾起一个苹果，用衣角蹭蹭便往嘴里送，边嚼边含糊地念些菩萨保佑的经文，大概吃过菩萨剩下的食物，也能分到些吉祥带回家里，收获喜悦与祝福？

而带回家的几样菜中，唯有豆腐是必由祖父下厨做的。此时的豆腐已经变得冰冷糜烂，且有些许发馊了，像一个冻雪块般松散。这样的豆腐已经不适合再炒菜了，容易变酸变碎，只能加在汤里润色调味。然而就算只是汤品的调味料，祖父也能做得很讲究，他的丝瓜豆腐汤便是村里的招牌：先将切好的丝瓜和白萝卜送入铁锅炖煮，等清香溢出锅盖送上鼻尖时，倒入已切得工整的豆腐碎块，打进两个生鸡蛋搅散，再到汤色煮到已和蛋黄般金灿灿时，便可趁热出锅了。这时满屋都散着一股香，是刚打落时丝瓜的甘香，沁人心脾。味道顺着烟囱散出去，村中无论闲聊的、干活的、赶路的，都会顿一顿手头的事情，仰起脑袋尽力把鼻头往香味源头凑去，等嗅得满足了，再好像已经尝过一口似的舔一舔双唇、搓两下衣摆，继续回来干手头的活。

但我没有一次夸过这碗汤的味道，小时候只记得这碗汤是苦的，是涩的。当我尝了一勺，苦得蹙缩了脸时，祖父就会拿起筷子敲下我的碗，哄骗我再喝几口就能喝出他外加的秘方。然而就算他说得天花乱坠，再多喝几口仍是苦不堪言，我只得扔下勺子以示放弃。祖父这时也会略带点赌气，他宽大的额头会变得更加红亮，活脱脱像吴道子画中捉鬼的钟馗，接着他便扬起硬气的手指在空中绕着，说些什么“清热解毒”“苦中作甜”的夸赞话。我也试着在这时接几句，嚷嚷着更换汤料，但看他额头更红亮后，我就不再去吵了。

然而至今我还是怀疑，或许是某次供奉完的食物没能吃完，又或是经文的哪句没念得那么准确，祖父分到的吉祥并没有那么多。在我刚懂事上学不久，他在外没征兆地向后一栽，磕到了石头，再没能爬起来。

接着，就是家里少一个人的日子，我们做了和许多村里人一样的选择，大包小包地进了城里，鲜有时候再回土村楼里住一晚。等某次无意爬上山，再见到观音像的时候，是很多年后的一个晚上了。它已经从土台上栽了下去，枯叶把它的半身都埋住，在黑黢黢的夜幕下，看得不是很清晰。我猜这尊像后来很久没人祭拜了，以至于风将其翻倒，它也再等不见信徒来搀扶了。我支起它时，它没有气力再撑着自己一臂来高的躯体，表面的一丝裂缝沿着瓷身迅速地扩张，随着象征崩溃的一声闷响，刚立起的神像又裂成了两节，向后翻去。这次的栽倒没有那么幸运，白瓷像成了摔落在地上的豆腐，碎成了渣块。

我愣在废墟前，忽地想起了祖父。我一直对他的离开没有实感，但连我自己都没察觉，有些事物逐渐演变成了我对他的念想，又渐渐被遗忘，像是多年未见的神像，或是再也喝不着的汤。记起某年的年夜饭前，我在厨房打下手择菜，也是不经意间从袋子里摸到一盒超市买的豆腐，顺势就用肘顶了顶旁边的母亲，问："要叫阿爷过来煮吗？"我们就这样静了好久，厨房里只有锅里滋滋冒油的声音。在短暂的沉默后，我们仍低头做事，再没去碰那盒豆腐。

我呆立着，昏昏沉沉地想，祖父的离开终究是带走了这个乡村故事的一部分，就像我们翻出他的全部遗物，还是没有找出他的秘方一般。仅有他知道的那些：农人对神像的虔诚、口口相传的经文，还有许多来不及讲完的故事，都无力地成为老一代的陪葬，沉在了这片曾养育他们的土地里。带着无奈和哀悼，似乎也有些豁然开朗，我踏了一下这敦实的土地。一只夜游的野兔被惊得跃出草堆，没趣地打量了我一眼，又跳回了模糊的夜中。

然而没了观音像，山下的乡村生活仍是日复一日地过着。村妇热好了晚饭，敲响悬在院门的铁铃，催促她田地里的丈夫和玩耍的孩子回家。外出耕作的农人们裹挟一股汗味的风进了村子，混着烟囱里冒出的油香，拌成农家傍晚独有的烟火味道。大人喜欢端着碗就蹲坐在村子大榕树下吃饭，欣喜地聊着明年进城务工的计划，肥肉的油渍挂在咧开的嘴角和褶皱的脸上，随着他们咀嚼和交谈颤动着。油脂甜腻的味道从他们碗中散开来，连拴住的狗此时都会发出愉悦的哼叫，生灵们分享着满足与欢愉，祈告日复一日的如意吉祥。

豆腐的独白

赖声川

灯光渐亮。舞台上从黑暗中渐渐出现一块豆腐。

但是因为是豆腐，所以看不见或者几乎看不见。

沉默片段。

豆腐说话。

豆　腐：看不见吧？以为舞台是空白的，对吧？

空的空间。

对不起。我在。我。

不要为我哭泣。我在阿根廷扮演过牛排。

我只是很容易融入。融入环境。融入情境。

在一个热闹的饭局里，我的融入经常变成

消失。我消失了。我不存在。

而这都算是美德。是吧？

在那不断旋转的舞台上，我不羡慕站在我旁边的那些绚丽的朋友。他们极尽所能打扮自己，取一些浮夸的名字。佛还能跳墙呢。明明是鸡，还要称自己为凤凰。有一次我问站我旁边一个个儿矮矮的叫什么名字？他说“花团锦簇月长圆”。我怎么看他就是一个糯米团。

所以做豆腐要坚持生命中最重要的一些原则。虽然强大，但不许张扬，必须低调。必须低调。学习接受平凡中的美感与意义。

等一下。有吗？平凡美吗？如果平凡美的话，那太多东西都能算美。随时随地看到的任何东西都算美。那我又算什么？我只能 cosplay 一下，充当汉堡或鸡鸭。 但鸡还要称自己为凤，那我必须称自己为什么？素凤？

有时候想一想就火大。那时候大家都说我很臭。真的很臭。也有觉得自己腐败的时候。那时就把自己锁在一个小瓶子里，让自己腐烂到底，最好永远没有人开盖子放我出来。

但这些都是气话。老师教过，能够学会融入，是生命最珍贵的本能。融入。融入背景。等一下，融入背景不就成为背景？我难道是生命的背景？跟酒店大堂放出来的音乐一样？存在而不为人所知？

其实这是优势。这是推动修行的重要现实。学会空。让自己空掉。空。体会空性。是的，作为豆腐，我们大部分时间努力在禅定之中。

我的强大不需要你知道。 我的存在不需要你知道。我默默地、低调地给你营养。这就是老师教过的菩提心。

灯光可以暗了，但是暗不暗不重要，因为暗或不暗，我早就融入了。

灯光渐暗。

剧终。

豆腐之味

张六逸

母亲在文峰塔院上班，那里的花草很出名。因为画家多，时常把塔院的白玉兰、葡萄藤、紫藤、竹子、荷花、芭蕉入画，还有野花野草，如一年蓬、荠菜、马兰、苜蓿、大蓟等，也被写生宣纸上，在金陵面世展览。常有人问画的什么植物，画家自己也不知，统一命名为：文峰塔院写生花卉。文峰塔院的花木气息令人浮想联翩，有人来赏，顺手牵羊采花摘果，也无人恼，因为自己人也要依傍此地吃果子做瓶插。

近两年，塔院一带竟然有了烟火气，冒出很多家网红店，名也取得好听：止观、樱落、宜兰、尔雅、萤火。其中有家“麻开花”豆花鱼店，标注“现磨卤水豆花”“豆花比鱼好吃”。门庭还有一副手书对联：“吃我豆腐千百遍，我仍待你如初恋。”广告词堪称经典。“吃豆腐”在民间有男人轻薄女人之意，在这里反其意而用之，让“吃豆腐”成为一种坦诚的营销策略。每天午时，门口好多年轻人排队。我次次望而却步。这家店在塔院西边，塔院东边有另一家外文名字店：MOMOYA，我去过几次。那里有一款抹茶豆腐，是必点菜品，白色方块上撒抹茶粉、杏仁碎，养眼又好吃。其实我是不爱吃豆腐的，但这款乃是以豆腐之名行奶酪之实。我也是吃过数次方才领悟过来，这抹茶豆腐的食材与豆腐无关，只是外表与豆腐相似罢了。

家中平时鲜少吃豆腐。疫情封控期，母亲有了大把闲置的时光可以琢磨烹饪技艺，做了两样平时没做过的豆腐菜品：麻婆豆腐、铁板豆腐，刷新了我对母亲厨艺的认知。母亲平时的厨艺大概可以概括为清、雅、淡，而这两样豆腐则表现为麻、辣、劲，吃起来非常过瘾。我不知母亲是如何做出的，后来再也没有做过。细细回忆起菜式样貌，嫩黄的豆腐上撒满了红色的剁椒和碧绿的葱花，满足了一个美术生对色彩的要求。

我自小对豆腐提不起兴趣，吃豆腐的经历极为有限，外出更是很少点豆腐。只一次去京都，专门吃了趟豆腐料理，大概是源于作家枕书赞过日本豆腐蘸酱油的吃法。从金阁寺乘车至北野天满宫，已到饭点，路边有家豆腐料理店排着长长的队。日本小店总是安静有秩序，即使一人前往觅食，也能坐在四人桌慢慢享用，不予拼桌。因而店内虽坐客不多,晚到的客人却依旧在门口等待。我点的豆腐套餐，许多菜品叫不出名。店家用漆制食盘端来，各式豆腐碟置于盘中。清汤煮豆腐，豆腐味很浓郁，蘸酱吃尤佳。小菜有咸菜和豆腐皮，豆腐皮又分多种，白色豆皮味道淡些，褐色豆皮口味重。对面点的豆腐炖蛋也别有风味，咸淡适中。日本料理的一大特色就是菜式多、量少。碟子小而精致，翠绿、嫣红、奶黄，呈花状散开。亦有底部描绘花叶，吃到最后露出一枝樱花很是惊喜。这一餐我没有全吃完，多半是由于豆腐不是我的至爱美食。

然而每年近年关，远方的亲人会给我家送一桶养在清水里的豆腐。这是泰兴乡下做的卤水豆腐，与我们平时在市场买的截然不同。母亲靠着这桶豆腐给我们做过年的大菜：黑菜豆腐、黄芽菜豆腐、红烧肉豆腐、鱼圆豆腐汤。这个豆腐有一种来自远古的烟火味道，我不知如何去形容。为了保留它天然的口感，最合适的做法就是简单烹饪，油和盐两味调料即可。黑菜，我不喜；豆腐，亦是我所不喜。但黑菜豆腐却成了冬天美味的佳肴，胜过海味山珍。它们搭配在一起是一种双向奔赴，似乎只为成全彼此，最大限度地激发出对方的口感。一大碗黑菜豆腐，我能吃掉一半，吃完浑身热乎乎的，再也不觉得寒冷。

年初一早上，有吃汤圆的风俗，汤圆有芝麻、洗沙馅儿。而我家是青菜豆腐馅，这种做法南通本地没有见过。父亲出生于泰州，成长于青海，后定居江海平原。中国画有南北分宗论，亦可以南北融合。我家饮食习惯在某种程度上杂糅了南北多地口味，以江海吃喝为底色，复又间以淮扬菜系及北方膳食的调子。青菜豆腐圆子即是泰州做法。本地做汤圆用的是水磨糯米粉，而泰州用的是干磨糯米粉加粳米粉，青菜则是用上海青。这青菜豆腐馅儿是我吃过最独特的圆子，口感层层递进，不禁想到近日观展所见梵·高的《长草地与蝴蝶》，张扬的笔触与肆意的色彩呈现在纸上，是如此的不可理喻，却又合乎某种规律，顺着物象的轮廓绽开了自己的世界。原来他乡是可以在舌尖上亲近的。

半夜出发换豆腐

韩希明

头天黄昏，外婆说，明天一早，让我一个人上街换豆腐。我自豪极了。

上街，要走五六里路。这点路，根本不算远。虽然我才十来岁，抬起脚来，十里八里路都不是事儿。我自豪的是，换豆腐，要起得很早，天边刚刚泛出鱼肚白的时候出发，走到街上正好天亮，正好可以排在队伍前面，这样保证能换到豆腐。要是天亮了再出发，走到豆腐店就不一定换得到了。那时候豆制品是要凭票买的，豆腐紧俏得很，农民没有票，可以找好说话的店换几块豆腐。光有豆子，还真不一定能换到豆腐。要是能做成大人都不一定做成的事，开心呐。

睡得正香的时候，外婆叫醒了我。我一骨碌起身，挎上装着一包黄豆的小竹篮，拔腿就走。

四下里静悄悄的，月亮挂在天上，照着田野，照着路。田野里朦朦胧胧的，一眼看不到多远，不过路上亮堂堂的，连缺口、石板条、拐弯路口的半爿石磨，都看得清清楚楚的。走着走着，我才觉出来，好像这么大个世界只有我一个人在走路。好像有橐橐的脚步声？我停下来，这声音就没有了；我走起来，这声音又来了，哦，这是我自己的脚步声呢。

走在路上，我在想着，今天换回豆腐来家，外婆会怎么烧？和肉一起烧？和咸肉骨头、萝卜一起炖，炖得豆腐都是孔？不会的，不是过节没有肉吃的。把豆腐两面煎得黄黄的，放大蒜叶烧？和青菜一起烧？不管怎么做都行，哪怕是淋上半勺酱油拌一拌，豆腐也是最好吃的！每走一步就离美味近一步了哩。

我走过河边，走上渠道，又走上碎石子铺的公路。上了公路再走上三里路，过了桥平时就能看到那几个大盐仓的圆顶了。上次我和外公一起来换豆腐时，走上公路没多远，头班长途车就从身边开过，今天，我都拐弯离开公路上桥了，怎么公路上还没有长途汽车开过呢？

到街上了，两边的木门都关着，街上不如公路上亮，街道静悄悄的、黑黢黢的，只有不知哪里漏出来的一丝两缕光照着石板路。我觉得奇怪，不是走到街上天就亮了吗，怎么反倒比我出门的时候还要黑呢？

闻到豆腐的香味啦！一家店铺的门开着，里面亮着灯光，雾气腾腾里有人影闪动，香味一阵一阵飘出门来。这肯定就是豆腐店了。咦，上次我和外公来得也挺早，门前已经有人排队了，今天怎么一个人也没有呢？我走进门去。

门里的大人正在忙，一回头发现我，问我来干什么。问清楚了，他们吃惊的样子，好像是我抢了他们的豆腐。“才四点半！你一个人走来的！一个人走这么远的路！”有人指给我一张小竹椅：“你坐会儿吧，豆腐还没有做好呢。”“我能换到豆腐吧？我排第一个的啊！”“第一个！第一个！你是第一个！坐吧！”

豆腐店里暖暖的，小竹椅舒舒服服的，我心里踏踏实实的，坐得安安稳稳看大人在各种忙碌……“小丫头！小丫头！”啊，我什么时候睡着了？一睁眼，天已经大亮了。我看到门前已经排着队，已经在换豆腐了！

“我是第一个！”

“知道你是第一个，喏，”一个大人指了指小竹椅旁的小竹篮，里面已经放了几块豆腐，“第一个先换给你哒。”

我噌地站起来，就想挎起小竹篮。一个大人喊住了我，递过来一个碗。一碗豆腐花啊，已经浇了酱油。

我在别的店里吃过豆腐花，小小一盅碗，2 分钱。现在这个碗是法碗，比盅碗大，肯定不止 2 分钱。我从家里出发时，外公给我 5 分钱，给我买麻糕吃，计划里没有豆腐花的。可是，刚出锅的豆腐花真的很香哎，我忍不住咽口水。可是我又很想吃麻糕。“叔叔，我没带钱。”我试着拒绝，可是馋虫还在爬，我开始挣扎，“要不，你把我的豆腐切掉一只角，来抵这碗豆腐花。”

“你吃吧，不要钱。”

好像也不对，不能白吃人家的东西的。可是我又欲罢不能。

大概是我的欲望全写在脸上了？店里的大人都笑了。有个大人说：“吃吧吃吧，你用黄豆换的，算在里面了。”

终于心安理得了，呼噜呼噜几口就喝干了，然后买了麻糕，像得胜将军一样回家。

后来那些豆腐是怎么烧的？一点都不记得了。可是，那碗豆腐花的香味，写这篇小文时，还留在唇齿间。

西施豆腐

周倩

夷光入吴，家国情义，浣纱江畔，追忆西子，西施豆腐，代代以传。

相传春秋末期，越国女西施常浣纱于溪边，有沉鱼美貌，惹东施效颦。勾践败于会稽，遍寻全国美女以赠吴王，范蠡于苎萝村得西施。西施以家国大义为重，苦学歌舞礼仪三年，离开家乡，献入吴宫，以美色迷惑吴王，里应外合，终使“三千越甲可吞吴”。西施虽为一介女流，其报国之志却流芳千古。

而除了西施的历史故事，还有一道菜肴流传至今，那就是西施豆腐。西施出身寻常人家，父亲卖柴，母亲浣纱，西施也常浣纱。西施除美貌出众外，厨艺甚佳，尤其是她做的豆腐羹以葛粉调制，鲜嫩爽滑，引得村里人家纷纷效仿，并以“西施豆腐”称之。西施离开家乡、以身许国后，乡亲们为了纪念她，就把“西施豆腐”作为宴席的重要菜肴代代相传。据说，乾隆皇帝微服私访来到诸暨时，还夸赞道“好一个西施豆腐”。

西施豆腐，一如其名，色泽鲜嫩，味美可口，汤汁留香，后代诸暨人家家户户都会做，现已成为诸暨的传统风味名菜。西施豆腐，又名“山粉豆腐”“大豆腐”“荤豆腐”，其特别之处在于以山粉勾芡。山粉实际上是番薯粉，将番薯清洗粉碎后分离过滤出淀粉水浆，沉淀后晒干，便制成干粉了。此外一般准备嫩白豆腐、猪肉、笋、鸡汁或肉体、山粉、葱为原材料，讲究的还配以金针菇、木耳、鸭肠鸡胗等。

烹饪西施豆腐时，将豆腐横竖切成小块，猪肉、笋等切丁，先炒制配菜出香，再倒入豆腐和鸡汁肉汤烹煮，山粉加水调匀后倒入锅中调羹，不可过稀也不可过稠，这是最考验功夫的。等豆腐变至金黄时便是好了，再撒上一把绿色葱花等待出锅。“心急吃不了热豆腐”，西施豆腐刚倒入碗中时较烫，待吹凉后再吃，因豆腐小块，需用勺子舀着吃，入口鲜嫩柔滑，暖胃暖身。腾腾香气中，氤氲着一家人的欢声笑语。

西施豆腐是诸暨人的美食基因，是情感脉络，是节庆纪念，是一年又一年的相见。诸暨人的待客聚餐、传统佳节团圆饭、年夜饭、红白宴席等等，肯定有一道西施豆腐。招待来客，西施豆腐是热情好客的名片。节日相聚，西施豆腐是血脉亲情的联结。年夜饭上，西施豆腐是团圆美满的祝福。红白宴席，西施豆腐是人生轨迹的记录。而对于在外的游子来说，西施豆腐是遥遥相望的思念。

一碗西施豆腐，承载着对西施的怀念，对乡情的寄托。

家乡的豆腐坊

王雪霖

我的祖父是开豆腐坊的，他的小作坊就开在皖北小城集市最热闹的桥边，方圆几十里，独此一家。没见过祖父，甚至连照片也没见过。据姐姐说，祖父和父亲长得很像，都那么仪表堂堂，温雅俊朗。薄田寒舍，算不上耕读之家，祖父的四个儿子却都进了学堂，尤其是三伯父长大后还成为人民教师，娶了同为人民教师的三大娘。知书达礼，本分厚道，能勤能俭，祖父也和他做的豆腐一样闻达乡里。

二十世纪五十年代，公私合营，祖父的小作坊归国有了。合营细节不详，政府似乎也没亏待他，解决了孩子们的工作问题。忠厚老实的二伯父和裹着小脚的姑姑被安排在豆腐店里干些杂活。我父亲聪明好学，能写会算，尤其是心算，比算盘还快，被安排在百货公司负责采购，走南闯北，也算见过世面。兄妹们和他们的父亲一样淳朴勤劳，平凡平淡，生活着，工作着，从青丝到白发，直至光荣退休。

记忆中，豆腐店里总是湿漉漉的、热气腾腾的，弥漫着卤水的涩涩苦味。我常去店里，不是去玩耍，是要给生病的母亲买豆浆。母亲病了，具体什么病，父亲讳莫如深，生怕母亲知道。总是听见他叮嘱母亲，多吃些，多喝些，别累着。二十世纪七十年代，物资匮乏，肉蛋甚至豆腐都要凭票计划供应。家里孩子多，父母的工资以及家里的粮票仅够填饱肚子。除了正常的治疗，要让母亲多吃多喝，补充营养，只能买些市集上不常见也不算太贵的甲鱼，或者多喝点不要票的豆浆。

那年我六岁，小学一年级，几乎每天都要在上学之前去趟豆腐店。有时候会帮班主任张老师带两角钱的豆腐，更多的时候是去买豆浆。5分钱半大搪瓷缸子，二伯父或姑姑总是给舀上满满的一大缸子。一脚深一脚浅，小心翼翼地端回家，趁热让母亲喝下。仿佛母亲喝下，即刻就会力大无比，还会像年初那样背着我迎着疾风暴雨狂奔在上学路上。母亲喝着，总会留些给我。知道我不喜欢豆浆的苦味，就会随手加勺白糖，涩涩的苦味瞬间变成了人间至味。那个年代，那段岁月，没有哪个孩子不爱糖。

印象里，好像很少赖床，只要父亲轻轻拍拍我的被子，就会腾得跳起来，揉着惺忪的眼睛出门。尤其是冬日，天还没亮，黑黢黢的，去早了，豆浆还没煮沸，我就会蹲在巨大的铁锅旁边，静静地望着红彤彤的炉火，祈祷着母亲的生命之火也能如此熊熊燃烧。两年后，母亲还是走了。也许，上天心疼母亲在人间太辛苦，提前招她去天国了，想必那儿再也无病无痛无忧了吧。

之后的岁月，哥哥娶亲，姐姐嫁人，家里只有我和父亲，我们也从老城搬到了新城。豆腐再也不用票了，想吃多少吃多少。于是，白菜豆腐、豆芽豆腐、煎豆腐、煮豆腐、豆腐丸子，各种各样的豆腐成了我们父女餐桌上的主菜。父亲爱吃豆腐，不知道是母亲的原因，还是豆腐家族的基因，只是苦了我，多年后，我再也闻不了豆腐里卤水的味道。

当然，除了豆腐，父亲还会做很多菜，尤其是春节才能吃到的高汤煨制的皮肚汤，滴点麻油，撒点胡椒，放点香菜，想想都馋涎欲滴。只是再好的东西，也不能总吃，否则就是在煎熬味觉，尤其是对我这个倍受宠溺挑嘴的老幺。有一年，大学期间写信给父亲，想吃他做的小鸡烧茄子，整个假期每天都是小鸡烧茄子。又有一年，想吃鳝鱼汤，整个暑假每天都是鳝鱼汤。这么多年，我不爱吃茄子、小鸡、鳝鱼、白菜、萝卜……当然，更不爱吃豆腐，包括各种各样的豆腐。

也许是父亲总想把世上的好东西都给女儿，就像他当初想给我的母亲。为了给母亲治病，自己舍不得吃一口豆腐，舍不得喝一口豆浆，成筐成堆的甲鱼，出差途中搜集到的种种偏方，只要有一丝一毫的希望，父亲总是想试试再试试。最终还是没能留住母亲，但掩埋在厨房对面墙根的草药渣、甲鱼壳，却营养了蔷薇，成就了满墙的粉色、满院的芬芳。这也许是他们另一种形式的不离不弃、相依相守吧。

多年后，父亲去天国和母亲团聚了。想吃豆腐了，再也吃不出父亲的味道，想喝豆浆了，再也喝不出母亲的味道。他们不在了，牵挂没了，回家也少了。每每回去，还是会和姐姐们一道到老城的桥边走走。桥边的豆腐店早就没了踪影，桥下的河水却依旧清澈如镜，河岸还被改造成滨河公园，种满了花团绿草。清风徐徐飘来，似乎还弥漫着潮潮的、涩涩的、浓浓的卤水味道。

豆腐，让我忆及那个年代

王玉平

发音之困

“中国所创。色白，持水性好，组织细腻、柔嫩、紧密，富有弹性，口感爽滑。大豆经浸泡、磨细、滤净、煮浆后，加入少量凝结剂（石膏、葡萄糖酸内脂、盐卤等），使豆浆中的蛋白质凝结，再除去过剩水分而成。可作烹饪原料，制成多种菜肴。”这是

2020年问世的第七版《辞海》关于“一种大豆制品”的权威解释。可是说起来难以置信，这种国人司空见惯的“大豆制品”名称的发音,曾经让我陷入困惑。

20世纪50年代的涟水农村，没有幼儿园，我最初的口语是跟文盲、半文盲的家人和邻居学来的。而对于上述“大豆制品”名称，前一个发音“dòu”大家基本一致,可是后一个音,我依“家学”发为“fu”。可是，紧挨我们东边的一家发为“佛”的入声，西边还有人家发为“wu”，经常到门前叫卖的一个邻村老汉却吆喝为“fōu”。到底谁是对的呢?上小学了，一年级只一个班，在学校以外的民房里上课，一位本地老先生（当地对学校老师统称“先生”）包班教学，只有语文、算术两门课，其他什么都没有。老先生姓“姜”还是“江”我们也不知道,他对那个“大豆制品”名称的后一个发音也是“fu”。在我的心目中，姜（江）先生就是“较音器”。可是这位老先生教我们“肉”大致读为方言“辱”的入声，“玩”大致读为方言“完”的第一声，而我们村庄的人口语中称呼“肉”、表述“玩”的时候，以及小学二年级以后的老师读“肉”“玩”这两个字的时候，都没有这样的发音。

至于作为我上学后第一位老师的那位姜（江）先生为何那样教我们读“肉”“玩”，直到就读中文系之后我才找到原因。肉,《国语词典》注其“又音”为rù。玩,《说文解字》注为“五换切”。原来，姜（江）先生对这两个字的发音是古音（又音）与方言混合的产物，他的“学问”可能来自当地某位尚古求异的私塾先生。而我小学二年级以后的老师，有的没有姜（江）先生那么老的“资格”，没读过私塾，即使有的读过私塾，也和姜（江）先生不是一个师父下山的。

鸣呼，文化的荒原由此一斑可以窥知全豹……

制作之累

大概 1965 年冬到下一年春的几个月里，我们家每隔一天会做一包豆腐在村子里售卖。其实，那成品是塑形于边长约 60 厘米、深不到 10 厘米的用树条编成的方筐中的长方体，重七八公斤，因为用布包裹，所以称之为“包”。为何隔一天才做一包？后来推想，可能有对村民的购买能力、家人对豆渣消耗能力的考虑。

做豆腐全程由母亲主导。

耗时最长的是磨豆浆。一个四条腿支撑的木架上面，两个直径约50厘米的石头磨盘，下面一个固定，上面一个的脊背上装有木质横杆，推动横杆，上面的那个磨盘就能转动，这个物什我们称之为“拐磨”。磨架下面是一个口径大、用于接豆浆的木桶。“拐磨”又是动词，指操纵“拐磨”。拐磨由两个人配合进行。后面的人握住连接于磨盘横杆的“磨担”，交替着做向前推向后拉的动作，无限周期地反复，前面的人在拐磨的侧面，弯腰，左手握住“磨担”，交替着做向外推向内拉的动作，无限周期地反复，这样磨盘就可以持续转动起来。而同时，前面的人还要把握节奏，用勺子将浸泡后的豆子适量送入“磨眼”。

拐磨是姐姐们的事。当时的我虽然也能胜任后面那个人的操作，但因为是家里唯一的男孩，排行又最小，母亲很少让我干活。磨完浸泡好的几大盆豆子，因为没有钟表，不知需要多长时间——后来推想可能少不了两个小时吧。姐姐们白天是要参加生产队集体劳动，累了一天，晚上再这样加班，疲惫的感觉我无以知晓，可是我看到她们冬天里也要脱去棉衣，脸上全是汗水。因为前一个人一直弯腰操作，过一段时间就要停下来直一直腰，或者换到后面的操作岗位。中间休息的时候，我还偶尔听到她们叹气或埋怨的声音。在这当中，母亲会不止一次地提醒每次投入“磨眼”的豆子要少一点，因为那样才能磨得细，豆腐的生成率才会高。

过滤，我们称“吊浆”。一个从房顶上吊下来的十字木架，下面一块边长约80厘米的白布，四角系在“十字架”的末端，形成布兜，把磨好的“豆糊”

一次次少量地倒入布兜，滤出豆渣。操纵“十字架”来“吊浆”只能由母亲来做，因为一旦操作不当，布兜里的“豆糊”就会从某一侧流入下面的豆浆，前功尽弃。过滤出来的豆渣还要搅入水中，再“吊”两次。全过程得一个多小时吧，母亲的手臂一直在有规律地操作，注意力还得高度集中。

在进入煮豆浆的程序之前，母亲一般会催促我早点睡觉。

有个下午一直下雨，姐姐们没出去干农活，做豆腐的开始时间提前到傍晚，煮豆浆在晚饭前进行，我才得以见识母亲如何精心往煮好的豆浆里“点卤”。据说放得多了豆腐会很老，少了又会太嫩，前者无疑会减少成品重量，后者又不便售卖。到了锅里结出白花花的豆腐脑的那一刻，弥漫于空气中的香味袭来，饥肠辘辘的我再也忍不住了，闹着要吃。可是母亲只给我装了半碗，嘴里还念叨着“吃多了就赔本了”。后来猜想，平日里母亲让我早早睡觉，原因之一正是为了避免不让我吃于心不忍、让我吃又担心赔本的两难吧。

等到豆腐脑入筐压成长方体之后，晚饭是喝“三浆粥”，加上炒豆渣。“三浆”是第三次过滤得到的豆浆，虽然寡淡，但尚有余味。至于豆腐，只是偶尔在卖不完、担心变味的情况下，母亲才忍痛放入自家饭锅里的。

做豆腐之累，不只在身体，还在心理吧！

售卖之难

卖豆腐是母亲的事。逢需要卖豆腐的那一天，母亲会起得很早，做好早饭，赶紧出发，这样既能保证起身后就去参加集体劳动的父亲和姐姐们回家后能够有吃的，也为了我能填满肚子再去学校，还能赶在前面所说的那个邻村卖豆腐老汉到来之前出门抢早市。

寒假了，我多次想跟随母亲看看怎么卖豆腐，母亲都以天太冷的理由拒绝。一天晚上，母亲终于答应我第二天早上跟随她去卖豆腐并帮她算账。

那天早上，我喝了一碗刚烧好的“三浆粥”，感觉身上很暖和。与此同时，母亲已把装有豆腐的筐搬上独轮车，筐的外面裹了棉衣，豆腐上面还盖了棉衣。

太阳还升得不高，晒在身上没有暖意，地面结着冰，如刀似的凉风割到脸上、顺着脖子吹到胸窝，我感觉很冷，但不敢说出来。那时候我穿的是手工缝制的“大腰裤”，裤裆向上就像直筒的口袋，而用布条系在腰部。“大腰裤”区别于缝纫店做的“小腰裤”的一个地方是没有两侧的口袋，我们称“插手”，有的人家好像称“插口”——应该又是口耳相传形成的差别吧。所以，我只好把左手插入右边的衣袖，右手插入左边的衣袖。可是，母亲双手抓着车把呢，连手套都没有。

听到叫卖声，大小不一、毛色不同的狗反应最快，它们似乎同时窜到离我们很近的地方，汪汪地叫。我很害怕，只好紧贴在母亲身边。

我们家孤门独户，除了跟门旁几个异姓人家沾点亲戚，与村子里其他人家一毛钱辈分关系都没有。可是，见到年龄大一点的，母亲总是“大老爹”“二奶奶”地主动打招呼，遇到与她年龄差不多的则称呼“老大哥”“老嫂子”之类。

想买豆腐的人来了，总要伸手在豆腐上按一按，口中抱怨“全是水啊”。母亲并不阻止那只脏手，拿起裹在豆腐外面的布擦去豆腐上的黑色手指印，笑着说：“水豆腐，水豆腐，豆腐是水做出来的。”遇到有人抱怨豆腐“太嫩”，母亲则说：“这豆腐还嫩啊，那就没‘落头’（按：‘地方’的意思）买老豆腐了。”

等到决定买了，接下来就是指着要边子上的，因为所含水分相对少一点。再接下来就是充满怀疑地盯着秤看，双方一起折腾来折腾去把账算好了，又讲来讲去要去掉零头钱，有的还只给一部分钱，说是“下回一起算”，等等。不少人家是拿豆子来换的，按一斤豆子二斤豆腐折算。遇到很差的豆子，母亲有点犹豫，但为了能让豆腐出手，过秤之前她会伸手拣出其中烂掉的豆粒，豆子的主人马上阻止，母亲只好勉强收下。

日复一日的局面肯定比那次跟随所见复杂得多，母亲不识一个字，怎么应付过来的，难以想象！

按20世纪20年代的封建陋习，母亲小时候被迫裹脚。因为足骨严重畸形，成年后脚长只有十二三厘米，脚趾被挤在一起，像尖头皮鞋的形状。这样的封建“小脚”，给母亲的行走带来不小的影响。可是卖出一包豆腐，估计得两个多小时，母亲那双严重受伤的脚又是怎么支撑的呢？

寒冷之中有时也会让人心生些许温暖。记得有一次，因为某个环节失误，做出来的豆腐卖相很差，不能“上市”了，母亲便请邻居们帮忙，以稍低的价格每家一块,一时没钱的暂时欠着,这在当地叫“托送”。在经济那样困难，邻居们不敢轻易享受豆腐的年代，能够接受一块低质的豆腐，邻里之情可贵啊!

那年的豆腐

庞余亮

说起那年的豆腐，就得说起那年的黄豆。

这好像是句废话，但对于我来说，并不是废话。那年的豆腐，我把它叫做“豆腐肉”。那年的黄豆，我把它叫做“金豆子”。

还是先说“豆腐肉”吧。

“豆腐肉”是一个穷人家最馋的孩子的秘密叫法。

猪肉当然比豆腐好吃多了，可是要吃到猪肉必须要等到过年。退而求之，没有猪肉吃，去豆腐店拾块豆腐烧咸菜，本来咸菜不是太好吃的，有了豆腥味的豆腐的加入,那豆腥味就在铁锅里被置换成了“肉”的味道。

“豆腐肉”，就是在灶后面一边烧火一边咽口水的馋孩子对它的命名。

这样的“豆腐肉”上了桌子，我还是不能多伸筷子。家里有个规矩:谁干活，谁的力气大，谁先吃。

父亲当然是我们家里第一个人吃饭的人。

等到我上桌的时候，“豆腐肉”已经看不到多少了。每次吸吮筷子头上最后的“豆腐肉”汤汁时，我就暗暗下决心。我要自己给自己买“豆腐肉”。

每天都有新豆腐。

新豆腐都在豆腐店里盛满水的扁缸里。

要把新豆腐拾回家，就得花钱买，或者用黄豆去换。

我当然知道豆腐都是黄豆做的。

我是把黄豆叫做金豆子的。

金豆子的故事来自父亲说的一个发横财的故事。这是在兴化中堡湖里发生的传说，说是有天夜里，一个在中堡湖里行船的人忽然看到了一个村庄，就停船上岸，村庄里的人很热情，给了他一把炒黄豆，他嚼了一颗，发现咬不动。于是就塞到了口袋里。到了第二天早上，他发现村庄不见了，本来系在大榆树的船却系在了一根芦苇上，而口袋里的炒黄豆变成了金豆子。这个人就这样发了横财。

这个故事对馋孩子来说并不具有诱惑性。馋孩子就需要好吃的。我就把黄豆叫做金豆子了。

我决定积攒自己的金豆子。

我们家里是有黄豆的。但那黄豆的主权不属于我，属于母亲。

我悄悄瞄准了人家收获过的黄豆田。

黄豆秆上挂的黄豆荚从来不是同时成熟的。首先成熟的黄豆会“自爆”。“自爆”完的黄豆，有的属于喜鹊，有的属于田鼠，当然也有被田鼠和喜鹊疏忽掉的。

那些被田鼠和喜鹊疏忽掉的黄豆就是我的金豆子。

母亲是知道我在悄悄积攒金豆子的，她没有说什么。反正又没有动用到属于她的黄豆。

收获黄豆的季节过去了，我积攒的金豆子也快有两小把了。母亲也终于开始问到了这些金豆子的下落。

我没说话。

母亲笑着猜我是想吃炒盐黄豆。如果我想炒的话，她是允许我用盐的。

我当然知道炒盐黄豆好吃，可我的目标是“豆腐肉”啊，等候了一个秋天的“豆腐肉”啊。

母亲说可能一块豆腐也换不到啊。

我没有说话。

母亲说她可以代我去用黄豆换豆腐。

豆腐店离我们家很近，大约步行十分钟。我带着满嘴巴的口水等着母亲。过了一会儿，拿着碗的母亲回来了。碗里有东西，但不是我渴望的“豆腐肉”，而是满满一碗的新鲜的豆腐渣。

后来，母亲就把这碗豆腐渣炒成了一碗辣椒炒豆腐渣。

豆腐渣上桌了，我当然也获得了上桌吃饭的资格。父亲和母亲都在表扬我“有用”，表扬这碗用金豆子换来的豆腐渣真的很香很香。

我当然知道这碗炒豆腐渣很香很香，但我心里还是更想我期待了一个秋天的“豆腐肉”。

禅味豆腐

林谷芳

豆腐是中国人最日常的食物，也是蛋白质营养的重要来源，它不起眼，却极端亲切，不只好下口，跟许多食物又极好搭配，以豆腐为食材，可以好好摆上一桌菜，但一般来讲，它还是很亲民的食物。

说日常，豆腐在僧家尤其如此，不摄取动物性蛋白质，豆类食物就成为这类营养的主要来源，而豆类食物的结晶就在豆腐，它看起来最简单，却也最符合简素的生活，所以寺院修行，许多人就是以一碗清粥、一块豆腐、一碟酱油开启一天生活的。

说日常，禅门一句话“平常心是道”，不能在日常体践的，跟生命就难有根柢的关联，所以禅家谈“日常作务”，强调在日用中锻炼自己。禅寺中，你是种菜的“菜头”，就把菜种好，你是烧饭的“饭头”，就把饭烧好，而统领斋食一事的，更称“典座”。所谓“首座调性，典座调命”，在禅门，日常执事与修持办道不仅同等重要，更成其一事，所以历来也有由此而统领一山而为祖师者，如沩仰宗开山祖的沩山灵佑就在百丈怀海下任典座。

日常修行是“极高明而道中庸”之事，“道中庸”是人人可行，“极高明”是由此可契于大道，它贯通于禅门，自然也及于禅门的豆腐。

高明可以是“事”上的极致，“文思豆腐”就是其中之最，它是清代扬州天宁寺文思和尚所创，据说乾隆微服探访民情，入寺等待用餐，闻香客对一道豆腐菜赞不绝口，乾隆因而点此亲尝，待得端上，却不见一块豆腐，只有千万条白丝线于汤上漂浮，一问，才知这白丝线就是豆腐切成，真乃刀工非凡，尝之又鲜美无比，再问，这样的菜并无菜名，只知是寺内文思和尚所做，乾隆于是将它列入宫廷御膳，并命名为“文思豆腐”。

文思豆腐须“心手合一”，手眼刀一体才能完成，虽是事上工夫，刀工上，却得“入于三昧”才能完成。

所谓“入于三昧”，是“现前一事，再无其他”。明代鸡足山悉檀寺有位释禅本无禅师，虽锐志参究禅法，却始终法眼未明，一日，托钵洱海城中，闻邻室有人唱云“张豆腐、李豆腐，枕上思量千条路，起来依旧卖豆腐”，忽然尽放一切而开悟。

这是“理”上的豆腐：与其千思万想其他路，不如老老实实现前一念地卖豆腐。

禅讲“理事一如”，理是“见地”，事是“工夫”，豆腐是禅家之日常，是饭食准备上具现的工夫，而豆腐所具的特性，又让禅人有理上的体悟，所以常提醒人“心急吃不了热豆腐”。豆腐的“素淡”，更直指禅家的美学与生命境界，正所谓“淡中有真味”。

将此“淡中有真味”的“理”，在“事”上作极致展现的，是禅寺中的“汤豆腐”。

豆腐由中国传至日本，在中国与日本都有许多的衍生菜肴，但“汤豆腐”，就只以清水煮白豆腐，水质要清，豆腐要色泽纯白，味亦淡薄，由此而具现“真味”，成为日本禅院最具禅味的一道料理。

从僧家一粥一菜的日常饮食，到人间结缘的刀工佳肴，最后臻于禅之味的清汤豆腐，豆腐这角色的变化，亦如行者的锻炼历程，真是从“见山是山，见水是水”，到“见山不是山，见水不是水”，再到“见山只是山，见水只是水”。

一方豆腐，也可以是如此的一方山水，如此的一方天地！

石拱房的豆腐味儿

周中罡

（一）

“瘦猴子陈老三出了名的爱贪便宜，他叫上罗瞎子下馆子打平伙，吃豆腐回锅肉。想欺负瞎子看不到，自己每一筷子都专挑肉拈，结果这次遇到高手了，你猜咋的？”王石匠顺桌瞅一圈，自问自答，“罗瞎子是眼瞎心里明，筷子在碗里用力一夹，那软软的豆腐自然拦腰两截乖乖让路，这不每筷子夹的都是回锅肉了吗？”他说完带头哈哈大笑起来，昏黄的煤油灯下，两排牙齿闪着白豆腐一样的光泽。

王石匠是故事篓子，酒桌子上从来都是他的专场。我家要建新房子，先得请石匠打地基石备料，照例每晚都会请匠人喝点烧酒解乏。母亲在厨房里忙活儿，上小学的三哥负责端菜，每端一个，就坐过来一同进餐。

“后来那些豆腐呢？”三哥吞了一下口水问道。

桌子上的大人们突然哄堂一笑，似乎故事本身的趣味比肉味鲜美，而三哥还留恋那一堆被淘汰的豆腐。

那天晚餐桌子上没有回锅肉，也没有豆腐，只有几碗清炒时蔬，下酒的主菜是一碗青椒丝炒黄豆，将黄豆炒熟后加水焖软，再放油盐加青椒丝炒。直接干炒黄豆下酒，虽然满口生香，但容易上火，多出这一道程序，也算得主人家待客又费了一番苦心和诚意。

匠人们走后，三哥巴掌猛力一拍桌面，似乎是发泄刚才遭到大人们嘲笑的愤恨，落在桌缝里的黄豆应声跳将而出，一下子被三哥逮住丢进了嘴巴里。

母亲把厨房收拾停当，边在围裙上擦手边说:“老三，你明天放学后称三斤黄豆去村里薛公公豆腐坊里佐几坨豆腐回来。”

匠人们酒桌子上明里说的是笑话，可母亲却分明听出了弦外之音。村里规矩，凡请匠人，开工和圆工这一头一尾必须是肉菜，中间豆腐凉粉隔三差五凑合着，就看各家生活水平和主人家的心意了。

当然，餐桌上的油荤质量也决定着匠人们手下活儿的质量和进度，双方都心知肚明。

多年后，凡在桌子上看到豆腐回锅肉，三哥就条件反射般想起这个故事。一个豆腐当了陪衬被垫背的笑话，说的是瞎子的睿智、瘦子的奸诈，还有物质贫乏时代的人间幽默。至于究竟有没有这么回事，也只有鬼晓得。

（二）

村里唯一做豆腐的是薛公公，当然，他做的不仅仅有白豆腐，还有烟熏豆腐干、黄亮亮的玉米凉粉，以及白嫩中焕着青绿色的豌豆凉粉，那种嫩是微风吹过也会随着波动一番，以至成年后凡说到娇嫩，我以为豌豆凉粉才是极致。

薛公公在家里熬夜加工，白天就挑着担子走街串户佐豆腐。村里各条道路被他巡逻一般走得溜熟，他挑担子的身影在院子外大路上远远地出现，各家的狗狗就齐扑扑跑出来比赛着咬，一时吠声迭起。待稍微走得近了，狗狗们又齐齐噤了声，摇着尾巴迎上去。院子里陆续走出人来，有人手上端了黄豆已经在等候了。

他这活儿极是辛苦。别人去集市上卖菜或卖柴，重重的担子压得扁担在肩上随着步子惊慌弹跳，但回来时却一身轻松，中午还可以在酒馆喝二两。薛公公出门一重担，回去担更重，走得离家远了，午饭顺便在哪一家熟悉的农户凑合一顿，代价是送两坨豆腐，相当于打个平伙。

薛公公白白净净，下巴上没有胡须，和他做豆腐的活儿很般配。三十多岁的人，被全村的男女老少叫着公公，是因为他辈分高。但后来看电视里演太监的，沙哑着嗓子尖声说话，迈着细碎步子，微微佝偻着身子，一脸细皮嫩肉下巴光光，我便突然想起薛公公来。他不也是这个模样么？莫非这公公的名儿，还藏着另一层含义，平白让他吃了个哑巴亏？

薛公公是有儿女的，两姐弟靠着豆腐的滋养，姐姐豆腐一般白白胖胖，考学之后，在城里工作了；弟弟黄凉粉一样壮壮实实，当兵转业后也在城里上班。这不仅仅是薛公公的骄傲，也是全村人酒桌上炫耀的谈资。

（三）

王石匠除了给村民打地基石，真正显示他手艺的是打石磨子、石猪槽、石头水缸等这些家庭生活物件，平时挂在嘴边最多的一句话："再坚硬的石头，在我手里跟切豆腐一样轻松。”

但他更多的时候却是长吁短叹，说自己成了末路英雄，祖上传下来的精雕细刻手艺没了用武之地。家家都在图吃个饱饭，哪容得下你在一个石缸子上费半年功夫磨磨蹭蹭刻出个八仙过海来。

机会来了，1969 年，村里打算修公猪圈，村支书找到王石匠，让他带队去德阳红光大队取经，这简直就是瞌睡遇到枕头。他围着那个两层的石拱房猪圈上上下下里里外外地看一圈，用手指一掐那些石头尺寸，数一数数量，心头就八九不离十了。回来组织了二十几个石匠和主要劳动力，画了草图就开工。石头在山边就地取材，不到半年时间建成了。

石拱房一层十六拱，中间是通道，双排三十二间，可同时养猪上百头。墙壁是四棱上线豆腐墩墩一般的标准石材砌成，每一间有个窗口采光透气。还有楼梯可以上到宽阔的屋面，地下是封闭的化粪池。在家家户户都是土坯房的村子里，这绝对算得上是一项大工程，也是具有现代化气息的建筑物，更是孩子们放学后最爱玩的地方。

三哥就在石拱房附近的村小毕业。成年后去上海打工，以及后来在成都创业，每次春节回老家，都例行去石拱房溜达一圈。

前年春节，当村支书的隔房姐夫在石拱房前把三哥截住说：你这么喜欢石拱房，干脆回来把它承包了，周围配一百亩土地，面前挖个鱼塘，搞乡村旅游。国家现在出台乡村振兴政策，我去跑政府支持把道路给拓宽点可以通车。

你好好琢磨一下，等你消息。村支书转身时望一眼石拱房说，这石头房子闲置多年也没得用了，拆了码堡坎也是迟早的事。

后面这句话把三哥给激将了。他很快把成都项目给他人管理，自己脱身出来，带了老婆、女儿、女婿一起住进石拱房里。

如果把石拱房用来做餐饮经营，还原手工点卤的传统手艺和场景应该不错。他想起了村里的豆腐匠薛公公。

（四）

村里青壮年进城打工走得差不多了，薛公公一辈子做豆腐，现在不再挑担子走街串户，而是根据镇上逢场的节奏，三天做一次，骑了摩托去街上卖。

街上馆子里都是县城批发的机制豆腐，薛公公的手工豆腐要贵一些，就靠一块一块地零售。完了，去馆子里和朋友喝二两高粱烧酒，海阔天空冲壳子，摆闲条（“冲壳子，摆闲条”为四川方言，意即吹牛闲谈）。

薛公公七十多岁了，老伴前几年过世了，子女要他进城，但他坚持说自己身子硬朗，不想去吃闲饭，再干几年。年轻的时候，经常有人上门来求拜师，那时候都知道地盘小消费力有限，手艺人都怕教会徒弟饿死师傅，现在机制豆腐量产了，年轻人却没人学这门手艺了。

三哥在街上找到薛公公说要拜师，请他空的时候来石拱房看看，指点一下布局。又过了几天，三哥在街上没见到薛公公，就赶去他家里。

房门锁了起来。

问了邻居，才知道薛公公骑摩托摔下坎，肋骨断了几根，儿子回来把他接到大医院治疗去了。

为了让他断了做豆腐的念想，儿子把所有做豆腐的工具全部一把火烧了。邻居一努嘴巴说:那一堆，都燃了三天了。

三哥赶到灰堆边，用木棍刨开，还有淡淡的一缕青烟。那些木质盒子、布面帕子、竹编筛子统统变成了一堆灰。

三哥找来口袋，把那一堆灰装了回去。

（五）

学做豆腐的事情搁浅了。三哥在村里走一圈，发现乡下土坯房老院子拆除后，大家要么在城里买房，要么在靠近路边修建了小洋楼，到处是遗弃的石磨子、石猪槽。他开始挨家挨户上门去收集闲置不用的旧农具。

石拱房一间一间被他布置成了二十世纪农村家

庭常见的摆设，有厨房里的锅碗瓢盆陶罐，有屋里桌椅和墙壁上的伟人像及样板戏剧照，尽量还原那个时代的印迹。为突出石拱房特色，命名曰：石砌时代农耕文化园。

镇学校领导偶然路过，两眼放光，欣然挂牌研学基地春暖秋凉隔三差五都有学生娃前来参观和体验农耕。

有眼尖的学生发现一箩筐灰，孩子们好奇地围过去，三哥便给他们讲起了豆腐匠薛公公的故事，讲起了这一堆灰就是陪伴薛公公一辈子的制作豆腐的工具，没来得及抢救，但一堆黑灰也是一个时代的见证物。

（六）

去年夏天，三哥微信发来照片，一张是树叶，一张是碧玉一般的绿色糕状体。他说，这个树叶叫豆腐柴，石拱房后面山里很多，看中央台致富经栏目介绍可以做豆腐。上网一查，原来还真是一款传统保健型食品，只是各地叫法不同罢了，有的称“神仙豆腐”。他照着节目介绍的方法，把树叶放在水里浸泡揉搓，沉淀，加草木灰点卤，居然实验成功了，口感嫩滑，清热解毒。听说有人已经大规模种植这种树，做成流水线产品，在网上包装出售了。

三哥计划推出豆腐柴，一点不输给城里的凉糕和冰粉，让来的客人们自己动手做，也是很好的自然体验课。

电话那端，三哥兴奋的声音震得我手机听筒嗡嗡响。

舌尖豆腐　笔尖人间

郦波

我与赢椿，当年同住在随园五舍筒子楼里，条件艰苦，常于逼仄楼道里起人间烟火。

有一次，隔壁一兄弟在楼道里准备煎豆腐，油烟甚大。我愤不过，夺了他的食材，拌以小葱、香油，逼着他一起吃了“清白”的一餐。

“小葱拌豆腐”，一直是我的最爱。因为简单的“一清二白”，对于红尘万丈中的艰难人生来说，最为难得。朱熹曾说：“种豆豆苗稀，力竭心已腐。早知淮王术，安坐获泉布。”传道亦如耕种，红尘中的朱夫子居然也会“力竭心腐”，于是渴望着以卖豆腐为生的至简生活。果能如愿，人间除了妖娆的“豆腐西施”外，又能多一位潇洒的“豆腐夫子”了。

中国文人大抵是特别喜欢豆腐的。

一者，文人好美食，尤喜能回味。清代最有名的“吃货”、随园主人袁枚在他的名作《随园食单》里说：“豆腐得味，远胜燕窝！”为了得到一款独特的豆腐羹做法，生性倨傲的性灵派领袖袁枚袁才子也是完全可以放下身段，甚至“折节下士”的。

二者，东坡先生说“人间有味是清欢”，豆腐最合乎文人有关“人间有味”的想象了。比如豆腐的搭档，诗人说它“漫嫌留客少盘飧，春韭秋葵共讨论”；豆腐的颜色，诗人说它“凝结釜中浓似酪，满盛槃上色如瑳”；豆腐的制作，诗人说它“朝朝只与磨为亲，推转无边大法轮”；豆腐的境界，诗人说它“自有清腴宜雅俗，不教渣滓稍分留”。

人间有味，有什么能胜过舌尖与笔尖的双向奔赴呢！

干豆腐

贾行家

干。豆。腐。

“舌尖得由上颚向下”，向上，再向下，移动三次，最后轻轻靠在牙齿上。这东北人的生命之光，欲望之火，然而与罪恶毫不相干。有个人特地在饭桌上强调，他的痛风不是因为海鲜、王八或者啤酒，只是因为从小顿顿吃豆腐和干豆腐，仿佛自证清白。一个由南方来东北的人说：贴合一个地方的水土，先吃块当地的豆腐，再吃旁的，就不拉肚子了。这是个一直在路上的人。

干豆腐里的水和土更为凝聚。黑龙江村屯聚合的标志，是屯上有了豆腐坊，如果再有粉坊、烧锅和顶着狐仙白仙的巫婆,局势就成了。而衰败的标志，是连推车买豆腐的都不打村头的土道上过了。

做干豆腐，要把泡软的黄豆磨成浆，滤出豆渣，在七十五摄氏度的水里搅动，熬成膏状，再点卤水——这时候是豆腐脑——再盖上盖儿焖，再撒薄盐，再一勺勺地舀出来，泼到木头模子里，泼一层，盖一层屉布，最后，压上重物，用台钳子压紧，再揭开，就是一页页的干豆腐，有的还被顺带压上了字号标记。

好干豆腐的标准明确，我们那儿有句年轻人没听过的俗话，“干豆腐厚，大豆腐薄，某某县的火柴划不着”，形容当地风土悲凉到连豆腐都做不成。于是，好的干豆腐，就说去平山或者宾县集上买的吧，要轻薄、干燥而韧，有嚼劲，有浓郁的香气。于是，豆子也要好。在“非转基因”这个词出现之前，我们用的形容词是“笨”，在东北话里，不指人时，“笨”往往是赞美，比如笨豆腐大约是指用了本地种植的，吸取过最后的黑土层的最后一丝精华的，不是为了专门榨油而培育的（今天的人好抽象，也可以说是未经规制和定义过的）豆子。

干豆腐可以就那么吃，蘸酱卷大葱，东北有那么多山东人的子孙。

可以炒青椒，可以炖白菜，下锅前得汆水、浸泡，有个秘诀是加一勺清蒸猪肉罐头汤。还有个年轻人没听过的说法是“尖椒干对付”，含义和豆腐在中国人饮食里的原始含义相同——没有肉吃。这类替代品被称为恩物，这样的恩情是真的恩情。

可以拌，最杰出的拌干豆腐丝的方法是朝鲜饭馆里的，把干豆腐用白糖揉一遍，直揉到透明、发亮——和炖炒相反，是要“杀”出水分去——再用醋精和辣酱拌。

还可以卷上香菜、小葱，刷上蒜蓉辣酱，串起来烤。我们那儿的烧烤其实不如闻名，因为烧烤首先要肉好，而好的羊肉也渐渐超出了我们的承受能力，外面真遇不到的，大约只有这种烤干豆腐卷。

待到离去，连名字都被剥夺了。干豆腐出了关叫豆腐片、豆腐干，过了长江叫百叶，进入东南沿海叫千张（也可能我记混了）。在外面，菜市场的摊主每纠正我一次，我也要纠正她一次：这叫干豆腐。我无所坚持的坚持，我欲望之火的余烬，我微弱的生命之光。

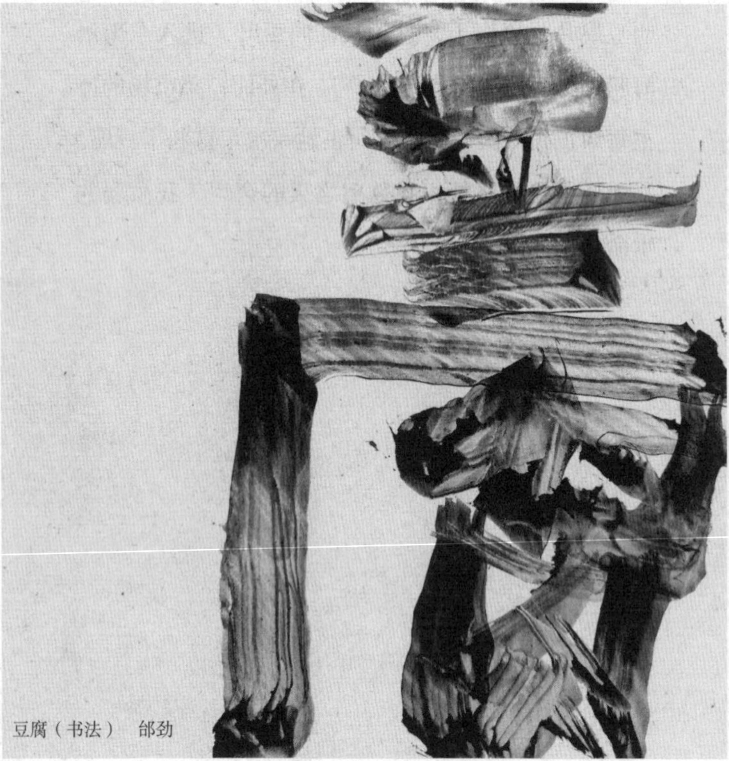

豆腐（书法）　邰劲

6

陆／臭豆腐

戏曲、俗语、灯谜等

打豆腐[楚剧]

……

闲翠花　拿不是那个拿法，推也不是那个推法。你过来，我磨给你看。

（接过磨架）推磨有个式子的，站个丁不丁、八不八的步法，前如弓，后如箭，推得去，拉回来，只要力用得均匀，那磨子就不转自转，不圆自圆。

黄德才　唉呀！推磨子还蛮大的学问咧，（效学）丁不丁、八不八的步法，前如弓，后如箭，推得去，（磨又不动了）娘子，你帮一下忙。

闲翠花　你圆到拉。

黄德才　拉得了，（又停）你再推一下。

闲翠花　唉！你过来，我磨你来添。

（唱）

推磨用力要均匀，

磨儿转得平又平，

磨的豆浆白如银，

打豆腐莫看轻，

荒年饿不死手艺人。

黄德才　（添豆不及，被磨挡误打）唉哟哟哟！手打了。

闲翠花　你添快些，（黄德才连添）哟！你添这多做么事？

黄德才　我添快些嘛。

闲翠花　隔一转添一回，一回只添得十七八颗够了。

黄德才　这才难咧，一五，一十，十五……

闲翠花　你添啊！

黄德才　候我数清楚了再添。

闲翠花　唉！你估计一下只有十七八颗就够了。

黄德才　这比磨还要难些，还是你添我磨。

闲翠花　你又磨不好。

黄德才　慢慢地学，慢慢地来。（又磨，一下子满头大汗）

闲翠花　先生，看你满头大汗，歇一会儿吧。

黄德才　　还好。娘子，你看我是不是磨会了一些？

闲翠花　　嗯，磨顺多了。

王小六打豆腐[黄梅戏]

……

王　妻　抬磨子！（有气）

王小六　抬抬抬！抬抬，（二人抬）哎哟哟！磨子压脚了！

王　妻　磨子压脚了，好着吧？

王小六　好着！

王　妻　拿磨子，（王小六不动）拿磨子哟！

王小六　拿拿拿！拿！好着吧！该我歇一下子了吧？

王　妻　不行啦，两天就过年了，我还有许多事，磨哟！（王小六不动）你不磨你就不吃！

王小六　吃过了我才磨！

王　妻　磨过才吃。

王小六　吃过才磨。

王　妻　好沙，你去吃沙？你吃西北风！

王小六　好好好！磨！嗯，不是看在吃的份上，我真不磨。

王　妻　亏你还讲得出口。

王小六　哎，我问你哟，还是磨磨轻巧些，还是下磨轻巧些？

王　妻　那当然下磨轻巧嘛！

王小六　那我下！

王　妻　好沙！你下！

王小六　我在街上跑一天，累死着，我下了喂！

王　妻　你下嘛，（王小六搬口袋倒豆子）哟哟哟，下多着！

王小六　下多少沙？

王　妻　一回一二十粒。

王小六　那我晓得哟，三五一十五，再加八粒二十二，哟！多了三粒。

王　妻　要死的，照你这样下。就是磨到年三十晚上也磨不好啊。

王小六　到底怎么下啥？

王　妻　随手抓满！

王小六　你早讲沙！下了啊，（磨担打手）哎哟！

哎哟！不照哦！你老是打人手嘛！

王　妻　要死的！你外行嘛，你抽空子下嘛，哪个叫你把手朝磨担上碰沙？（看王小六手）下豆子都不行，我看怎么得了哟？

王小六　你下我来磨！

王　妻　好，你磨！（王小六磨反的，王妻不下豆子）

王小六　你下沙！

王　妻　反着！你跑么事啥？（拉回王小六）

王小六　你说磨子翻着，翻着还不跑，不把腿打断着！

王　妻　你把磨子磨反着！

王小六　啊，磨子磨反着！我当是豆腐磨手翻掉着，你也不讲清楚，（磨又停）老婆！老婆！不好着，有鬼，有鬼哟！

王　妻　鬼！鬼在哪里沙？

王小六　你听，咦、啊，咦、啊！

王　妻　要死的，那是磨子响嘛！

王小六　啊，是磨子响啊！

王　妻　你点些水就不响了。（点水）

王小六　咦！是不响了喂。（停磨）

双推磨[锡剧]

……

何宜度　你拗磨，我来牵。

苏小娥　叔叔，你会牵吧？

何宜度　牵磨我是会牵的，牵豆腐倒没有牵过。

苏小娥　牵豆腐也是一样牵法。

何宜度　好，我来试试看。

苏小娥　对啊，正是这样牵。

（唱）推呀拉呀转又转，

磨儿转得像飞盘。

一人推磨像牛车水，

两人牵磨像扯篷船。

何宜度　（唱）推呀拉呀转又转，

磨儿转得像飞盘。

上爿好像龙吞珠，

下爿好像白浪卷。

苏小娥　（唱）推呀拉呀转不停，

磨儿圆圆像车轮。

多谢你来帮助我，

叔叔真是热心人！

何宜度　（笑）这一点小事情，还要谢我呀！

苏小娥　应当要谢谢你呀。

何宜度　（唱）推呀拉呀转不停，

磨儿圆圆像车轮。

手里越牵越有力，

（用力过猛，磨夯脱了下来，身子一晃，几乎跌倒。）

苏小娥　哎呀！（急忙去拉）

何宜度　不要紧，不要紧。

苏小娥　急得小娥汗一身。呦！磨得真快，黄豆快要磨完了。叔叔，你歇一歇吧。

何宜度　哎，还有一些，趁手磨完它。

苏小娥　叔叔，你刚才牵得太快了。

何宜度　那么慢一点。

苏小娥　好，再磨吧！

何宜度　来呵！

（同唱）磨儿牵得快又稳，

唱唱磨磨兴致高。

磨儿转又转，

黄豆拗又拗。

雪白的豆浆，

浆四面浇。

豆腐汉[民间故事]

讲 述 者：李锦泰
采 录 者：郑玉珍
流传地区：福建省

从前城内王安生夫妇，感情很好，以做豆腐为业。他们每日天未亮时起床做豆腐。天亮后，夫卖豆腐妻煮饭。上午豆腐卖完，中午休息，下午磨豆壳，晚上买来吉山老酒同饮笑谈。夏天时两人在门口乘凉奏胡琴、讲笑话，生活过得愉快欢畅，左邻右舍人人都很羡慕。

林大富是位富商，从清早到半夜忙于销售货物、清点商品。他妻子感叹说:“商人重利薄情,名为富商，生活比不上卖豆腐的……”林大富听了说:“你不要夸他们，三天后我叫他们比我更难堪……”林大富劝王安生开食杂店，并说自己愿借一千元给作资金。王安生被说动了，就开了食杂店。从此他们夫妻思想上负担一天比一天重。有生意时忙于进货卖货，卖货得来的钱又愁无妥当之处存放，恐怕会被偷。无生意时,怕货卖不出去,放久了会变质,顾客不要，会亏本。有时又愁进不到货。如有人来商量记欠时，则更为难。允许记欠，就怕人不还；拒欠，又怕得罪人……因有以上种种原因，增加了不少烦恼。因精神负担重，往日欢乐情趣消失。老酒没喝，胡琴不拉，笑声也没了。夫妻回味:经商谋利，自招烦恼。

为求欢乐，他们送还本钱，重操旧业，豆腐汉又自在安闲！

豆腐与脖子的故事[民间故事]

在福州古老的三坊七巷，天天早上都有卖豆腐的老头挑担叫卖。

这日一早，昨晚在桑拿刚刚吃过鸡的小王由于吃鸡姿势不雅，闹得早上起床脖子有点酸。

这时卖豆腐的刚好在他家楼下叫卖："到偶呜（豆腐）……"

小王正揉搓着他的脖子，自言自语：“到偶哑酸（脖子很酸）！”

卖豆腐的听到了很生气：“我的豆腐刚刚做的，怎么会酸？！”

小王心不在焉地说：“到偶真的哑酸。”

卖豆腐的听了更气：“你在楼上，怎么会闻到我豆腐很酸？！”一怒之下,一担子豆腐扔到臭河里去。

小王惊呼：“这么好的豆腐扔到河里，捞起来肯定很酸，这还怎么吃？！”

卖豆腐的当场晕厥。

注：福州方言，豆腐与脖子音接近。豆腐音拉长，脖子音短促。

民间童谣

小胖猪，煎豆腐
倒掉油，放勺盐
嗞嗞嗞嗞煎豆腐
小老鼠，炖豆腐
倒点油，放勺醋
咕嘟咕嘟炖豆腐
哈哈
好吃的豆腐炖好了
大家快来尝一尝吧

北京过年顺口溜

老婆老婆你别馋，过了腊八就是年，

腊八粥，喝几天，哩哩啦啦二十三，

二十三，糖瓜粘，二十四，扫房子，

二十五，炸豆腐，二十六，炖羊肉，

二十七，杀公鸡，二十八，把面发，

二十九，蒸馒头，三十晚上熬一宿，

大年初一扭一扭。

20 世纪 50 年代初小学课文

咕噜噜，咕噜噜，
快快磨豆做豆腐。
黄豆子，磨成浆，
挤出豆汁下锅煮。
加了石膏或盐卤，
豆汁慢慢就凝固。

民间童谣

懒汉懒，织毛毯。
毛毯织不齐，又去学扶犁。
扶犁嫌辛苦，又去磨豆腐。
推磨太费劲，又去学唱戏。
唱戏不入调，又去学抬轿。
抬轿走得慢，又想吃闲饭。
闲饭吃不成，误了他一生。

民间童谣

小小豆子圆又圆，
打得豆腐卖得钱。
人人说我生意小，
小小生意赚大钱。

北京民间童谣

骨碌碌，骨碌碌，
半夜三更磨豆腐。
磨成豆浆下锅煮，
加上石膏或盐卤，
一压再压成豆腐。

湘西龙山地区童谣

推豆腐，接舅舅，
舅舅不吃菜豆腐。
推粑粑，接家家，
家家不吃酸粑粑。
打开鼎罐煮腊肉，
腊肉煮不熟，
抱起鼎罐哭。

注：家家，指外婆。

江苏常州民间童谣

荷花荷花几月开？正月勿开二月开。

荷花荷花几月开？二月不开三月开。

荷花荷花几月开？三月不开四月开。

荷花荷花几月开？四月不开五月开。

荷花荷花几月开？五月不开六月开。

开！哆格锁？金锁。

唷！开佬咧。哆格锁？银锁。

唷，开佬咧。哆格锁？豆腐锁。

豆腐锁。唷，开佬咧。

颠倒歌

太阳一出朝正东，
葫芦发芽变成葱。
树梢不动刮大风，
刮的那碌碡轱辘着跑，
刮的那鸡毛都不动。
前街一个出殡的，
一顶花轿在当中。
上边坐一个花大姐，
花白的胡子达前胸。
说俺邹，俺就邹，

大年初一就立秋。

正月十五耪豌豆，

一耪耪在枣树上，

掉下茄子两嘟噜。

寻思到家熬熬吃，

一熬熬了一锅老豆腐。

张三吃了李四饱，

撑得王五到处跑。

天津民间童谣

初一馄饨初二面
五六的饺子恶人怜
七小豆腐头不痛
八日合子家不散
十五的元宵大团圆

俗语·一

腊月二十五，

磨磨磨磨磨磨磨磨磨磨磨磨

推 磨 做 豆腐

磨磨磨磨磨磨磨磨磨磨磨磨磨磨磨磨磨磨磨磨磨磨磨磨

腊月二十五，推磨做豆腐。

俗语·二

赶赶赶赶得上杀猪

赶赶赶赶不上磨豆腐

赶得上杀猪，赶不上磨豆腐。

俗语·三

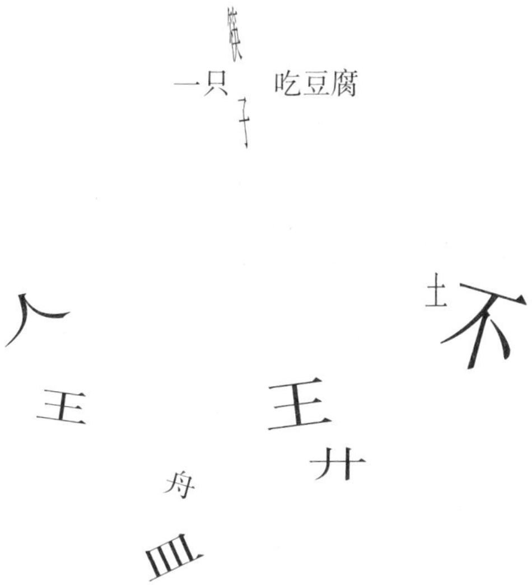

一只筷子吃豆腐——全盘弄坏

俗语 · 四

叫化子 + 豆腐 —△→ 穷白$_2$

叫化子吃豆腐——一穷二白

俗语·五

迎刃而解

快刀斩豆腐——迎刃而解

俗语·六

辣椒炒豆腐，

辣辣辣辣辣辣辣辣辣辣辣辣辣辣辣辣辣辣辣辣辣辣
辣辣辣辣辣辣辣辣辣辣辣辣辣辣辣辣辣辣辣辣辣辣
辣辣辣辣辣辣辣辣辣辣辣辣辣辣辣辣辣辣辣辣辣辣
辣辣辣辣辣辣辣辣辣辣辣辣辣辣辣辣辣辣辣辣辣辣
辣辣辣辣辣辣辣辣辣辣辣软辣辣辣辣辣辣辣辣辣辣
辣辣辣辣辣辣辣辣辣辣辣辣辣辣辣辣辣辣辣辣辣辣
辣辣辣辣辣辣辣辣辣辣辣辣辣辣辣辣辣辣辣辣辣辣
辣辣辣辣辣辣辣辣辣辣辣辣辣辣辣辣辣辣辣辣辣辣
辣辣辣辣辣辣辣辣辣辣辣辣辣辣辣辣辣辣辣辣辣辣

辣椒炒豆腐——外辣里软

俗语·七

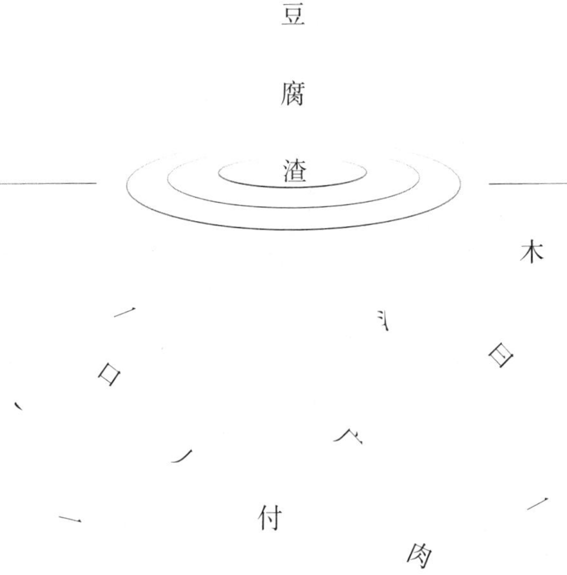

豆腐渣下水——散了

俗语·八

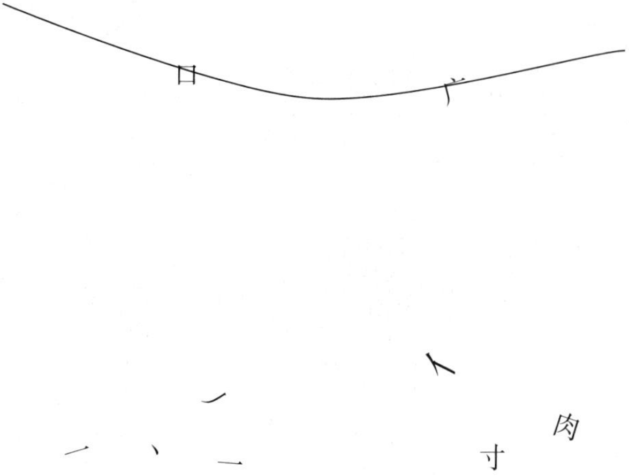

钢丝穿豆腐——别提了

俗语·九

手捧豆腐打孩子，

张声势

手捧豆腐打孩子——虚张声势

俗语・十

豆腐板上下象棋，

豆腐板上下象棋——无路可走

灯谜·一

淮南诞，白嫩软，

入口即化口感佳。

（打一食品）

答案在1158页左上角

不好意思记错了

答案在右下角

谜底：豆腐

灯谜·二

身穿绿衣裳，体圆像珍珠，
房间像小刀，又像弯月亮，
兄弟姐妹多。

（打一植物）

答案在1160页左上角

不好意思记错了

答案在左下角

谜底：黄豆

灯谜·三

本是土里生，又在水中长。
虽有簸箕大，称称没几两。

（打一食品）

别急翻答案，再想想！

谜底：豆腐皮

这次答案真的在左上角

灯谜·四

一物生得白粉团，忽然得病受风寒，面带忧愁身乏懒，浑身好像乱箭穿。

（打一食品）

谜底不在这儿谜底不在这儿谜底不在这儿谜底不在这儿谜底不在
这儿谜底不在这儿谜底不在这儿谜底不在这儿谜底不在这儿谜底
不在这儿谜底不在这儿谜底不在这儿谜底不在这儿谜底不在这儿
谜底不在这儿谜底不在这儿谜底不在这儿谜底不在这儿谜底不在
这儿谜底不在这儿谜底不在这儿谜底不在这儿谜底不在这儿谜底
不在这儿谜底不在这儿谜底不在这儿谜底不在这儿谜底不在这儿
谜底不在这儿谜底不在这儿谜底不在这儿谜底不在这儿谜底不在
这儿谜底不在这儿谜底不在这儿谜底不在这儿谜底不在这儿谜底
不在这儿谜底不在这儿谜底不在这儿谜底不在这儿谜底不在这儿
谜底不在这儿谜底不在这儿谜底在这儿冻豆腐谜底不在这儿谜底
不在这儿谜底不在这儿谜底不在这儿谜底不在这儿谜底不在这儿
谜底不在这儿谜底不在这儿谜底不在这儿谜底不在这儿谜底不在

灯谜·五

白白模样四四方，
口感滑嫩味道香。

（打一食品）

参考答案：略

灯谜·六

斑斑点点朱颜改，

未了相思已化灰。

（打一食品）

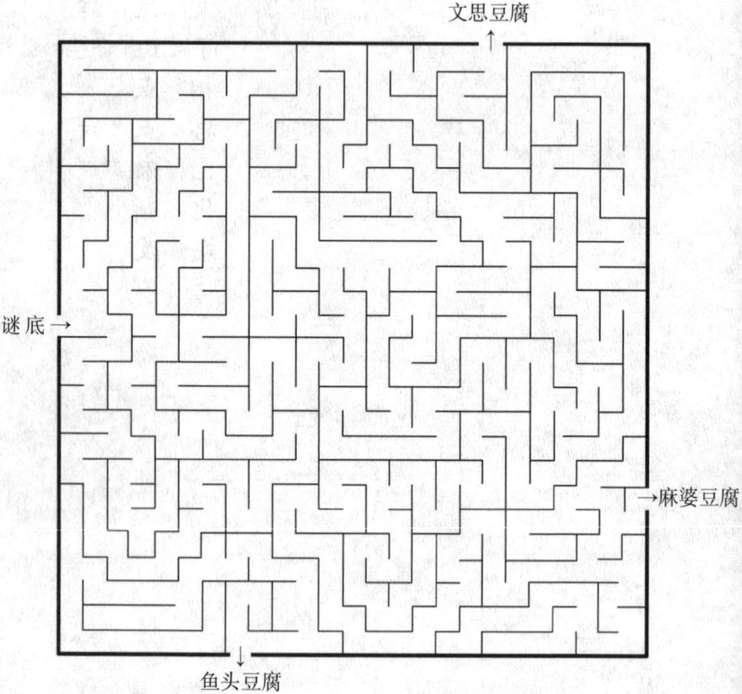
文思豆腐
谜底
麻婆豆腐
鱼头豆腐

灯谜·七

土里下种，水里开花，

袋里团圆，案上分家。

（打一食品）

谜底：豆腐

灯谜·八

个个站河边，手拿一竹鞭。

进去整个月，出来月半边。

（打一动作）

灯谜·九

相思泪。

（打一食物）

谜底：豆浆

灯谜·十

金镶白玉嵌，

红嘴绿鹦哥。

（打一菜品）

谜底：菠菜豆腐

灯谜·十一

油炸豆腐。

（打两个中国历史名人）

谜底是谜底是谜底是谜底是谜底是谜底是谜底是谜底是谜底是谜底是谜底是谜底谜
底　　　　　　　　　　底
是　　　　　　　　　　是
谜　　　　　　　　　　谜
底　　　　　　　　　　底
是　　　　　　　　　　是
谜　　　　　　　　　　谜
底　　　　　　　　　　底
是　　　　　　　　　　是
谜　　　　　　　　　　谜
底　　　　　　　　　　底
是　　　　　　　　　　是
谜　　　　　　　　　　谜
底　　　　　　　　　　底
是　　　　　　　　　　是
谜　　　　　　　　　　谜
底　　　　　　　　　　底
是　　　　　　　　　　是
黄　　　　　　　　　　谜
盖　　　　　　　　　　底
和　　　　　　　　　　是
李　　　　　　　　　　谜
白　　　　　　　　　　底
是　　　　　　　　　　是
谜　　　　　　　　　　谜
底　　　　　　　　　　底
是　　　　　　　　　　是
谜　　　　　　　　　　谜
底　　　　　　　　　　底
是　　　　　　　　　　是
谜　　　　　　　　　　谜
底　　　　　　　　　　底
是　　　　　　　　　　是
谜　　　　　　　　　　谜
底　　　　　　　　　　底
是　　　　　　　　　　是
谜底是谜底是谜底是谜底是谜底是谜底是谜底是谜底是谜底是谜底是谜底是谜底谜

灯谜·十二

一块豆腐，切成四块，
放到锅里，盖上锅盖。

（打一汉字）

谜底：画

绕口令·一

一碗姜汤一碗豆浆
先喝豆浆再喝姜汤
喝完豆浆喝姜汤
喝完姜汤喝豆浆

绕口令·二

做豆腐磨豆不磨黍
磨黍做不成老豆腐
老豆腐能做成豆腐乳
豆腐乳做不成老豆腐

绕口令·三

茶壶煮腐乳

腐乳全煮糊

腐乳糊吃糊腐乳

腐乳不糊不吃糊腐乳

绕口令·四

磨豆腐
卤豆腐
豆腐不卤是老豆腐
豆腐卤了是卤豆腐
老豆腐没卤豆腐香
卤豆腐没老豆腐鲜

绕口令·五

你会吃荤油咕嘟炖冻豆腐

我给你做荤油咕嘟炖冻豆腐

你不会吃荤油咕嘟炖冻豆腐

我不给你做荤油咕嘟炖冻豆腐

绕口令·六

会炖我的炖冻豆腐
来炖我的炖冻豆腐
不会炖我的炖冻豆腐
就别炖我的炖冻豆腐
要是混充会炖我的炖冻豆腐
炖坏了我的炖冻豆腐
那就吃不成我的炖冻豆腐

绕口令·七

路边八村八里铺八户夫妇都姓傅八户傅，傅八户八

户夫妇做豆腐傅户做豆腐

夫妇卖豆腐

傅户卖豆腐

八户傅户富

绕口令·八

东判官手里拿了豆腐干

西判官手里拿了葡萄干

东判官要吃西判官手里的葡萄干

西判官要吃东判官手里的豆腐干

东判官要用豆腐干换西判官的葡萄干

西判官不肯用葡萄干换东判官的豆腐干

绕口令·九

茶壶煮豆腐
豆腐煮茶壶
茶壶煮糊豆腐
豆腐煮烂茶壶
茶壶怪豆腐煮烂茶壶
要让豆腐糊茶壶
豆腐怪茶壶煮糊豆腐
要让茶壶赔豆腐
茶壶赔不了豆腐
豆腐糊不住茶壶

绕口令·十

冻豆腐

炖豆腐

炖冻豆腐

炖嫩冻豆腐

炖嫩冻冬豆腐

炖嫩冻冬冷豆腐

东炖嫩冻冬冷豆腐

闻东炖嫩冻冬冷豆腐

洞闻东炖嫩冻冬冷豆腐

蹲洞闻东炖嫩冻冬冷豆腐

蹲洞闻东蹲炖嫩冻冬冷豆腐

蹲洞闻东蹲礅炖嫩冻冬冷豆腐

蹲洞闻东蹲礅炖嫩冻冬冷豆腐吞

蹲洞闻东蹲礅炖嫩冻冬冷豆腐吞炖嫩冻冬冷豆腐

董东冬蹲洞礅闻东蹲礅炖嫩冻冬冷豆腐吞炖嫩冻冬冷豆腐

董东冬蹲冷洞冷礅闻东蹲礅炖嫩冻冬冷豆腐吞炖嫩冻冬冷豆腐打盹困

豆腐（书法）　丁大军

7

柒／豆浆

豆腐工艺

安徽淮南祁集豆腐村千张

被 访 者：郭志银、陈利英（家庭作坊）

采 集 地：安徽省淮南市祁集镇祁圩村

特　　色：手工千张

从业时间：20余年

问：郭师傅做豆腐多久了呢？

答：从小就帮着家里做豆腐了，十七八岁的时候就算是正式开始做豆腐了。走过好多地方，六七年前在六安、九华山、池州做过4年豆腐。那边生意比这边好做一点。

问：为什么还是回来了呢？

答：在外面待久了还是想家。

问：郭师傅为什么只做手工千张？

答：以前做过豆腐，千张在豆制品里面算是比较麻烦、比较难的。厚薄均不均匀，边角处理品相好不好……手工千张做得好了更受欢迎，一般机器做的千张比较薄、比较硬，没韧性。手工做的比较软，有弹性，口感也比较好。

问：现在千张生意好做吗？

答：一站就是一整天，一会儿也不歇着，越是节假日越忙。没有停工的时候，是挺累的，年轻人都不愿意做。以前村子里家家做豆腐，现在也没有几家了。但是现在我做千张做得比以前好了，薄厚均匀，品相也比较好，有了一些老主顾。总的来说生意还过得去，再说我年纪大了也做不了别的。

千张制作工艺如下：

1. 选豆、泡豆。一般浸泡 3~6 小时（根据黄豆的水分而定），等黄豆完全胖起来。

2. 磨豆浆。将豆和水按 1：3 的比例用石磨或磨浆机磨成豆浆，再用豆腐包或纱布过滤，用夹板将浆全部夹出，去其渣。

图为磨豆浆、分离

3. 煮豆浆。把磨好的过滤后的生豆浆放入大锅内，用火烧开，边烧边搅拌。用大锅烧出来的豆浆有一种豆糊的味道，在市场上更受欢迎。

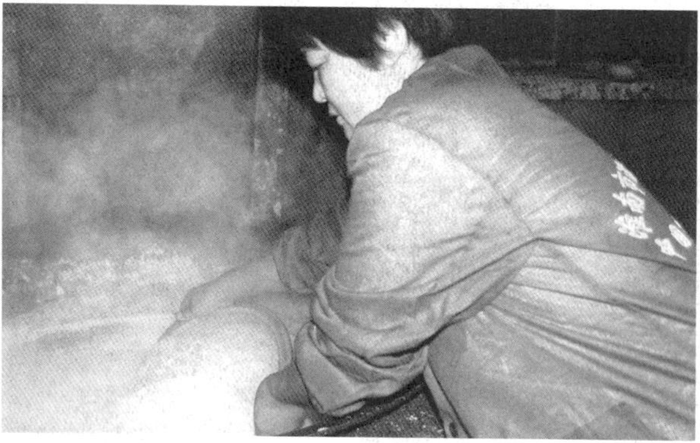

图为煮浆

4. 点石膏。将稀释好的石膏一点点倒入缸内，同时慢慢搅拌豆浆。

5. 包千张。用木质模具将稍冷却的豆腐脑用搅笼搅拌均匀，取一定量均匀泼入模具内的纱布上，折叠一层纱布泼一层浆。

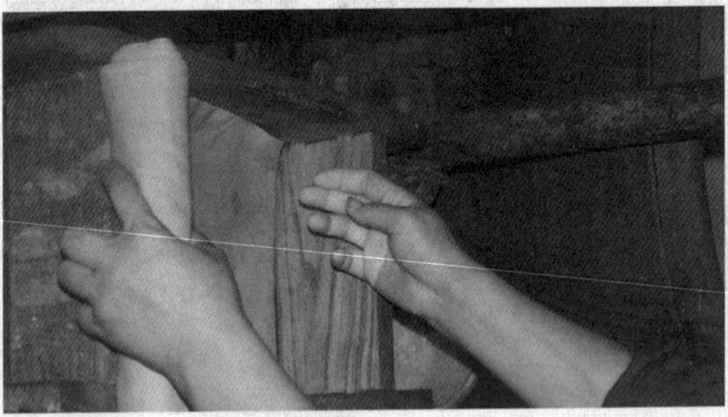

图为制千张

6. 压制。在木质模具内用丝杠旋紧加压，将水分一点点挤出，去除浆中的水分。

7. 晾千张。压制好后，一层层取下模具，再一层层将干豆腐包与纱布分离，将干豆腐叠好晾在阴凉处。

河南柳林豆腐

被 访 者：龚申金、熊晓勤（家庭作坊）

采 集 地：河南省信阳市浉河区柳林乡柳林老街

从业时间：20余年

坐上去往大名鼎鼎的鸡公山景区的公交车往南走大概30分钟，便可以到达柳林乡。

我在柳林乡四处打听柳林老街在哪里，路人都指向南边更远的方向。眼看着我就要离开繁华的街道时，国道左侧出现一条小路，路口的养蜂人告诉我，这便是我要找的柳林老街。

走进柳林老街，干净整洁，抹着白灰的砖瓦房整整齐齐地排列在主街两旁。一切都像刚刚好，可就是让人感叹作为一条街这也实在太冷清了：除了屋檐下闭目养神的老人和飞驰而过的摩托车，几乎没有更多的噪音。

我四处打听龚申金夫妇的豆腐作坊，网上有很多关于他家手工豆腐的采访，我也想去一探究竟。

在路过了一家写着“大跃进”时期标语的理发

店和无数个“地锅豆腐”招牌之后，我终于找到了龚申金夫妇的作坊。这座房子同柳林老街的大部分地方一样安静得如同世界初创，并且古旧得有些让人担心它的安危。

一走进房间，浓郁的豆香便扑面而来，龚申金夫妇就站在一块磨得发亮的石台前不停地舀豆腐脑、压豆腐。

这是他们一天到晚的工作。

龚师傅告诉我，从泡好豆子到吃上豆腐，至少需要6个小时。

凌晨3点钟，龚师傅就开始把泡好的豆子送入榨豆浆的机器。

房屋中间吊着一个巨大的纱布兜，榨好的豆浆都被送入这个纱布兜中。熊师傅需要不停地抖动纱布，过滤出豆浆中的渣滓，然后将过滤好的生豆浆送入大锅煮沸。

图为抖单

之后便是点浆成形，把豆腐脑舀入用来固定的模具中，然后用白纱布覆盖，一层一层地重复这道工序，直到石桌上摞了 10 多个模具，每个磨具都由

图为点浆

纱布隔开。然后通过石头的重量和杠杆原理挤压出豆腐脑里面的水分，使得豆腐脑凝固起来，最后便成为了我们每天吃的豆腐。

图为压制

龚师傅家隔壁也是手工豆腐作坊，主人是龚师傅的姐姐龚秀。

龚家几代人都是做豆腐的，新中国成立前是这柳林街上的大户人家。龚家从前既做豆腐又做酒。听龚师傅讲，20 世纪 70 年代以前柳林乡政府还在这条老街上的时候，街上居民有 4000 多人，现在只剩差不多 1000 人。以前的一些手艺比如手工秤和木家具也没人做了，渐渐地，街上剩下最多的便是做豆腐的，大概有 20 家，于是柳林老街也从曾经的贸易市集变成了远近闻名的豆腐一条街。

时至今日，柳林街上的大部分豆腐作坊依旧使用手工制作，所以信阳市民素来就有“买豆腐，上柳林”的说法。而龚师傅家每天生产的豆腐大部分都由信阳各大酒店预订了，还有一小部分被柳林本地人和驱车赶来的信阳市民购走。

虽然只靠做手工豆腐，龚师傅夫妇的日子也可以过得有滋有味，但他们唯一的儿子显然不这么想。同街上所有的年轻人一样，龚师傅的儿子早已厌倦老街的安静生活，他希望上学后留在城市里，无心继承龚师傅的手工豆腐作坊。

图为制千张

河南尉氏洧川豆腐

被 访 者：张厉害夫妇（家庭作坊）

采 集 地：河南省开封市尉氏县洧川镇东街村

从业时间：20余年

天刚蒙蒙亮，街上响起“正宗洧川鲜豆腐，新豆芽”的叫卖声，这是卖豆腐的师傅正骑着三轮车在走街串巷，提醒大家来买豆腐，也标志着一天的开始。这是很多河南人从小的晨间记忆。

但是当真的来到洧川后，发现这里豆腐的踪迹并不十分明晰。这个曾经的中原大邑，经过沧海桑田，早已不过寻常农村的样子，现在的县城大小甚至小于明代修筑的城墙范围。

通过亲戚介绍，我在城南的一个小巷里找到了张厉害夫妇。

张家夫妇的豆腐作坊在自己家院子的瓦房里，灯光并不是很好。但就在这样简陋的环境下，张家夫妇做了 20 多年的豆腐。

除了张家夫妇，洧川还有二三十家做豆腐的，但是依旧使用石磨的只有张家一处了。5 年前，他家带动石磨的还是骡子，而不是现在看到的机器。

走入瓦房，昏暗的灯光下，张师傅在靠窗户的石桌前压制豆腐，穿着大红衣服的张夫人不停地围绕着屋中央的一口大锅“抖单”。

抖单工序就是为了把榨好的生豆浆里面的渣滓全都过滤出来。然后将过滤好的生豆浆用大锅煮沸。

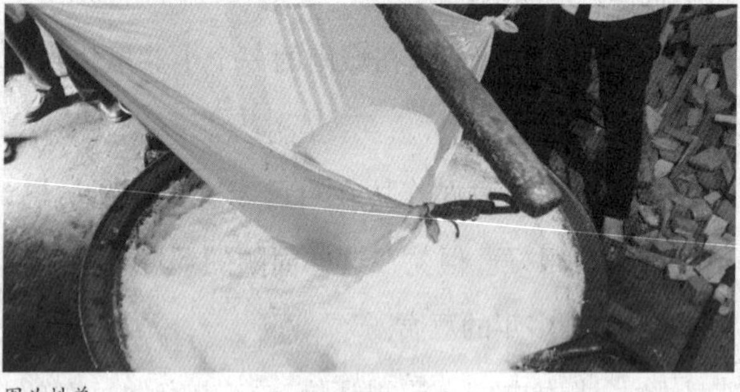

图为抖单

之后将熟豆浆倒入缸中，之后便是制作豆腐最关键的环节：点浆。看完点浆这个环节，我才明白为何张师傅家的豆腐与众不同。

张师傅用来点浆的不是现在常见的石膏，而是酸浆。这样生产出来的豆腐对人体没有任何坏处，可以称得上是纯天然毫无添加剂的豆腐。

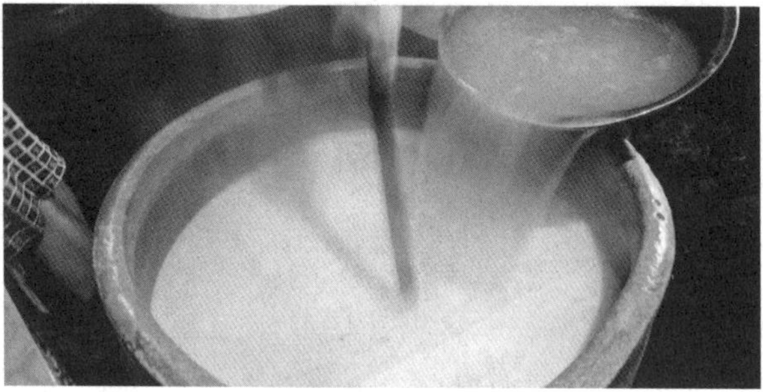

图为点浆

点浆时，张师傅需要不断搅拌缸中豆浆使之均匀，放置稍许便可以看到缸中豆浆开始凝固，等个几分钟，整缸豆浆便凝固成了豆腐脑。最后，张师傅将豆腐脑一勺勺地舀到石桌上的模具里，拿纱布包好，盖上盖子。这时就需要依靠两块60斤重的石头了，利用杠杆原理，石头的重量挤压出纱布里面豆腐脑的水分，这道工序需要大概20分钟。

图为压制

最后，打开纱布呈现在眼前的便是柔软筋道的洧川豆腐。

传说中洧川的豆腐都是可以用麻绳提起来的，但是传说总归只是传说，刚做好的热豆腐是提不起来的，放的时间久一点才可以稍微提起一部分。

因为张师傅豆腐的纯天然，包括中央电视台在内的不少媒体都竞相报道过。而他家的豆腐除了卖给本地，周边的大城市人也都会来抢购。

因此，张师傅豆腐的价格也高于其他豆腐，机械制作的豆腐一般1元多1斤，张师傅的手工豆腐则卖到两元多。

山东东堡城豆腐

被 访 者：鲍俊喜

采 集 地：山东省东明县东堡城村

从业时间：20余年，世代做豆腐第三代

问：东堡城除了您家还有几家豆腐坊？

答：东明县做豆腐的大多都在豆腐王寨，我们这儿除了我们家还有两三家，做的数量都不多，平时还要照顾田地。但是这边的豆腐做得还是比较讲究的，头几年还在用石磨推豆腐，虽然做得少，但还是有很多人专程过来买。

问：选豆子有什么讲究吗？

答：都是这边的人自己种的白嘴黄豆，这里的白嘴黄豆很好，做的豆腐比外面那种黑嘴黄豆做得要细嫩。做出的豆腐大多都是卖给附近的人的，所以选的豆子都是好豆子。

问：为什么坚持用柴火大锅来熬豆浆呢？

答：现在年纪大了，磨不动豆腐了，但还是要用传统的大口铁锅烧豆浆，虽然费时费工，但是用柴火大锅烧出来的豆腐味道是不一样的，吃得出来。那些不用大锅烧，而最后用纱布压出纱布印的豆腐，看起来是差不多，但吃起来味道可是不一样。机器煮的豆浆和急火饭的道理是一样的，没有柴火慢火烧出的那个火候劲儿。

问：为什么要用石头来压豆腐呢？

答：现在大多都用千斤顶来压豆腐了，但其实石头压制出来的豆腐和千斤顶压的还是不一样，石头压的可能不均匀、不紧实，但是有气，活的一样。更有嚼劲，更有韧性，煮的时候不容易碎烂，也更耐煮。最重要的是因为里面有一些气孔，所以会更入味。

图为用石头压制豆腐

上海航头豆腐

被 访 者：严关根

采 集 地：上海市浦东新区航头镇

从业时间：20余年，世代做豆腐第三代

问：严师傅是什么时候开始做豆腐的呢？

答：1996年的时候，航头镇的豆腐坊招临时工，我到豆腐坊做学徒帮工，到现在已经25年了。这个豆腐坊1963年就有了，以前是国营豆腐供销社，后来供销社的师傅都不做了，2003年的时候我把这个豆腐坊租下来继续做豆腐，一直到现在。

问：石磨豆腐和机器制作的豆腐有什么区别呢？

答：石磨的肯定比机器制作的要好吃，石磨豆腐原汁原味，没有铁的味道，煮不烂并且比较有嚼劲。

问：现在豆腐好卖吗？

答：回头客老主顾很多，很多人开车来这里买豆腐，市区的、川沙的都有。但是因为现在豆制品摊位太多了，集市也不止一个，流水线生产的豆腐也更便宜，生意没有以前好做了。以前国营供销社的时候还是很风光的。想吃新鲜的豆腐凌晨两点多就在这里排队了，豆腐票是城里人才有的，没有的话，想吃豆腐只能提着黄豆来换。

问：每天晚上做豆腐，什么时候休息呢？

答：每天晚上12点准时起床做豆腐，差不多三四点做完就准备赶早市。下午三四点的时候卖完了就回家休息。

问：严师傅一天做几块豆腐呢？

答：估摸着能卖多少就做多少。按季节的话，一般七八月的时候生意最好，一晚上七八块也做得了，要提前几个小时开始做。平时周一到周五都是三四块，周末放假了，集市上人比较多，就做五六块。

问：现在严师傅做豆腐能有多少收入呢？

答：一年下来差不多三五万的样子。

问：做豆腐日夜颠倒这么辛苦，您岁数这么大了很累吧？孩子都会做豆腐这门手艺吗？

答：有句俗话说：世间有三苦，撑船，打铁，磨豆腐。做豆腐太辛苦了，女儿不想做。她在外地开了厂子，一直说让我在家享清福。但一来我闲不住，二来做豆腐这么多年了，老主顾也比较多，不做就没有石磨豆腐了。做豆腐虽然辛苦，但还是能赚些钱贴补的。不过这豆腐坊的房子已经50多年了，你看放缸的地方已经凹下去那么深，房顶也快要塌了，再干几年真的要休息了。

四川宜宾豆腐

被 访 者：阿芝

采 集 人：布的布哈莫

采 集 地：四川省凉山州农业学校

位于西南地区的凉山彝族自治州是目前我国最大的彝族聚居区，也是古代南方丝绸之路的必经之地。由于地理环境和自然条件复杂，居住在山区和半山区的彝族人主要种植荞麦、大麦、小麦、玉米、燕麦、洋芋。豆腐作为一种从汉族地区传入的食物，融入了当地彝族人饮食习惯之后，也逐渐成为彝族人家家户户节庆时餐桌上必不可缺少的一道美食。

凉山地区黄豆产量不高，过去对于大多数彝族人家来讲，豆腐可以算得上一道珍贵的美食，只有在火把节或者彝族年这样的重大节庆时才会自制彝族特色石磨豆腐。石磨豆腐极具营养价值，彝族人制作豆腐相对来说比较简单，受地理环境和自然条件的影响，制作食材大多数就地取材，点豆腐时多使用彝族人喜爱的酸菜，而不是用卤水。彝族豆腐的特别之处在于使用了特别秘制的酸菜点水，最终豆腐的口感好坏除了与火候是否适当有关以外，还与点水的酸度有特别大的关系。

从制作工艺上来讲，其与汉族石磨豆腐的最大区别在于豆渣与豆浆分离之后，彝族豆腐是将分离出的豆浆直接放入锅内煮熟，直接成为餐桌上一道豆腐美食，而并不再使用模具制作成一块一块的豆腐。这道豆腐美食最具地方特色的是，在豆浆凝固成豆腐时会加入新鲜的青菜，这样使得豆腐的味道更加别致，可以说是蛋白质与维生素的最佳结合，既营养健康又好吃。

制作豆腐的石磨，彝语称为“恰儿”，是以前彝族人家家户户都会使用的石磨豆腐制作工具，然而现在这样的石磨在彝族人家却很少看到。石磨转动缓慢，靠挤压、研磨来粉碎大豆，能最有效地保留大豆原有的风味。石磨磨齿均匀运转，能让黄豆充分释放蛋白质，使豆腐既均匀又细腻。在使用“恰儿”时，彝族人也比较讲究，通常逆时针旋转，彝族人称其为向内，寓意美好的东西都向家里来。石磨由两块大小一样的石头组成，并且在两块石头的内侧都会有一些凹槽，每过几年会用小刀加深槽的深度。受访人家的“恰儿”已经使用了40多年，差不多4代人了。受访人小时候看着奶奶做豆腐，自己也跟着学，因为石磨豆腐是彝族人喜爱的食物之一，每家特别是家里的女孩儿都要学习做豆腐的。几年前受访人从偏远的昭觉县城搬家到西昌，也将用了将近4代人的石磨工具搬了过来，对于从小就吃的石磨豆腐，总有一份难以割舍的情怀。然而，现在不像以前那样只有节庆时才做石磨豆腐，而是一有时间就会给家人做。受访人的儿媳妇和女儿也慢慢开始学着做石磨豆腐，因为亲手制作的豆腐口感更佳，更重要的是，它是彝族人长期以来不可缺少的一道美食。

豆腐制作工艺如下：

1.泡黄豆。待黄豆泡到发胀时即可，将黄豆掺水一起倒入石磨右侧的一个小洞，一般水多，黄豆少。

2.碾磨黄豆。逆时针旋转石磨，石磨磨出的黄豆汁从石磨的四处流出，用冷水将其冲入放置在石磨前方的桶内。

图为制作豆腐的石磨

3.分离豆渣和豆浆。将研磨出来的豆汁放入之前准备好的布袋子中，随后将布袋放在有缝隙的簸箕内用力揉搓，将豆渣和豆浆分离出来，之后将豆浆放在炉子内用小火煮，直到豆浆开始冒泡为止。

4.加酸菜点水点豆腐。待分离出的豆浆煮开以后，便可以均匀地加入酸菜点水，开始点豆腐，待豆腐凝聚到一起即可。

5.放入青菜。在煮好的豆腐表面，放入新鲜的青菜叶子，使用大火煮熟即可。

浙江黄岩宁溪手工豆腐

采 集 地：浙江省台州市黄岩区宁溪镇蒋东岙村

宁溪镇地势绵延不绝，植被繁茂，郁树葱茏，气候温和湿润，四季水源充沛，山泉水尤其清冽，富含矿物质。当地人尽情享用着大自然的恩惠，把优质的山泉水渗透进豆腐的每一个分子，使得宁溪豆腐具有温润浓郁的色泽、细腻充实的质感。

当地人做豆腐几十年来一直遵循着前辈的老手艺。尽管随着时代发展，机器的出现代替了当年沉重的石磨，但当一块上汤的宁溪豆腐入口时，就能切身感受到与机器制成的豆腐完全不同的味道和口感。此外，市面上的豆腐多为石膏制作，含水分多，较嫩；而宁溪豆腐是盐卤制作，相对来说含水分少，结实又喷香。

豆腐制作工艺如下：

1. 浸泡黄豆。夏天是傍晚开始浸泡，冬天是上午开始浸泡。

2. 浸泡后的黄豆放入机器磨浆，同时粗略分离出豆渣，当地人一般会把这样的豆渣放入机器再次研磨。

3. 研磨好的豆浆先倒入装有密纱布的木桶中，再次过滤残余豆渣，然后倒入生铁锅，猝火加热至沸腾。均匀搅拌后舀出几瓢熟豆浆，倒进几瓢生豆浆，防止锅内豆浆沸出。如此操作多次，直到所有的生豆浆煮熟。

4. 清除锅内豆浆表面的泡沫，然后一边控制火候，一边用风扇冷却豆浆表面温度，豆腐皮就会慢慢析出。用细竹棒捞起豆腐皮，挂在通风处晾干。3 至 4 分钟后，锅内豆浆会再次析出豆腐皮，每锅豆浆一晚上差不多可捞起 20 多张豆腐皮。

5. 往锅内剩余的豆浆中持续注入少量的盐卤水并慢慢搅拌，豆浆逐渐凝固。之后覆盖上一层塑料薄膜以保温。

6. 装入木质模具成型，通过堆叠挤压让多余的水分流出。

图为晾干豆腐皮

张谷英村公共空间振兴计划——豆腐工坊

作　　者：付丝雨

作品介绍：

张谷英村家家都擅长制作豆腐，老豆腐、豆腐脑、豆渣等，其中以油豆腐最为人喜爱，因其井水品质极好，所以做成的豆腐产品远近闻名。但豆腐制作均为家庭作坊式，较为零散，且厨房环境不甚理想，没有食品安全许可保证，所以销量有限，大多依靠前来参观的游客离开时作为土特产品带走一些。

村落的发展不能仅仅依靠旅游业，更重要的是自身具备造血机制，让村民重拾归属感和认同感。新型豆腐工坊一方面可以利用村子已有的豆腐制作工艺，建造具有一定规模的工坊，形成品牌效应，使获得食品安全许可的产品在更大的市面流通。另一方面，与旅游业充分结合，提供更丰富的参观体验，吸引更多的游客，促进村子旅游业的发展。

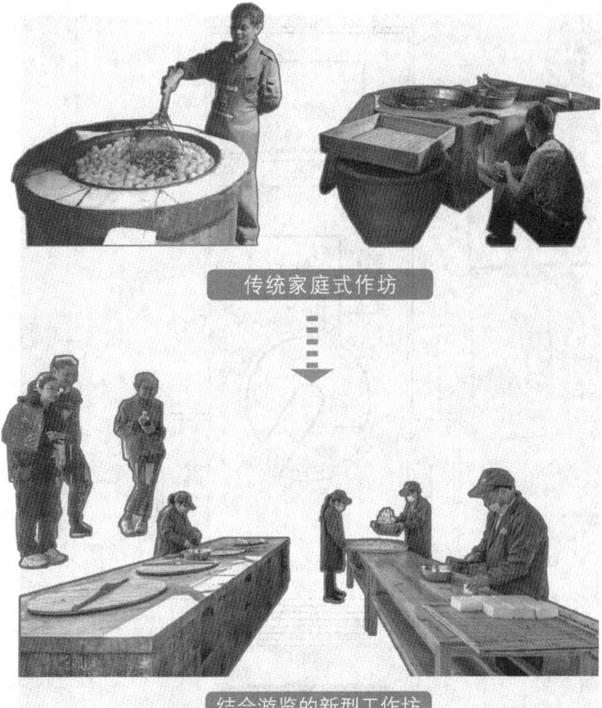
传统家庭式作坊
结合游览的新型工作坊

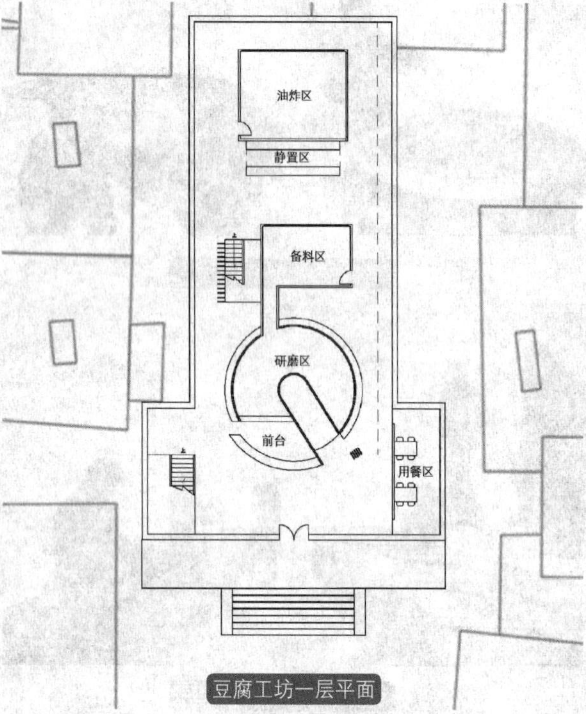

豆腐工坊一层平面

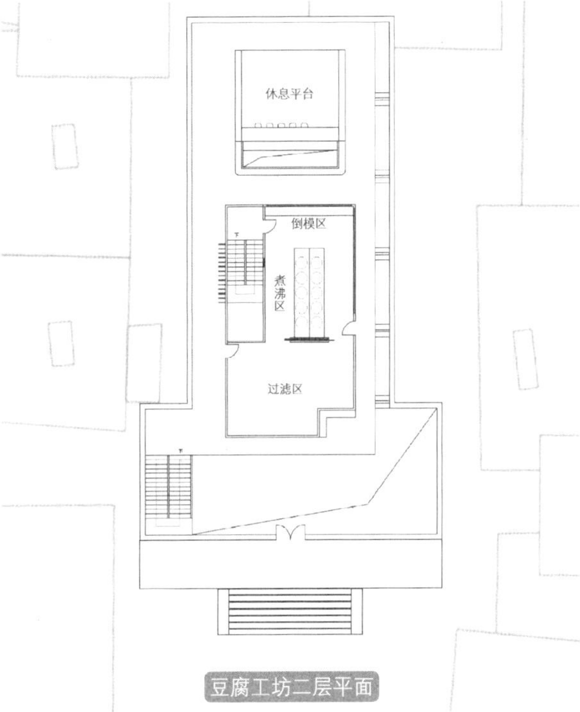

豆腐工坊二层平面

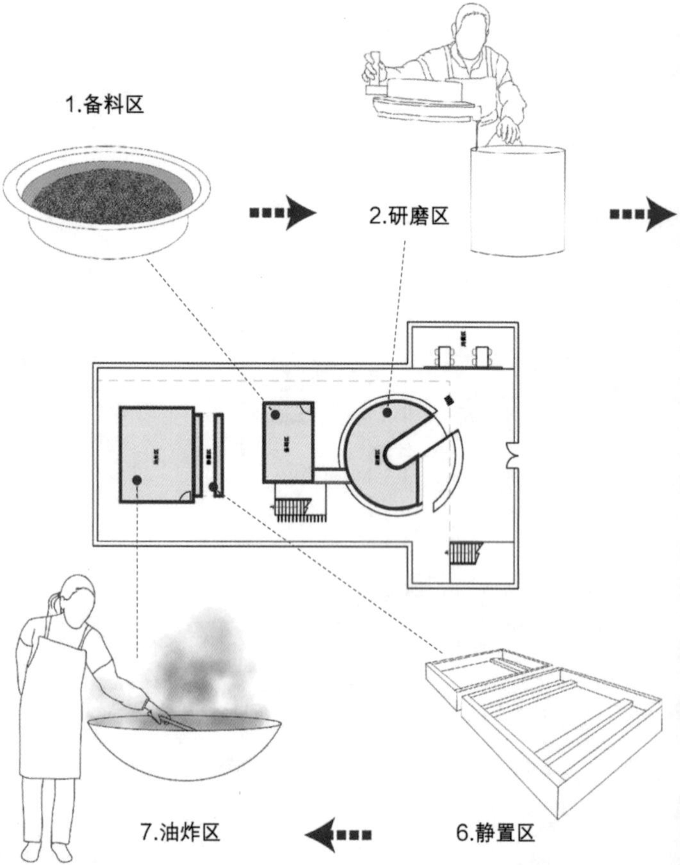
1.备料区
2.研磨区
7.油炸区
6.静置区

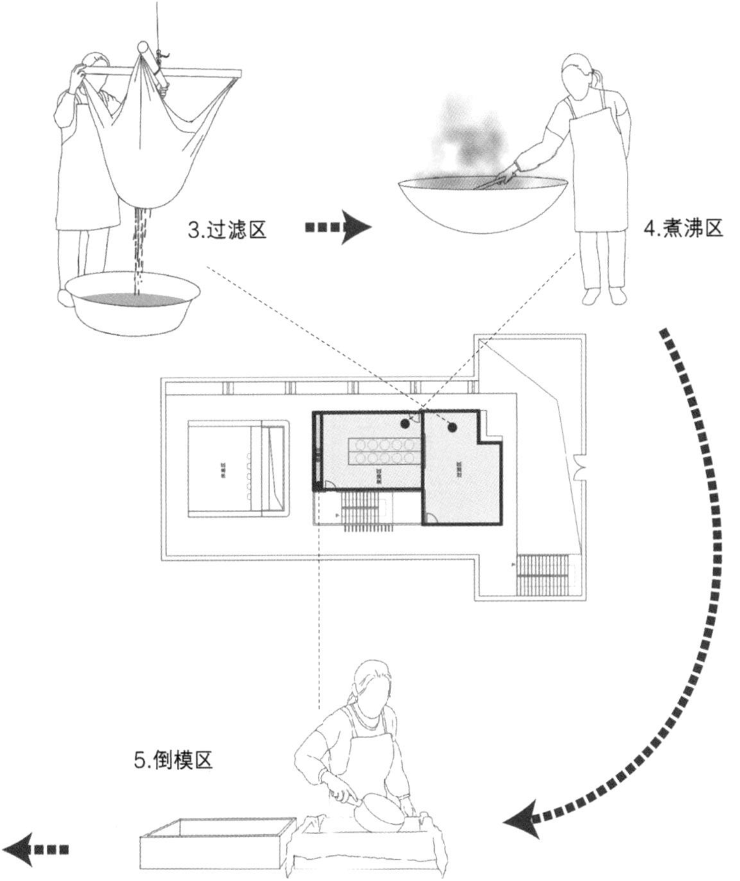
3.过滤区
4.煮沸区
5.倒模区

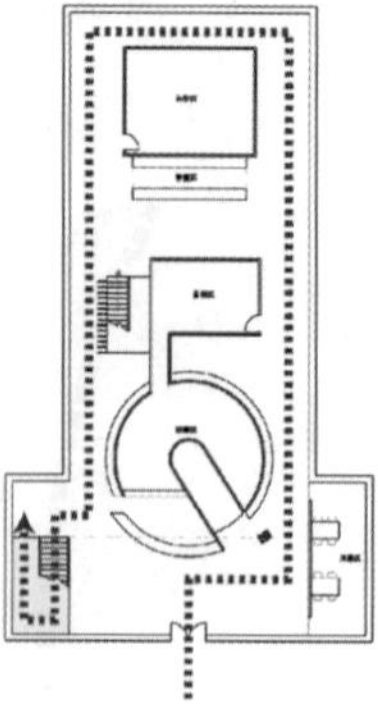

游客路线

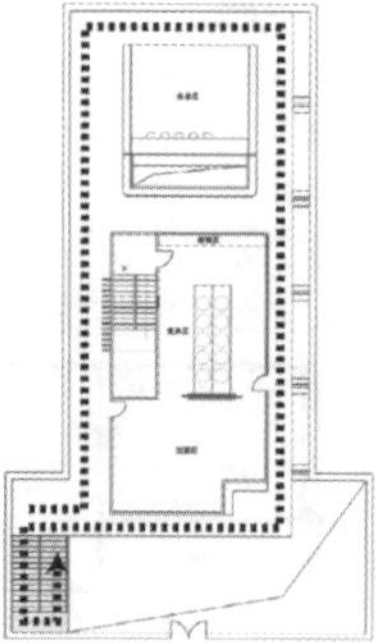

游客路线

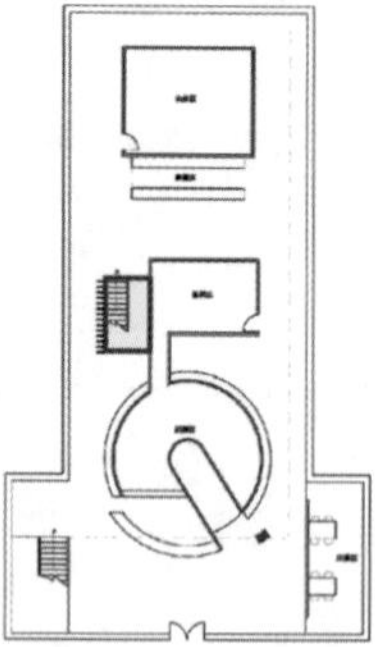

工作人员专用楼梯

游览动线图

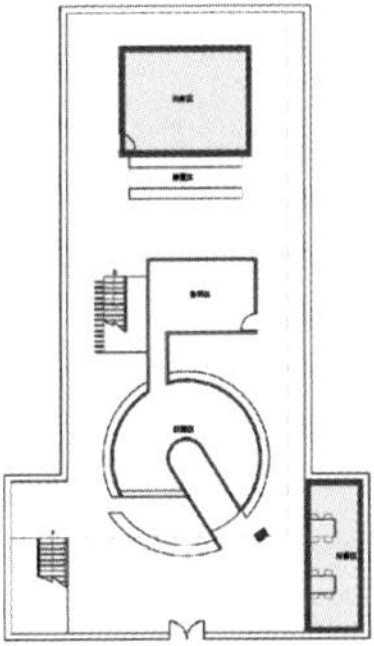

休息区

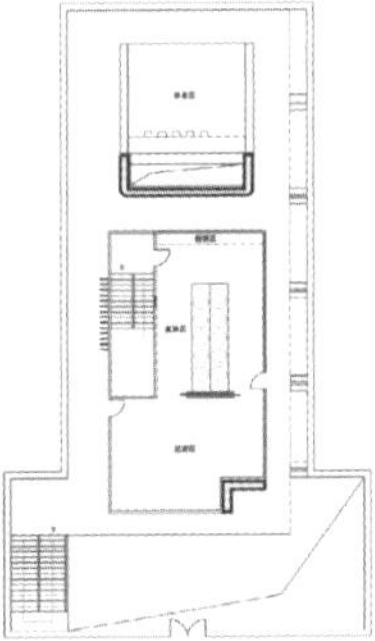

休息座椅

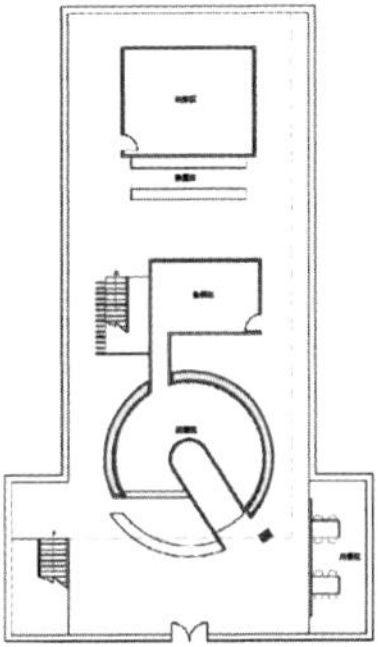

休息座椅

互动空间

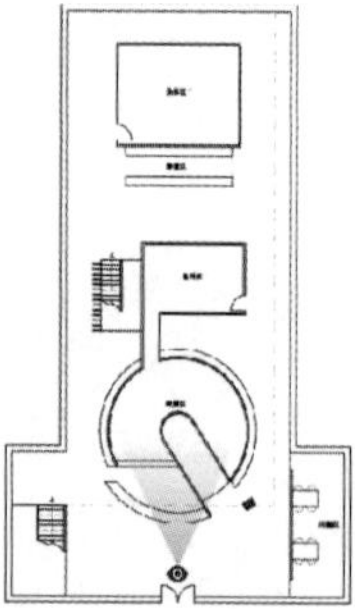

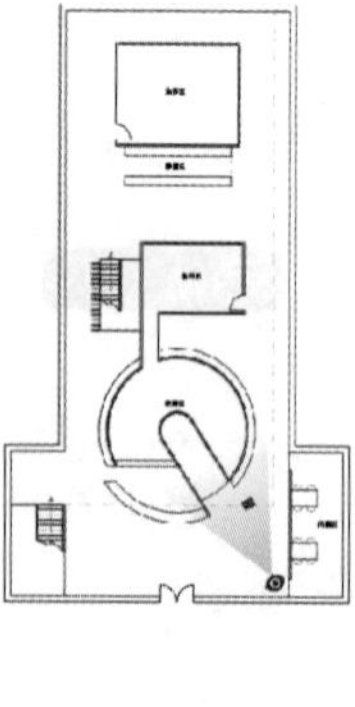

豆腐工坊效果图

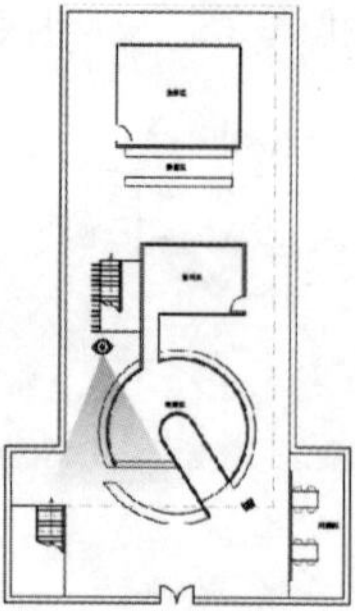

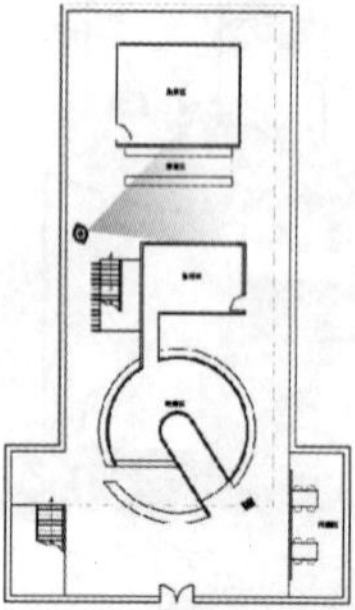

豆腐工坊效果图

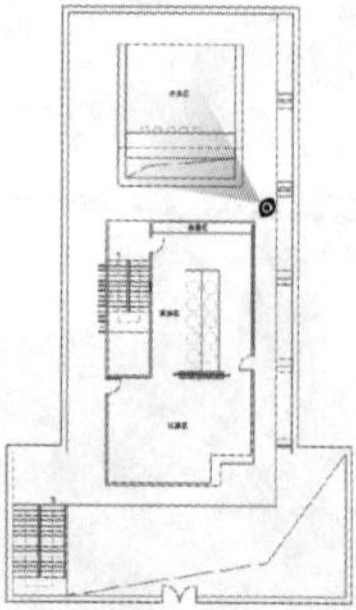

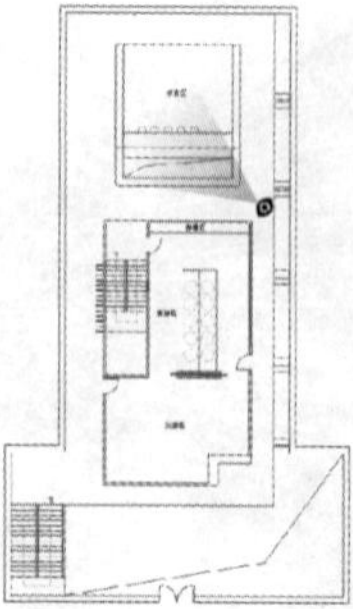

豆腐工坊效果图

F 先生的豆腐屋

梁凡

“说起豆腐，”F 先生打开龙头，一股白色的液体流了出来，“我洗澡用的都是豆浆。”

传闻是因为喜欢吃豆腐，F 先生便在小城的海边租了一块地，造了一间豆腐屋。也有人说 F 先生只是喜欢吃豆腐西施的豆腐。老话说得好，筑巢引凤嘛。

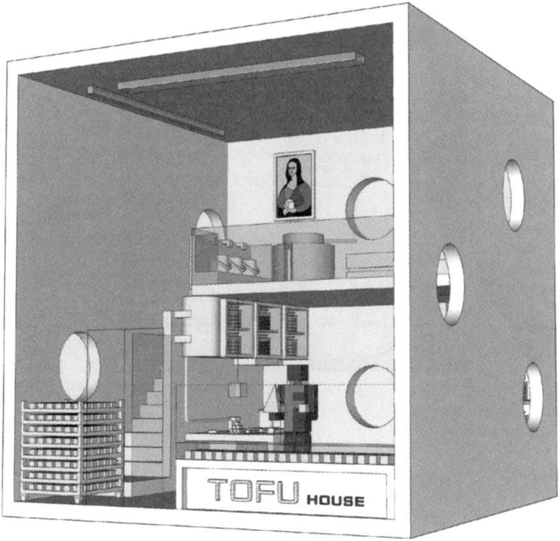

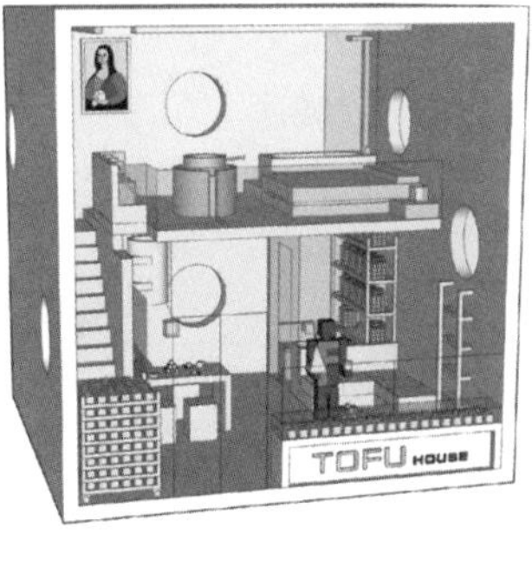

TOFU HOUSE

&

Mr. F

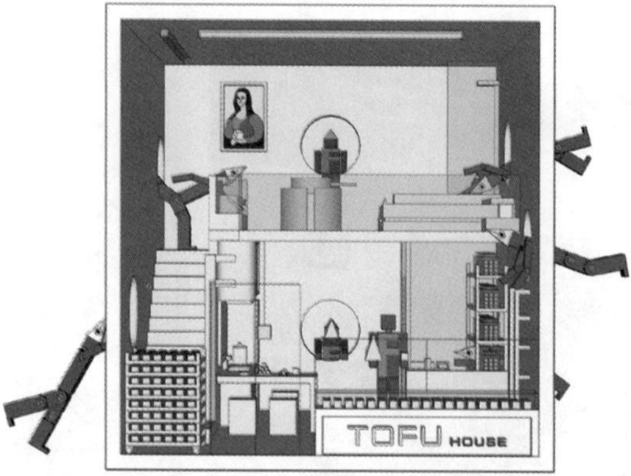

front

LOACHMAN

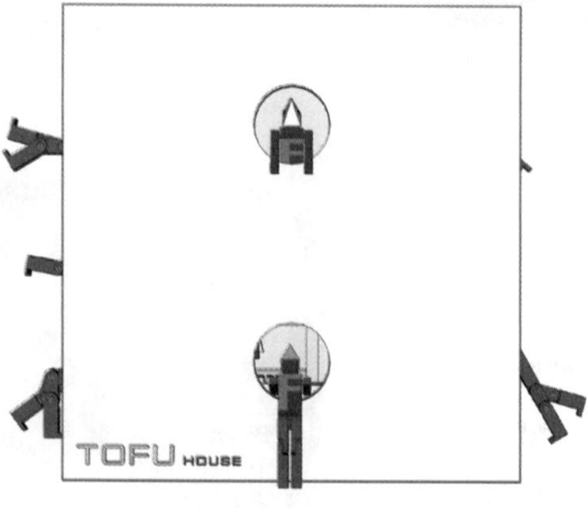

back

这间豆腐屋是一块纯白色的正方体，长宽高各6米。面向海的一侧是整片的透明玻璃，其余墙上有几个圆形的窗洞。屋顶有豆腐特有的格子纹路，一棱一棱的，下雨的时候会积些水，海风吹过屋顶的水，好像这个豆腐房子在微微颤动，柔软又坚硬。

白色自带圣洁buff（网络流行语，意为效果增强——编者注），很多人说这间海边的豆腐屋像座教堂，不接婚庆太可惜了。其实来过的人便知道，这个豆腐屋是一个小小的豆腐作坊，上下两层loft，下店上厂的模式。

一楼是接待和加工空间——客厅兼堂食。主要是豆腐加工和堂食零售的地方。

从入口的玻璃门进去，开放式厨房的台面正在加工豆制品。上方的橱柜里存着一些陈年发酵的罐装腐乳，貌似腐乳时间越久价格越贵，反正F先生很少打开让人品尝。橱柜旁有一个很大的豆浆储存罐，拧开龙头随时可以接满一杯豆浆。这只储浆罐作为全屋的豆浆来源，通过重力和水泵输送到房间的每个龙头和花洒。F先生称之为全屋豆浆喷淋系统。

客厅的餐桌和沙发可以满足堂食需求，但空间太小，只能同时接待两三组客人。好在来往的人不多，F先生都是亲自招待。堂食菜单只有以豆腐为原料的小吃和甜品，简单加工即可上桌。新推出的“豆腐慕斯+馥芮白豆浆”季节限定下午茶套餐，销量超过了之前的臭豆腐和冰豆花。有些网红小姐姐专门过来打卡拍照，她们摆弄着各种姿态，屏幕里的皮肤比豆腐还白。偶尔还会有背包客神神秘秘地跑来和F先生对暗号，问店里是不是有个隐藏菜单：

咸豆腐慕斯（原味豆腐慕斯浇上陈年腐乳汁）。

为了扩大销售，F先生在玻璃门旁开设了零售窗口。一块块豆腐包装成整齐精致的小方砖陈列在柜台里，有一种简单而重复的美。柜台上的霓虹招牌在夜晚会发出幽幽的黄光，给这个貌似侘寂的白色建筑带来一丝暖意。

卫生间属于一楼彩蛋，因为同时作为臭豆腐发酵室。马桶旁边通高的置物架上摆满整齐的罐装臭豆腐，容易让人产生一些视觉和味觉的联想。

“臭味相投是好事，”F先生说，“至少我的臭豆腐让人信服。不过我这从来不做豆汁，我不是老北京。”

二楼是休憩和生产空间——卧室兼磨坊，主要是豆浆磨制和泡澡睡觉的地方。

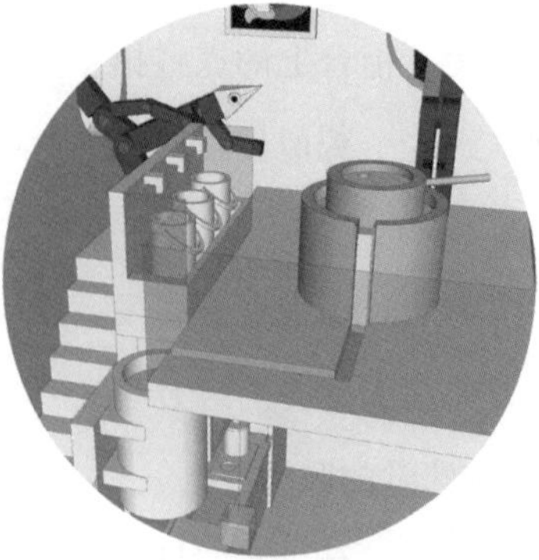

sink&stone mill

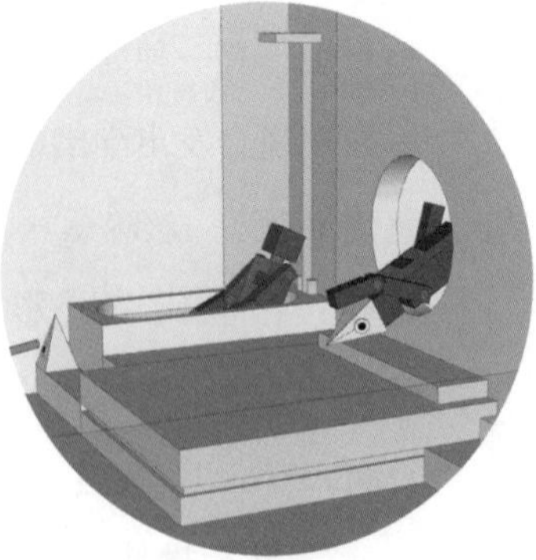

bath&bed

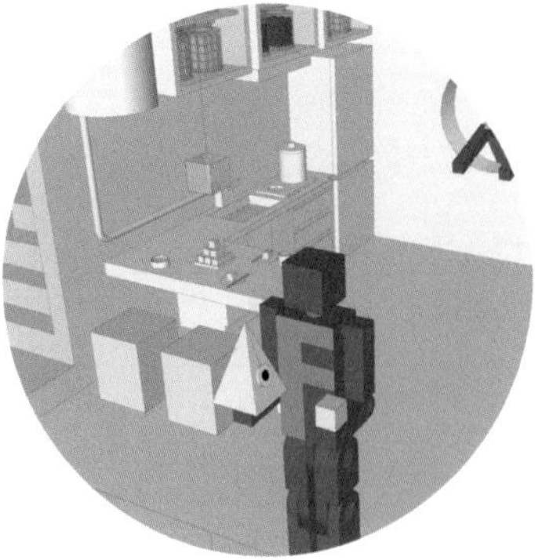

kitchen&table

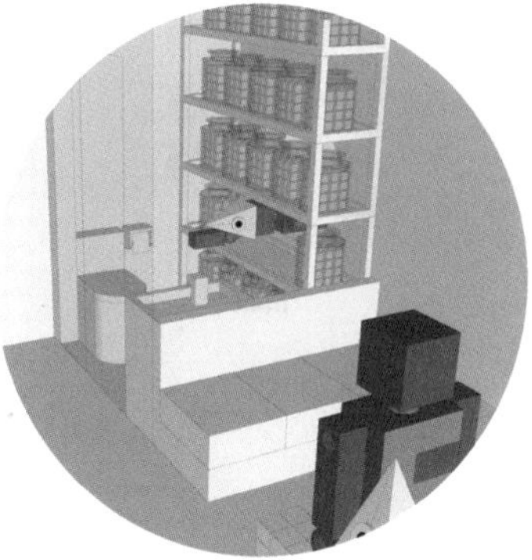

toilet&shelf

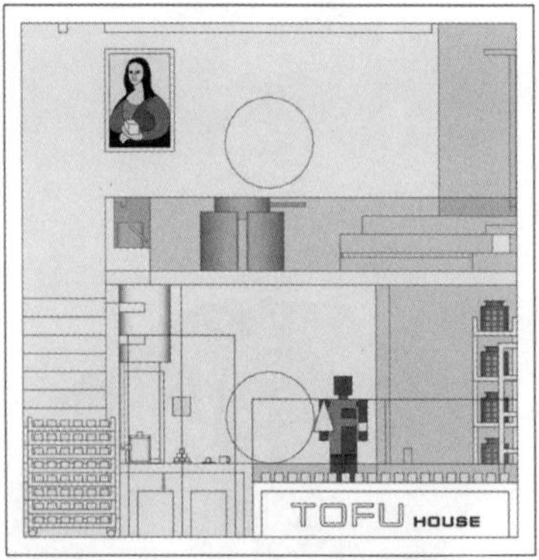

front

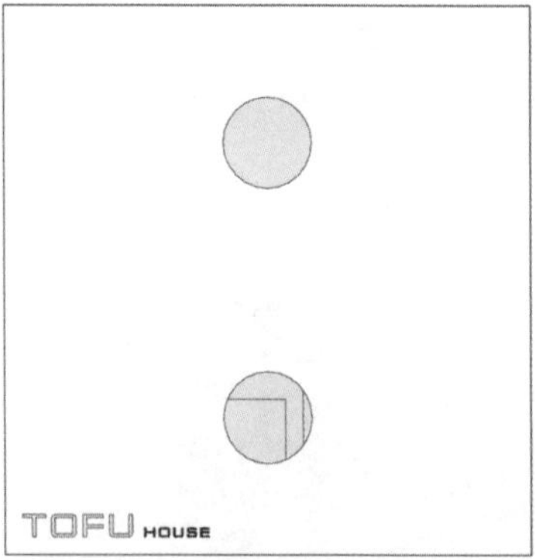

back

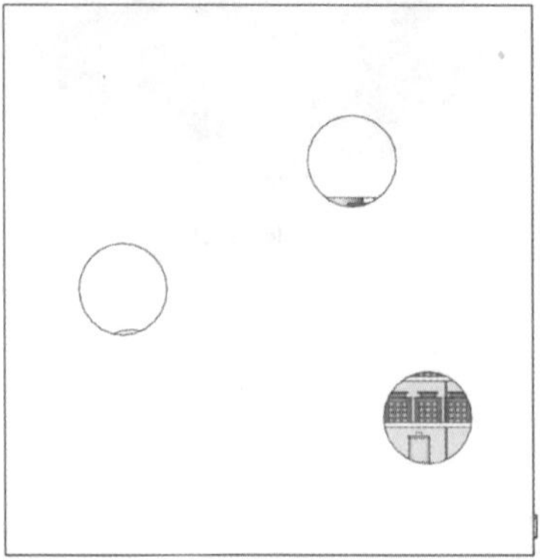

left

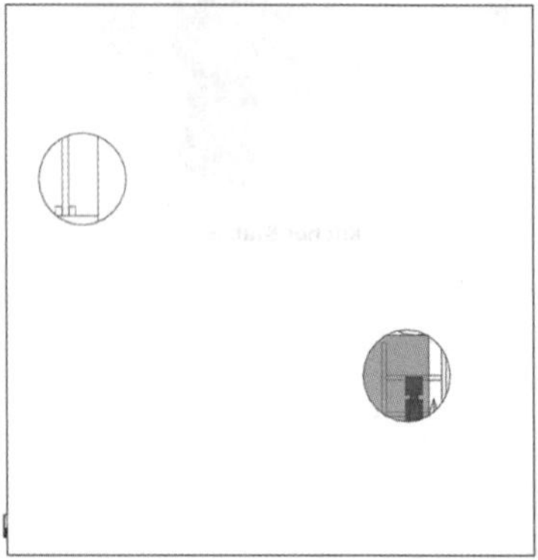

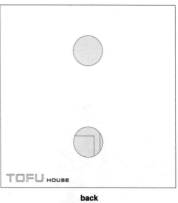

right

通往二楼的楼梯是用玻璃门封闭的，只供F先生私人使用。沿着楼梯上来就会看到墙上有幅自制的世界名画——《蒙娜丽莎的豆腐》。“豆腐西施的祖师爷。”F先生介绍道。蒙娜丽莎每天都手捧豆腐笑对眼前的磨坊区域。

这个二楼的磨坊空间由水池、水桶和磨盘构成，水桶里的水总是满的，随时可以使用。F先生从不采购半成品，只相信自己从头到尾做出来的食物。他每天早晚都会把黄豆倒入磨盘里，亲力亲为推上百十圈，磨出的豆浆通过地面的水槽流到厨房上方的储浆罐里，作为全屋豆浆喷淋系统的原料来源。

F先生觉得自己的行为非常具有古意，为此曾作诗一首印在菜单背面：

床前磨豆光
疑是地上浆
举头推磨盘
低头淋豆浆

（能准确背诵这首诗的人会获得隐藏餐单的解锁权。）

“既要健身，又要美食，还要放松。”

F先生的放松方式就是每天睡前泡个豆浆浴。磨盘的旁边就是浴缸和床。他非常喜欢豆浆从花洒喷淋如雨的感觉，也很享受躺在浴缸里被豆浆慢慢没过肩膀的过程，仿佛这一汪浆水可以洁净他的肉体和心灵。“尤其是对皮肤特别好，”F先生说，“美白。”

浴缸和床并排相邻，泡完澡就能翻身躺在床上。

F 先生的床兼具睡眠和黄豆储存仓功能，床上散发着阵阵豆香，来自于床下抽屉装满的黄豆，就连床垫和枕头也是都用黄豆填充的。床上的 F 先生称自己是黄豆王子，床就是他的宝座。他喜欢翻身时豆子之间的摩擦声，枕头下的黄豆越多他睡得越香，主打的就是钝感力，只可惜黄豆王子注定不能和豌豆公主睡到一块去。

可能是为了便于幽会，床头开了一个圆形窗洞，这样就可以从窗外直接钻到豆腐床上。

除了床头，其他墙面也有几个圆形的窗洞，看上去像是模拟冻豆腐的孔洞，实际上通过这些窗洞可以从室外直达房间内的不同功能区域。这是 F 先生向历史上一道的名菜致敬——泥鳅豆腐：一锅冷水中间放入一块豆腐，再放入几只泥鳅，盖上锅盖

LOACHMAN
swimming to
TOFU HOUSE

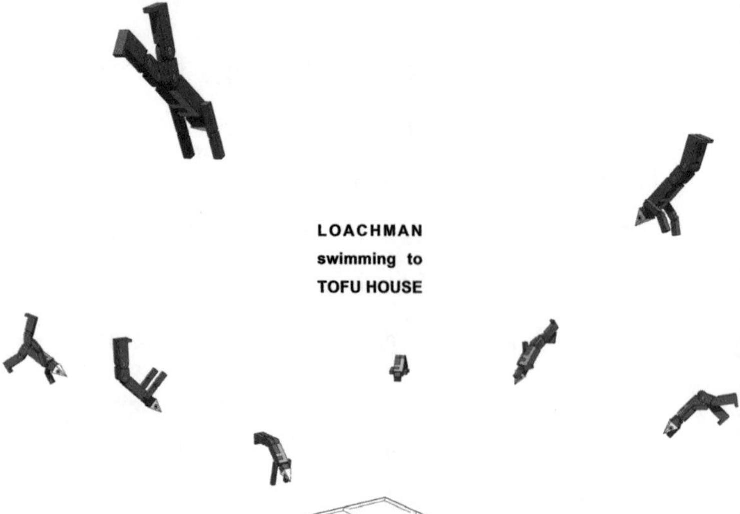

慢火加热，泥鳅遇热会疯狂钻进豆腐里，最终和豆腐融为一体，色与味俱全。

F 先生为了模拟这道菜，专门定做了几顶泥鳅帽子。每次他的朋友们来拜访，他都不让他们从正面的玻璃门进，而是让他们戴上帽子，从墙上不同位置的窗洞钻进这间豆腐屋里。F 先生称他们为泥鳅人（LOACHMAN），逃离滚滚红尘，寻得一方豆腐。

没盼来豆腐西施却引来一群泥鳅，生活宿命或许如此。

F 先生的豆腐屋现在还开着，如果你路过，可以进去体验一下。菜单还在更新，曾有人提议菜单加上炸黄豆，也算是香脆的小吃，但 F 先生从来不卖。

“还是吃豆腐好，黄豆不宜多吃，”F 先生说道，“人类需要转化。”

豆腐（字体设计） 周晨

8

捌／豆皮

老　照　片

1868 年的豆腐花挑子

上海街头的油豆腐粉丝摊

豆制品供应点

豆制品店

卖豆腐小贩

法国铁路工程师 Joseph Skarbek 1906—1909 年在河南拍摄

富田桥豆腐

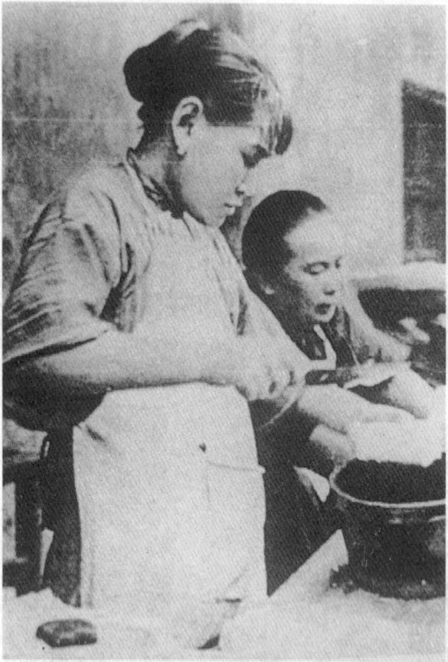

街边小贩卖豆腐花

老北京街头的豆腐花

民国时期的豆腐档

双桂坊内的清油豆腐干摊头

制作豆腐的大型压榨机

选自《手艺中国：中国手工业调查图录》

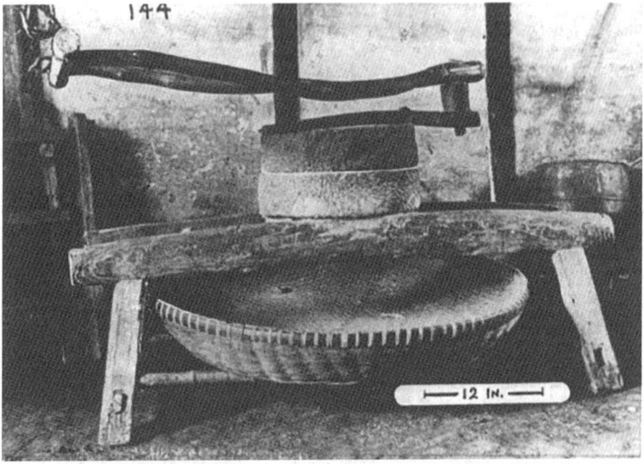

中国的手推磨

选自《手艺中国：中国手工业调查图录》

磨湿豆子的手推磨

选自《手艺中国：中国手工业调查图录》

做豆腐用的桶

选自《手艺中国：中国手工业调查图录》

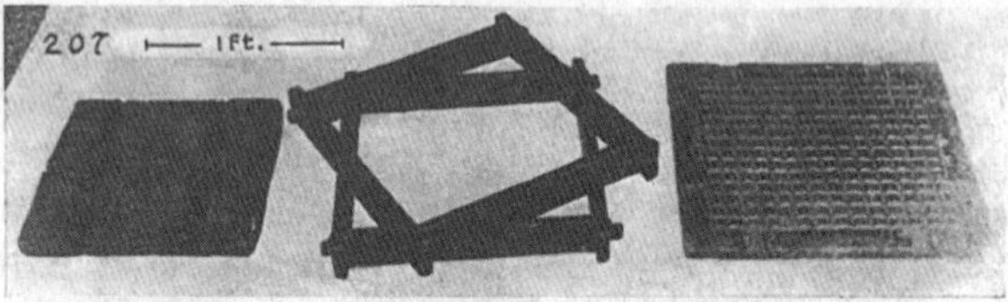

做豆腐用的压榨屉子部件

选自《手艺中国：中国手工业调查图录》

放豆腐的木框和挤压工具

选自《手艺中国：中国手工业调查图录》

后记

朱赢椿

2014 年年初，由我主编的《肥肉》一书历经数年的组稿、设计，甫上市即获得了读者的好评和全国媒体的关注，引起一定的反响。《肥肉》是我构想的食物主题系列书籍的第一本，能获得作者和读者的支持深感欣慰。

《豆腐》是该系列的第二本，既收录古往今来与豆腐有关的古诗词、小品文、民间故事、戏曲童谣，也包括三百多位知名作家、文学爱好者以及艺术家共同书写的豆腐故事，并特别专访当代豆腐匠人，讲述豆腐制作的工艺；呈现形式好看且好玩，既有名家水墨画、珍贵老照片、书法作品等，也有视觉创意十足的俗语和灯谜。

一块豆腐，大有文章，配合煎炸烹炒，佐以多种配料，排列组合出千变万化的豆腐佳肴。豆腐深入每个人的日常生活，是三餐四季的家常美味，也承载着浓浓乡愁、童年记忆和人生百味。它已经不只是一种简单的食物，更像是一个代表了历史、饮食、文化的精神符号。中国人对豆腐的理解与想象，从厨房到书房，无一不让人吃惊。这也是我选择豆腐作为主题的原因。

2022年，《豆腐》首版上市，有幸获评当年“最美的书”，也被多家媒体接连推荐，首批印刷的书很快售罄。我也将首印的版税全部捐助给四川大凉山彝族自治州雷波县四所乡镇中学，用于购买全自动直饮水机，帮助解决学生们的喝水问题。

原计划照常加印首版，但那段时间我又陆续邀约、搜集到许多好玩有趣的稿件，便想着加印的时候可以放到书里。其实，首版的《豆腐》只印了单面的文字，留出了许多白页，我当时就想着后续新增的内容，正好可以填充白页，也不会影响书的厚度。

此次增订版特别新增了160余位来自文艺界的朋友创作的豆腐故事。我想，《豆腐》是开放的，在这本书里，每个人都有讲述豆腐的权利。在豆腐面前，人人平等。

增订版的《豆腐》版税也会继续捐出，在此特别感谢每一位投稿的作者，以及每一位购书的读者朋友。

感谢“为你读诗”“飞地”对本书的内容支持

浦睿文化
INSIGHT MEDIA

出 品 人：陈　垦
出版统筹：胡　萍
监　　制：余　西　于　欣
编　　辑：林晶晶
装帧设计：朱赢椿　小　羊　谢　磊
封面字体设计：朱志伟

本书部分图文资料无法联系上所有人，感谢他们为本书增彩，
相关事宜请联系浦睿文化邮箱：insight@prshanghai.com

欢迎出版合作咨询，请邮件联系
insight@prshanghai.com
新浪微博 @ 浦睿文化

图书在版编目（CIP）数据

豆腐 / 朱赢椿主编 . -- 长沙：湖南文艺出版社，2022.11（2024.4 重印）
ISBN 978-7-5726-0832-2

Ⅰ . ①豆… Ⅱ . ①朱… Ⅲ . ①豆腐－普及读物 Ⅳ . ① TS214.2-49

中国版本图书馆 CIP 数据核字 (2022) 第 154073 号

豆 腐
DOUFU
朱赢椿 主编

出 版 人 陈新文
出 品 人 陈垦

出 品 方 中南出版传媒集团股份有限公司
上海浦睿文化传播有限公司
上海市万航渡路 888 号 15A 座（200042）
责任编辑 刘雪琳
装帧设计 朱赢椿 小羊 谢磊
责任印制 王磊
出版发行 湖南文艺出版社
长沙市雨花区东二环一段 622 号（410016）
网 址 www.arts-press.com
经 销 湖南省新华书店
印 刷 中华商务联合印刷（广东）有限公司

开本：48 印张：28 字数：200 千字
版次：2022 年 11 月第 1 版 印次：2024 年 4 月第 2 次印刷
书号：ISBN 978-7-5726-0832-2 定价：130.00 元

只有在豆腐这个话题上，我们才可以畅所欲言。豆腐终究扛下了所有。

——陈鲁豫